Die Magie der Eulen

MIRIAM DARLINGTON

Die Magie der Eulen

Auf Eulensuche in Europa

Eden
BOOKS

Für Wendy,
die weiseste Eule von allen

INHALTSVERZEICHNIS

Strix nebulosa

DER BARTKAUZ

VORWORT DER DEUTSCHEN AUSGABE

September 2021. Morgendämmerung. Eine sanfte Brise bewegte die Wände meines Zeltes. Barfuß trat ich in das taufrische Gras, um meine erste Tasse heißen Tees zu trinken. Ich ließ meinen Blick über die Distelköpfe schweifen, über denen bereits ein Schwarm Stieglitze flatterte. Die grünen und gelbbraunen Farben des Frühherbstes wurden vom Nebel und dem tief stehenden Sonnenlicht erhellt und von den ungestümen Rufen der Finken untermalt. Zwischen den Blättern und Gräsern ertönte die schnatternde Musik über das Zeltlager. Jenseits davon schien mich jemand von einem hohen Zaunpfahl ebenfalls zu beobachten. An der Spitze zeichnete sich die vertraute Birnenform eines Steinkauzes ab, dessen gelbe Augen mich mit einem kalten Blick fixierten. In diesem Spätsommer 2021 war es mein erster Steinkauz des Jahres – und was für ein Anblick.

Eulen sitzen so still da und starren uns an, aufmerksam und wachsam, als ob sie unsere Gedanken lesen könnten. In Wirklichkeit interessieren sie sich nicht sonderlich für unser Tun, es sei denn, sie wollen herausfinden, ob und in welchem Ausmaß wir eine Bedrohung für sie darstellen. In diesem Fall konnte der Steinkauz – ein grimmiger kleiner Wasserspeier von einem Vogel – sehen, dass ich keine Gefahr darstellte, als wir beide mit einer dampfenden Tasse faul in meine Decke eingewickelt in der Morgensonne saßen. Ich hätte ihn übersehen können, wäre da nicht der stets scharfe, wachsame Blick gewesen, den ich geschult habe und den ich nie ganz ablege. Durch ihn weiß ich, dass sie da sind, überall, ob wir nun darauf achten oder nicht. Es gehört zu den besonderen Eigenschaften der Eulen, dass sie schwer auszumachen sind; sie erinnern uns daran, das Unsichtbare sichtbar zu machen. Eines Abends, als ich in der Abenddämmerung fernsah, landete eine Gestalt auf dem Ast vor meinem Fenster, und es war die Silhouette eines Waldkauzes, der in mein blasses, vom Fernseher beleuchtetes Gesicht blickte. Vielleicht sehen uns die Eulen – oder ich sollte sagen, sie beobachten uns mit Argusaugen – sogar mehr, als wir sie beobachten.

In diesem Sommer schickte mir meine Freundin in Frankreich ein Urlaubsfoto von einem jungen Steinkauz, der aus seinem Nest geflogen und im runden Fenster ihrer Hütte gelandet war. Er war von einem Kreis umgeben wie in der altgriechischen Abbildung der *Athene noctua,* dem Symbol der Weisheit, die man auf alten Münzen findet. Der Kauz starrte in das Innere der Menschenbehausung und betrachtete das seltsame, komplizierte Nest. Mein erstes Gefühl, als ich das Foto sah, war, abgesehen von Entzücken, dass ich die junge Eule am liebsten an mich genommen hätte, um sie wie die Krankenschwester Florence Nightingale sicher in meiner Tasche zu verwahren. Natürlich können wir das heutzutage nicht mehr tun – wilde Eulen sind geschützt. Sie müssen wild bleiben. Meine Freundin Christine ging vernünftigerweise nach draußen und setzte das rufende Jungtier in einen nahe gelegenen Baum, wo es vor Raubtieren geschützt war. Seine Eltern, die in der Nähe sein mussten, würden es finden. Die Freude, etwas zu retten und in die Freiheit zu entlassen, ist viel befriedigender, als es festzuhalten. Wildtiere müssen die Möglichkeit haben, ihr Glück in der Welt zu versuchen, in guten wie in schlechten Zeiten. Alles, was wir tun können, ist, die besten Bedingungen für sie zu schaffen und sie gewähren zu lassen. Steinkäuze sind, wie alle Eulenarten, völlig angewiesen auf unseren Respekt, unsere Fürsorge und unser Verständnis. Jetzt brauchen sie mehr denn je unsere Unterstützung. Mehr denn je leben sie in unvorhersehbaren Zeiten – das haben sie mit uns gemeinsam. Klimachaos, Wetterextreme und menschliche Eingriffe sind Gefahren, die für die Eulen noch präsenter sind als zu dem Zeitpunkt, als ich für dieses Buch 2016 zum ersten Mal recherchierte. Die Botschaft ist wichtiger denn je: Es ist nicht nur eine Geschichte darüber, wie das Schicksal von Mensch und Eule miteinander verbunden ist, sondern auch darüber, wie wichtig es ist, aufmerksam zu sein. »Wenn die vorherrschenden Bedingungen uns im Stich lassen, sind es die Aufmerksamkeit und die Berührung durch die Natur, die uns retten werden. Eine Berührung durch die Natur macht die ganze Welt schön«, schrieb William Shakespeare. Unsere Beziehung zur wilden Natur beruht auf Gegenseitigkeit. Angetrieben von dem Wissen, dass unsere Verwandtschaft schwindet, umgeben wir uns mit physischen Repräsentationen, mit Dokumentationen und Bildern, mit Träumen und Geschichten, während die echten Lebewesen leise verschwinden. Dies ist die Geschichte darüber, wie wir alle Teil einer Gemeinschaft sind und was wir tun können, um die Stummen zu retten, und wie wir – wacher und aufmerksamer denn je – uns selbst retten können.

Miriam Darlington
2021

VORWORT DER ENGLISCHEN ORIGINALAUSGABE

Mein Sohn Benji sah die Eule als Erster. Sie thronte wie ein seidig schimmernder Totempfahl vor uns, die Krallen klammerten sich um den Handschuh ihres Pflegers. Ich war so beschäftigt damit, mir einen Platz in der Schlange für das frisch gebackene Brot zu ergattern, dass ich den Mann mit der Eule zuerst gar nicht bemerkte. Die beiden verschmolzen mit ihrem Hintergrund, sie fügten sich nahtlos in die Geschäftigkeit der kleinen Stadt ein. Ich lernte damals, dass der Verstand leicht Dinge übersieht, mit denen wir nicht rechnen.

Mit ihrer dunklen Farbpalette, den typischen Markierungen und der kauernden Körperhaltung gelang es der Eule, sich vor unerwünschten Blicken zu schützen. Aber irgendetwas an ihrem Gefieder flackerte am Rande meines Blickfelds auf und erregte meine Aufmerksamkeit. Vielleicht lag es an meiner tief verankerten Faszination für Eulen, dass ich mich plötzlich umdrehte – jedenfalls hatte ich jegliches Interesse an dem frischen Brot verloren, als ich die Eule erspähte.

Benji war schon hinübergelaufen, und gemeinsam starrten wir das Tier an. Der Bartkauz, *Strix nebulosa.* Konzentriert umklammerte die Eule den Lederhandschuh, während sie ihren Kopf hin und her schwenkte und sorgfältig ihr Umfeld studierte. Langsam näherte ich mich, um den Vogel nicht zu erschrecken. So gern hätte ich mit den Fingern ihr geschecktes Gefieder berührt. Durfte ich sie anfassen? Ja, es sei wichtig, sie an Menschen zu gewöhnen, versicherte mir der Mann. Sie war erst ein paar Monate alt.

Sie war so weich, dass es mir den Atem verschlug. Als sie ihren Kopf zu mir drehte, fiel mir sein erstaunlicher Umfang auf. Das runde Gesicht war breit, die gelben Augen leuchteten gefährlich.

Der Eulenpfleger Pete erklärte mir, dass der Gesichtsschleier der Eule durch seine massive Größe einen Schalltrichter erzeuge, mit dem kein anderer im Tierreich konkurrieren könne; diese Eule hatte die empfindlichsten Ohren, die der Menschheit bekannt waren. Dem Bartkauz entging kein einziges Wort.

Pete erzählte uns, wie er vor einiger Zeit drei große cremefarbene Euleneier entdeckt und dann, als die Küken geschlüpft waren, eines davon ausgewählt und aufgezogen hatte. Das junge Tier brauchte ständige Beaufsichtigung und Pflege und war nun, wie das bei Jungvögeln normal ist, komplett auf Pete fokussiert. Die beiden waren unzertrennlich. Ich beobachtete, wie der Eulenpfleger immer wieder seine Wange an das Gefieder seines Zöglings legte, seine Augen schloss und so leise und zärtlich auf den Vogel einredete, dass ich das Gefühl hatte, in eine private Unterhaltung einzudringen.

»Kann ich auch eine Eule haben?«, fragte Benji und legte seine Hand auf meine Schulter.

Er musste geahnt haben, was ich antworten würde. Eulen sind wilde Tiere. Sollten sie da nicht auch in der Wildnis bleiben? Wir beide rangen mit uns.

Pete plante, seinen Bartkauz in der örtlichen Auffangstation für seltene Arten auszustellen, sobald er ausgewachsen war. In meinem Inneren machte sich eine seltsame Mischung von Gefühlen breit. Diese Eule ist eine Gefangene, dachte ich. Ein Haustier. Sie wird ein Ausstellungsstück sein, eine Außenseiterin, nicht in der Lage, das zu tun, wozu sie geboren wurde.

»Es besteht auch die Möglichkeit, sie als Zuchttier einzusetzen«, erklärte Pete, der meinen Gesichtsausdruck bemerkt hatte. »Ihre Küken könnten später ausgewildert werden.« Wieder legte er sein Gesicht an das Gefieder des Jungvogels und schloss die Augen.

Könnten sie einfach so freigelassen werden? Ich erinnerte mich, dass die Gesetze in diesen Dingen sehr streng waren. Die prächtige

Eule drehte ihren Kopf und schaute mit ihren zitronengelben Augen an mir vorbei.

»Die gelben Augen«, sagte Pete, »zeigen an, dass der Bartkauz bei Tageslicht jagt.«

In Lappland, der Heimat der Eule, wird es während der Sommermonate niemals Nacht. Im Winter, wenn über Monate hinweg Dunkelheit herrscht, muss sich der Kauz dann auf seine Ohren verlassen. Ich war fasziniert vom Leben dieses wunderschönen Tieres.

Ursprünglich kommt der Bartkauz aus dem hohen Norden, aus den borealen Nadelwäldern. Für jemanden, der in den behaglichen Grafschaften Englands aufgewachsen ist, wo es im Winter schlimmstenfalls mal nass wird, löst allein das Wort »boreal« Träume von harzigen Fichtenwäldern aus, in denen der Geruch von Wildkatzen hängt und wo Vielfraße auf der Suche nach Essbarem im Schnee ihre Spuren hinterlassen.

Aber dieser Bartkauz flog nicht durch die Taiga – er war angeleint. Seine Flügel funktionierten zwar, aber er würde nie frei und allein durch die Wälder gleiten.

Obwohl ich mich über die Begegnung mit der Eule freute, machte sich in mir ein leises Unbehagen breit. Eulen, wie so viele andere Tierarten, sind heutzutage kaum mehr in freier Wildbahn vorzufinden. Früher waren wir von wilden Lebewesen umgeben – sie prägten uns und unsere Sicht auf die Welt. Ohne sie fehlt uns etwas, ein Stück unserer Heimat ist verloren gegangen. Brauchen wir nicht, um ganz Mensch zu sein, diese Wildnis, selbst wenn sie weit von uns entfernt ist?

Was also kann eine Schriftstellerin wie ich tun, die sich mit einer Welt konfrontiert sieht, in der uns die Wildnis mehr und mehr abhandenkommt? Zuallererst wollte ich das, was von dieser Wildnis übrig war, kennenlernen, ich wollte sie erleben, ihr meine ganze Aufmerksamkeit widmen. Indem ich mich ihr ganz unvoreingenommen öffnete, schaffte ich es vielleicht, mich der »Verniedlichung« zu entziehen, mit der wir der Tierwelt heutzutage nur allzu oft begegnen. Wir verharmlosen die Wildnis, machen sie zahm und zu einem reinen Dekorationsgegenstand. Erst wenn wir einem wilden Tier von Angesicht zu Angesicht begegnen und mitten in der Nacht von seinem durchdringenden Schrei geweckt werden, wird uns bewusst, was es mit der Wildnis wirklich auf sich hat und warum sie ein so lebenswichtiger Teil unseres Wesens ist. Mich mit dieser im Verschwinden begriffenen Welt auseinanderzusetzen, ihre ökologische Vielfalt aufs Papier zu bringen und dabei vielleicht ein Stück Wildnis in mir selbst zu entdecken – das war das Mindeste, was ich als Schriftstellerin tun konnte.

Mit diesem Buch habe ich mich auf eine Reise begeben, die mich durch die Geschichte der Eulen dieser Welt geführt hat – von ihrem Weg aus der Wildnis hin zum erzwungenen Zusammenleben mit uns Menschen. Ich tauchte in die Welt dieser majestätischen Vögel ein, sowohl in die der wilden Eulen als auch in die all jener gefangenen Tiere, die von uns Menschen in Volieren und Auffangstationen gehalten werden. Ich erkundete die Mythologie der Eulen, ging ihrem Geheimnis auf den Grund und erhielt dabei Zugang zu einer tiefer liegenden Wahrheit. Mein Ziel war es, alle wilden Eulen Europas aufzuspüren, denn ich wusste, dass es da noch so viele mehr gab als die sechs britischen Arten, die auf meinem Fleckchen Erde lebten und die, während ich das hier schreibe, gegen das Aussterben kämpfen.

Meine Suche führte mich durch die düsteren Wälder, über die Felder und in die Täler meiner Heimat, bevor sie mich weiter in die Ferne zog, immer mit dem Ziel vor Augen, mehr über das Leben dieser nachtaktiven Raubvögel zu lernen. Welchen Platz nehmen sie in unserem Ökosystem ein? Was ist ihre Geschichte? Warum sind sie dem menschlichen Aberglauben zum Opfer gefallen? Und weshalb fingen wir irgendwann an, Eulen zu domestizieren, sie als Haustiere in Volieren zu halten und in »Eulenshows« zu präsentieren?

Während meiner Recherche stand ich regelmäßig in der Morgendämmerung auf und folgte dem weißen Schatten der Schleiereule, die in der Nähe meines Hauses lebte. Ich ließ mich in der Abenddämmerung durch die laubbedeckten Straßen Devons treiben, um die Waldkäuze zu finden, die ich hatte rufen hören. Und ich machte mich auf, all die Arten aufzuspüren, die ich noch nie im echten Leben gesehen hatte: den jähzornigen Steinkauz mit seinen gelben Augen, die seltene Waldohreule und die immer in Bewegung begriffene Sumpfohreule. Wer weiß? Möglicherweise schaffte ich es am Ende sogar, einen Blick auf einen der wilden Uhus zu werfen, von denen ich gehört hatte, dass sie im Norden Englands lebten. Und mit ganz viel Glück kreuzten meine Wege sich vielleicht sogar mit denen einer vagabundierenden Schnee-Eule.

Mein Plan war, jede einzelne dieser Arten genau zu untersuchen und ihr wundersames Wesen zu enthüllen, inmitten der Wälder, Wiesen, Moore und Sümpfe, in denen sie heimisch waren. Aber kaum hatte sich dieser Plan in meinem Kopf festgesetzt, wurde mein Sohn Benji schwer krank. Ich wusste, dass ich die Wahl hatte: Ich konnte mich auf seine Krankheit einstellen und meine Eulenforschung um ihn herum betreiben, so gut es eben ging, oder ich konnte die ganze Sache auf die lange Bank schieben. Es fühlte sich falsch an, unser komplettes Leben in den Wartemodus zu versetzen, also begann ich langsam, aber sicher mit meiner Arbeit. Immer wieder ergaben sich Schwierigkeiten. Wie alle Eltern hatte auch ich riesige Angst davor, mein Kind an eine Krankheit zu verlieren.

Benjis Krankheit zog sich über ein, dann zwei und dann über ganze drei Jahre hin. Sein Gesundheitszustand wollte sich einfach nicht verbessern. Genauso zog sich auch meine Eulenforschung in die Länge. Meine Ängste und die vielen Herausforderungen, mit denen wir uns konfrontiert sahen, verlangsamten meine Recherche, sie eröffneten mir aber auch Chancen. Unerwartete Gelegenheiten ergaben sich: Einladungen nach Finnland, um dort Uhus zu beobachten, sowie nach Lappland, um dort den Spuren der Sperbereulen, der Bartkäuze und der Habichtskäuze zu folgen. In Serbien suchte ich nach der Waldohreule, und in Frankreich begegnete ich dem Sperlingskauz. Am Ende schaffte ich es, den europäischen Kontinent in seiner gesamten Länge und Breite zu bereisen. Auf der Suche nach den 13 Eulenarten, die auf diesem riesigen Flecken Erde zu Hause sind, fand ich trotz aller Unterschiede zwischen den Nationen mehr Gemeinsamkeiten, als ich erwartet hatte – insbesondere wenn es um die Hingabe ging, die wir Menschen der wundersamen Tierwelt um uns herum zuteilwerden lassen. Und anstatt mich meiner Familie und meinen Wurzeln zu entreißen, vertiefte meine Reise nur die Verbundenheit, die ich für meine Heimat empfand, und verstärkte meine Fähigkeit, mein Herz dem Naheliegenden zu öffnen.

Frauen sprechen gewöhnlich nicht über ihr Privatleben, aus Angst vor den Konsequenzen. Ich kam aber nicht umhin, auf meiner Reise viele kleine Wahrheiten für mich zu entdecken, die sich gesammelt hoffentlich zu einer großen Wahrheit zusammenfügten. Das Leben hatte mir knallhart in meine Pläne hineingegrätscht. Dennoch ertappte ich mich immer wieder dabei, wie ich neue Hoffnung schöpfte, besonders dann wenn es so schien, als sei alle Hoffnung verloren. Dieses Buch besteht aus zwei Hälften, es verknüpft zwei Erzählungen miteinander – die Geschichte der Eulen und die Geschichte meiner persönlichen Reise.

***

Seit mehr als sechzig Millionen Jahren durchstreifen Eulen den Nachthimmel – der *Homo sapiens* existiert erst einen Bruchteil dieser Zeitspanne, seit weniger als zweihunderttausend Jahren. Und genau wie unsere Vorfahren tun wir uns in vielerlei Hinsicht immer noch schwer, diese Vögel zu verstehen. Mithilfe von Genetik und Taxonomie haben wir Fortschritte gemacht und die Eulen in zwei uralte Familien eingeteilt: die *Tytonidae,* jene großköpfigen Eulen mit einem hohen, schmalen Schädel, asymmetrischen Ohren, einem herzförmigen Gesichtsschleier und langen, gefiederten Beinen (zu dieser Gruppe gehört *Tyto alba,* unsere Schleiereule), und die *Strigidae,* jene Eulen mit kürzeren, asymmetrischen Schädeln, zu denen alle anderen europäischen Arten gehören. Beide Eulenfamilien weisen Besonderheiten auf, über die kein anderer Vogel im Tierreich verfügt, sie sind perfekt an ein Leben in der Nacht angepasst. Der flache Gesichtsschleier, die großen Augen und der nach unten gebogene Schnabel verleihen der Eule ein weises, menschenähnliches Aussehen. Das vertraute Gesicht bildet einen eklatanten Kontrast zu der unheimlichen Fähigkeit der Eule, ihren Kopf um bis zu 270 Grad zu drehen. Diese einzigartige Eigenschaft der Eule – und die Tatsache, dass sie im Dunkeln schwer zu erkennen war, da ihr Flug im Gegensatz zu dem aller anderen Vögel geräuschlos ist – verstörte und faszinierte unsere Vorfahren und löste in ihnen eine Mischung aus Furcht und Faszination gegenüber dieser besonderen Tierart aus, die bis heute nicht ganz verschwunden ist.

Eulen üben eine komplexe Anziehungskraft auf uns Menschen aus. Ihr Gefieder ist im Gegensatz zu den steifen, starren Federn anderer Vögel weich und wirkt einladend »flauschig«. Diese sanften Konturen dienen jedoch nicht der Niedlichkeit; das Raubtier hat sie einzig und allein zur Tarnung entwickelt, genauso wie seine Musterung, die einen verblüffenden Camouflage-Effekt erzeugt. Die Federn der Eule sind Schalldämpfer, sie lassen sie lautlos durch die Lüfte gleiten, sorgen aber auch dafür, dass der Raubvogel selbst die leisen Geräusche seiner Beute nicht überhört. Während unsere

Vorfahren die furchteinflößenden Fähigkeiten der Eulen als Jäger der Nacht bewundert haben, laufen wir heute Gefahr, die Tiere auf ihre Flauschigkeit zu reduzieren. Der kleine, hakenförmige Schnabel ist jedoch nicht dazu da, um den Vögeln ein süßes Aussehen zu verleihen – er ist zum Zerreißen von Fleisch gedacht. Ihr scharfes Gehör und der lautlose Sturzflug machen die Eulen zu perfekten gefiederten Mördern. Die furchterregenden Krallen dienen zum Angreifen und Zupacken – es sind zygodaktyle Klauen: Statt drei Zehen vorn und einer Zehe hinten ist der Fuß so aufgebaut, dass mithilfe eines Gelenks zwei Zehen vorn und zwei hinten platziert werden können. Die ungeheure Kraft ihres Griffes ist lebenswichtig für die Eule. Der Riesen-Fischuhu hat an der Unterseite seiner Zehen sogar Stacheln, um glitschige Beutetiere aus dem Wasser zu ziehen.

Aber vielleicht fühlen wir Menschen uns zu Eulen auch so hingezogen, weil wir sie für ihre Fähigkeit bewundern, bei Nacht zu fliegen. Die Eule ist gefiederte Perfektion: Anmut und Schönheit mit Krallen. Dieser Vogel ist nur für eins gemacht: zum Überleben, und zwar durch seine atemberaubende Tarnung. Im Laufe der Zeit haben sich einige misstrauische Geister gefragt, ob die Eule als perfekt ausgerüstetes Jagdtier nicht sogar übernatürliche Fähigkeiten besitzen könnte: Verbirgt sich unter ihrem Tarnmantel der Hang zum Bösen? Denn wenn wir *Homo sapiens,* die »weisen« Menschen, die ihre niederen Instinkte nicht immer ganz zu beherrschen scheinen, über die gleichen Fähigkeiten verfügen würden wie die Eule – würde uns das nicht unbezwingbar machen? Und so hat dieses mysteriöse Nachtgeschöpf von uns Menschen eine Bedeutung verliehen bekommen, die es zu mehr als einem einfachen Waldbewohner macht.

In der ägyptischen, keltischen und hinduistischen Kultur galt die Eule als Wächterin der Unterwelt, sie wurde als die geflügelte Hüterin der Seelen nach ihrem Tod verehrt. In Malaysia und Indonesien nennt man sie *burung hantu,* den »Geistervogel«. Die alten

Griechen assoziierten sie mit Weisheit und Mut, die Römer mit Vorahnung und Angst. Ob weise oder böse – die Eule dient seit jeher als Projektionsfläche für uns Menschen. Aber warum diese Mythologisierung? Vielleicht haben wir diesen Hang zum Übernatürlichen, weil wir uns dadurch unser eigenes Wesen erklären und irgendwo auch zu unseren eigenen Ursprüngen zurückkehren können. Jenes von dem Biologen Edward O. Wilson so treffend beschriebene »süße Gefühl des Grauens, die bibbernde Faszination für Monster und gruselige Gestalten« ist tief in unserem Verstand verankert. Das menschliche Gehirn ist so konfiguriert, dass es vor Raubtieren und deren Bewegungen auf der Hut ist, und da Raubtiere dazu neigen, ihre Beute lange anzustarren, triggern die großen Augen der Eule diesen Reflex in uns. Wir fühlen uns bedroht, schrecken auf. Dieser Impuls hat den Menschen seit ältester Zeit das Leben gerettet, egal ob die empfundene Bedrohung als natürlich oder übersinnlich interpretiert wurde – ein Geist, ein Bär, eine Eule.

Um ihr Überleben zu sichern, haben Menschen gelernt, Gefahren aus dem Weg zu gehen; eventuell haben sie aus genau diesem Grund auch damit begonnen, Hunde und Katzen zu domestizieren. Auch das Geschichtenerzählen könnte ein Weg gewesen sein, die eigene Art zu schützen. Wie könnte man seinem Nachwuchs besser beibringen, sich in dieser Welt zurechtzufinden, als ihn durch eine spannende Geschichte auf mögliche Gefahren vorzubereiten? Vielleicht lieben wir Eulen genau deshalb: weil sie uns mit ihrem gespenstischen Wesen daran erinnern, dass wir auf der Hut sein müssen.

In Japan hingegen lautet das Wort für Eule *fukuro,* was übersetzt Glück bedeutet – die Eule ist dort ein Glücksbringer. Für die australischen Ureinwohner, die Aborigines, ist Eerin, die Graueule, eine Beschützerin, die tagsüber schläft und nachts durch die Lüfte gleitet, um die Menschen vor Gefahren zu warnen. Der südaustralische Stamm der Nyungar verehrt eine Steinfigur in Form einer Eule,

Boyay Gogomat, den Schöpfer, Heiler und Zerstörer. Der Stamm der Wardaman in Nordaustralien glaubt, dass nahe einer einzigartigen Felsformation, die das Outback überragt, Gordol wohnt, die Eule, die die Welt erschaffen hat.

Eulen sind Teil unserer inneren Landschaft, sie sind aus der menschlichen Psyche und Gefühlswelt seit dem Moment, in dem der *Homo sapiens* sich seiner selbst bewusst wurde, nicht mehr wegzudenken. Wenn der Tag zu Ende ging und der Gesang der Vögel verstummte, erreichten uns die Stimmen der Eulen aus der Dunkelheit und jagten uns einen Schauer über den Rücken. Jahrtausendelang kreierten wir Mythen um den Vogel, wir betrachteten ihn durch die von Anthropologe Franz Boas so bezeichnete »Kulturbrille« - eine Art des Schauens, die in den Gegenstand der Betrachtung auch immer das Wesen des Betrachtenden und seinen eigenen Hintergrund mit hineinlegt. Eulen wurden ein Teil unserer spirituellen Landschaft, die sich zusammen mit unserem Identitätsgefühl als Spezies entwickelte. Sie sind aus unseren Mythen, aus der Kunst, Literatur und Religion nicht mehr wegzudenken und existieren für uns in einer seltsamen Polarität. Auf der einen Seite ist da die imaginäre Eule, der vom Menschen geschaffene Geistervogel, die Eule als kulturelles Symbol. Betrachten wir die Eule in diesem Kontext, sehen wir eigentlich nur uns selbst. Auf der anderen Seite sind da die echten, lebendigen Tiere, die atmen, fliegen und jagen, die Eule als ein wilder Vogel, der sich meist komplett außerhalb unserer Reichweite befindet. Je mehr wir in der Vergangenheit versucht haben, die Eule durch das Prisma unserer eigenen Erfahrungen zu verstehen, desto mehr haben wir ihr wahres Wesen verdunkelt.

Ich wollte die wahre Natur dieser Vögel erkunden. Mir ging es um die Begegnung, ich wollte die Tiere in freier Wildbahn beobachten. Um einige der extrem schreckhaften Eulen ins Visier zu bekommen, brauchte ich die Hilfe von Spezialisten; ich machte mich also auf die

Suche nach Menschen, die mir helfen konnten. Dabei entstanden unerwartete Freundschaften. Meine Helfer unterstützten mich nicht nur bei meiner Suche nach den Eulen, sie lehrten mich auch etwas anderes: Ich lernte, dass jede Begegnung zwischen einer wilden Eule und einem Menschen vorsichtig und tastend vonstattengehen muss, dass jedes Zusammentreffen in dem Bewusstsein geschehen muss, dass ich das Tier möglicherweise missverstehe. So wie ich immer nur ein kleiner Teil der Landschaft der Eulen sein würde, würde ich auch von den Eulen immer nur einzelne Facetten kennenlernen. Das zu verstehen, war eine Reise für sich.

Im 1. Jahrhundert n. Chr. schrieb Plinius der Ältere in seiner *Naturgeschichte:*

> Der Uhu gilt als ein böses Omen, da er ein Totenvogel ist. Er lebt in der Wüste und an kargen, unzugänglichen Orten. Sein Ruf ist ein Schrei. Wird er in einer Stadt oder bei Tag gesehen, kündigt das Unheil an, obwohl mehrere Fälle bekannt sind, in denen sich ein Uhu auf einem Hausdach niedergelassen hat, ohne dass dies fatale Folgen für die Bewohner hatte.

Mir gefällt besonders, dass Plinius erwähnt, einige Haushalte könnten gelegentlich von den fatalen Folgen eines Uhubesuchs verschont bleiben.

Die Ironie des Ganzen besteht darin, dass die meisten der 250 Eulenarten auf unserem Planeten in Wäldern entstanden sind – indem wir Menschen diese Wälder abholzen und niederbrennen, führen wir unseren eigenen Niedergang herbei, denn wir sind auf die Bäume angewiesen, um unsere Atmosphäre aufrechtzuerhalten. Früher lebten wir viel mehr im Einklang mit unserem Ökosystem.

Wir waren von der Wildnis abhängig und respektierten die Tierwelt um uns herum auf eine Art und Weise, wie es für uns heutzutage nur noch schwer vorstellbar ist.

Im Dezember 1994 folgten drei Höhlenforscher dem alten Pfad eines Maultiers entlang einer Felswand an der Ardèche in Südfrankreich, als sie auf ein erstaunliches Monument aus alten Zeiten stießen. In einem Felsen entdeckten sie einen schmalen Schlitz; als sie sich hindurchzwängten, spürten sie einen kaum wahrnehmbaren Luftstrom, der aus der Richtung einiger Gesteinstrümmer herüberwehte. Der subtile Atem aus dem Felsen konnte nur eines bedeuten: Im Inneren befand sich eine unerforschte Höhle. Die Forscher räumten das Geröll beiseite und kletterten durch die freigelegte Öffnung. Im Schein ihrer Lampen stellten sie fest, dass die Höhle, die größer war als alle anderen, die sie bisher in der Region erforscht hatten, mit den Knochen eines ausgestorbenen Tieres übersät war: dem Höhlenbären.

Als die drei Forscher sich durch die Kammern der Höhle bewegten, die später unter dem Namen Chauvet-Höhle Berühmtheit erlangen sollte – benannt nach einem ihrer Entdecker, Jean-Marie Chauvet –, entdeckten sie erstaunliche Malereien an den Wänden. Zuerst erspähten sie rote Ockerpunkte und -schlieren, die von den Händen paläolithischer Künstler geschaffen worden waren, und dann, als sie weiter in die Kammern der über 240 Meter tiefen Höhle eindrangen, fanden sie an jeder Wand neue Kunstwerke. Der rote Ocker wurde von schwarzer Farbe abgelöst – diese Markierungen stellten sich als die ältesten heraus. An einigen Stellen waren Pferde und Bisons in die weiche Oberfläche der Höhlenwände eingraviert worden, vielleicht wurden sie sogar von menschlichen Fingern dort hineingeritzt. Hier und da lagen kleine Holzkohlefragmente herum, so als wären sie gerade erst von den Fackeln der Künstler abgeschlagen worden. Zuerst tanzten ein Mammut, dann ein Leopard und schon bald ein ganzes Pantheon von Tieren über die Wände; ihre Formen waren so lebendig, als seien sie noch ganz frisch.

Bei einer Kohlenstoffdatierung stellte sich später heraus, dass die ersten Malereien in der Chauvet-Höhle um 36.000 v. Chr. entstanden waren. Sie waren weit älter als alle Höhlenzeichnungen, die bisher entdeckt worden waren. Die Bären, Bisons, Rentiere, Höhlenlöwen, Nashörner, Pferde und Mammuts waren von talentierten Künstlern kreiert worden. Die Abbildungen waren detailreich und liebevoll und zeigten, welche Aufmerksamkeit und Ehrfurcht die Künstler bei ihrer Arbeit an den Tag gelegt haben mussten. Handelte es sich bei den Malereien um Andachtsbilder? Als die Höhlenforscher aus dem tiefsten Teil der Höhle zurückkehrten, fiel ihnen eine Stelle auf, an der der Boden eingestürzt war. Darüber, an der Decke, war der einsame Umriss einer Waldohreule eingraviert.

Die Chauvet-Eule ist die älteste Darstellung einer Eule, die der Welt bekannt ist. Sie ist 45 Zentimeter groß – fast so groß wie eine echte Waldohreule, *Asio otus*. Sie hat deutlich herausgearbeitete Ohrbüschel und hockt auf einem Felsvorsprung. Besonders interessant ist, dass ihr Rücken in Richtung des Betrachters zeigt, die Flügel sind gefaltet, das dichte Federkleid besteht aus 15 dicken Einkerbungen. Die Eule ist so in den Stein geritzt, als drehe sie ihren Kopf um 180 Grad nach hinten, um ins Innere der Höhle zu spähen, wo sie den Blicken der Menschen begegnet, die ihr in der Dunkelheit entgegenkommen. Für eine so realistische Darstellung muss der Künstler das echte Tier ausführlich beobachtet haben. Die bewusste Positionierung des Vogelbilds deutet außerdem darauf hin, dass sein Erschaffer etwas von der doppeldeutigen Natur der Eule verstanden haben muss; es wirkt, als sei er sich ihres mysteriösen Status an der Grenze zwischen Licht und Dunkelheit bewusst gewesen.

Wir wissen nicht, was die Eule damals für diesen Menschen, der sie in den Stein ritzte, bedeutete. Wir können lediglich vermuten, dass sie dem Künstler als wichtig erschien – eine hilfreiche Begleiterin womöglich, oder eine Beschützerin in den tiefsten Tiefen der Dunkelheit. Der Mensch ist von allen Lebewesen auf der Erde das einsamste, er ist sich seiner eigenen Spezies schmerzhaft bewusst. Trotzdem müssen unsere Vorfahren, wenn sie jeden Tag nach Nahrung jagten, sich auch mit ihrer Beute identifiziert haben. Um ein Tier erfolgreich in die Enge zu treiben, müssen sie es in- und auswendig gekannt haben – dabei müssen sie sich bewusst gewesen sein, wie groß die Ähnlichkeit zwischen ihnen und ihrer Beute war. Äußerlich mögen wir uns von anderen Tierarten unterscheiden, aber in unserem Inneren wissen wir, dass wir alle miteinander verwandt sind – irgendwo in der Vergangenheit haben wir einen gemeinsamen Vorfahren. Wer weiß? Vielleicht haben die Menschen früher die Eingeweide und Skelette von Vögeln studiert und sich dabei selbst wiedererkannt. Die Organe, die Wirbelsäule, der Brustkorb, das Brustbein, die armähnlichen Flügel mit den fingerartigen Spitzen, die mit den Beinen verbundenen Hüften, die Zehen – im Grunde bildet ein Vogelskelett auch die Struktur des menschlichen Körpers ab.

Diese stillschweigende Verbundenheit mit den Tieren hat diese frühen Menschen, oder zumindest ein paar von ihnen, in die unbekannten Tiefen der Chauvet-Höhlen gezogen, genauso wie sie gleichzeitig die Tiefen ihrer Vorstellungskraft aktiviert hat. Wenn wir uns heute die Meisterwerke an den Höhlenwänden ansehen, wo die Tiere aus den Spalten und Ritzen im Fels zu springen scheinen, ist es leicht, sich vorzustellen, dass unsere Vorfahren an diesem Ort einst das Gefühl hatten, mit der Tierwelt kommunizieren zu können. Wir können es nicht mit Sicherheit wissen, aber vielleicht haben die Menschen hier begonnen, Tiere mit symbolischer Bedeutung zu belegen und sie als Metaphern zu verwenden. Sie machten sich die wilden Lebewesen zu eigen, um sich die Welt zu erklären. Fing an diesem Punkt auch die Ausbeutung der Tiere durch den Menschen an? Am Anfang haben unsere Vorfahren die Tiere vielleicht als ihre wilden Begleiter respektiert, sie waren auf eine Art und Weise bedeutsam, die der Mensch heute vergessen hat. Vielleicht waren sie uns Menschen damals als magisch erschienen, da sie sowohl sterblich – denn das Leben jedes einzelnen Tieres war ja begrenzt – als auch unsterblich waren, jedes Tier ein Vertreter seiner Art, eines von vielen und damit ein Symbol für das große Ganze. Später wurden sie zu Rohmaterial für uns Menschen, sie wurden benutzt, unterjocht und zum Schweigen gebracht.

Mit der Verbreitung des Christentums im Mittelalter fielen Tiere als Symbole den religiösen Lehren zum Opfer. Eulen seien schmutzig und faul, behauptete der Benediktinerabt Hrabanus Maurus in *De rerum naturis,* geschrieben im Jahr 847 n. Chr. Die Enzyklopädie war als Handbuch für Prediger gedacht, und darin stand, dass Eulen schrien, wenn sie spürten, dass jemand sterben würde. Die Eulenillustrationen des Geistlichen weisen außerdem antisemitische Konnotationen auf. In der damaligen Zeit wurden Eulen in religiösen Kunstwerken oft mit einem menschlichen Gesicht dargestellt, der markante, hakenförmige Schnabel sollte dabei auf die angeblich lange, hakenförmige Nase der Juden anspielen. Szenen, in denen die Eule von anderen Vögeln drangsaliert wurde, waren häufig in mittelalterlichen Manuskripten zu finden – und tatsächlich schlagen Wildvögel oft Alarm, wenn sie eine Eule erblicken, weil diese eine Bedrohung für ihren Nachwuchs darstellt. Im Mittelalter sahen viele die Außenseiterstellung der Eule als Strafe dafür an, dass sie als Nachtgeschöpf Gottes Licht mied. In mittelalterlichen Kirchen und Klöstern sind geschnitzte Eulen oft im Holz von Miserikordien, kleinen Stützbrettern im Chorgestühl, zu finden. Auch hier wurden die Eulen so dargestellt, als würden sie von anderen Vögeln angegriffen, so als seien sie Sünder, die von der Masse verdammt wurden. Wenn sich Mönche auf diese

Miserikordien setzten, taten sie das Werk Christi, indem sie das Böse mit ihrem Hinterteil zerquetschten.

Auch in den düsteren Renaissancegemälden von Hieronymus Bosch (1450–1516) sind jede Menge Eulen vertreten. Tatsächlich gibt es kaum ein Werk des Künstlers, in dem sich nicht irgendwo einer der Raubvögel versteckt. Boschs Eulen sind jedoch nicht bösartig, sie sind mit viel Bedachtsamkeit dargestellt. Es scheint, als würden sie das Geschehen auf den Gemälden nur beobachten, aber nicht selbst daran teilnehmen. Als Wesen, die in der Dunkelheit sehen können, könnten Eulen für Bosch entgegen der mittelalterlichen Auffassung sogar als richtende Instanzen gegolten haben. Die winzigen Eulen in seinen Gemälden lugen oft genau da neugierig hervor, wo ein Mensch eine Sünde begeht. In *Der Garten der Lüste* und in vielen anderen seiner Werke sind Eulen in Kleidungsstücke eingestickt, sie verstecken sich in einer Tasche, sitzen in einem Korb, schauen von der Fensterbank hinab, aus einem Baum oder einem Brunnen heraus, ihre Augen allgegenwärtig und wachsam. Seit jeher diskutieren Kunsthistoriker über die Bedeutung von Boschs Eulen. Sie scheinen für den Künstler symbolische Beobachter gewesen zu sein, mysteriös und geheimnisvoll. Im Rahmen der esoterischen Lehren, die Bosch vertrat, stellten sie ein Sinnbild für ein universelles Bewusstsein oder Gewissen dar, das größer ist als unser eigenes.

Albrecht Dürers Gemälde *Käuzchen,* ein melancholisches Porträt eines jungen Waldkauzes aus dem Jahr 1508, löst im Betrachter einer Woge der Sympathie aus. Das zarte Aquarell veranschaulicht das Verhältnis des Künstlers zu dem Vogel – statt die Eule zu sezieren oder sie als Projektionsfläche für christliches Gedankengut zu benutzen, fängt er in seinem realistisch wirkenden Gemälde jedes noch so kleine Detail ihres Wesens ein. Die großen Augen mit den dunklen Pupillen, die scharfen, gekrümmten Krallen, das weiche bräunlich-graue Gefieder, all das zeigt, wie umfassend sich Dürer mit diesem jungen nachtaktiven Raubtier auseinandergesetzt haben muss. Zarte Linien zeichnen die langen Schwungfedern und die weicheren Daunenfedern auf der Brust der Eule nach. Der Künstler hat den Jungvogel in einem wachen, aber dennoch nachdenklichen Moment eingefangen, seine Krallen sind auf einer glatten Fläche ausgebreitet, die Flügel gefaltet. Beim Betrachten spürt man regelrecht, dass die junge Eule noch ihr ganzes Leben vor sich hat - ein Leben, das sie in Gefangenschaft verbringen wird. Dürers Bild fängt das Potenzial dieser Kreatur gekonnt ein, es scheint fast so, als drücke er in seinem Porträt seine Missbilligung darüber aus, dass man diesen Vogel seiner Wildheit beraubt hat. Die Eule in dem Aquarell verharrt in einer rührenden, verletzlichen Pose, sie wurde ihrer räuberischen Kräfte beraubt und wartet nur darauf, in die Freiheit zu fliegen und ihr wildes Wesen wiederzuentdecken.

Im Lauf der Jahrhunderte legten wir den Eulen immer mehr symbolische Fesseln an – heutzutage sperren wir sie oft buchstäblich ein. Seit die *Harry Potter*-Bücher erschienen sind, in denen die Raubvögel als glamouröse Begleiter für Hexen und Zauberer dargestellt werden, sind Eulen als Haustiere immer beliebter geworden. In Großbritannien ist ihre Zucht in Gefangenschaft reguliert, sie werden ausschließlich von Spezialisten verkauft, allerdings wird es zunehmend leichter, Eulen aus zweiter Hand im Internet zu erwerben. Der *Harry Potter*-Effekt hat sich über die ganze Welt ausgebreitet: Über den ganzen Globus verteilt sind in den Social Media Gruppen rund ums Thema »Eulen als Haustiere« entstanden. Auf Java und Bali, wo es viele Vogelmärkte gibt und Eulen keine geschützte Art sind, werden in der Wildnis gefangene Eulen häufig als Haustiere verkauft. Auf dem Pramuka-Markt, dem größten Markt in Jakarta, stehen oft bis zu sechzig Eulen auf einmal zum Verkauf, wobei man aus acht verschiedenen Arten wählen kann. In Indonesien ist es eine Tradition, Vögel als Haustiere zu halten, jedoch wurden *Burung hantu*, oder »Geistervögel«, früher gemieden, da die Menschen sich vor ihnen fürchteten. Mittlerweile wird der Geistervogel als *Burung Harry Potter* verkauft, und die Preise für seltene Eulenarten steigen rasant an, da immer mehr Menschen eins der possierlichen Tiere besitzen möchten. Die Verschleppung der Raubvögel aus ihren natürlichen Lebensräumen hat negative Auswirkungen auf diese empfindlichen Ökosysteme, sie gefährdet den Erhalt seltener Arten und fügt den in Gefangenschaft lebenden Eulen großes Leid zu. Eine Untersuchung der Oxford Wildlife Trade Research Group aus dem Jahr 2017 ergab, dass viele Arten im Fernen Osten mittlerweile frei verkauft werden: Der Trillerzwergkauz, der Malaienkauz, der Sunda-Fischuhu, die südwestpazifische Schleiereule und viele andere Vertreter der Gruppe der Zwergohreulen zählen dazu, außerdem noch einige anderen Arten, die aufgrund schlechter Lichtverhältnisse, Federschäden oder weil sie als Küken verkauft wurden, nicht identifizierbar waren.

Ob eingesperrt in Käfigen, in hoher Auflösung auf unseren Fernsehbildschirmen oder in Naturdokumentationen, in denen die Kamera zwischen uns und dem wilden Tier vermittelt – die Eule ist für uns heute nach wie vor ein Paradox. Die ambivalente Darstellung von Eulen als einerseits niedlich und andererseits geheimnisvoll kann sie in unseren Augen ebenso grausam wie faszinierend erscheinen lassen. Während ihr kalter Reptilienblick unsere Existenz verschwindend klein erscheinen lässt, dient sie in Hollywoodfilmen als bloßer Handlungskatalysator, der eine schaurige Wendung des Geschehens ankündigt. Gleichzeitig wurde die Eule in unserer Konsumwelt auf den Status eines Sammelobjekts reduziert – sie ist ein Modeaccessoire und ein beliebtes Motiv für Geschirr und Kleidung. Kindern wird Eulenspielzeug geschenkt. Die Eule ist zu einem »Erlebnis« geworden, sie ist ein Sammlerstück, ein Abbild.

Wo inmitten dieses ganzen Eulenfanatismus ist die echte Eule abgeblieben?

An einem Nachmittag im März wanderte ich weit weg von den Häusern der Vorstadt hinein ins wuchernde Grün des nächsten Tales. Es war windig, meine Augen tränten, aber die Neigung des Weges zog meine Füße in gleichmäßigem Rhythmus voran. Der hüglige Boden unter mir fühlte sich an wie ein großes schlafendes Tier, und es strömte eine Energie von ihm aus, die meinen Geist ins Gleichgewicht brachte. Tüpfelfarne, Efeu und Hirschzungenfarne bedeckten den Grund und raschelten in der Brise, über meinem Kopf flatterten Krähen; der Wind warf all diese Geräusche wie Treibgut zusammen. Im Schlamm zeichneten sich Dachsfährten ab, ich entdeckte einige Fuchsspuren und dann die schlanken Abdrücke eines Rehhufs. Mit einem Mal wurde mir die lange Geschichte dieses Weges bewusst, all die menschlichen und tierischen Füße, die ihn in den letzten Jahrtausenden beschritten hatten.

Meine Gedanken schweiften zu der riesigen, einsamen Eiche, die würdevoll in der Mitte des Tales stand, eingepfercht zwischen den gewaltigen Erdhügeln, die auf der Landkarte bald als neues Baugebiet ausgezeichnet werden würden. Vor langer Zeit hatte es eine kleine Eichel geschafft, auf der verwilderten Wiese, den grasenden Schnauzen der Rinder zum Trotz, zu sprießen und Schritt für Schritt zu einem prächtigen Baum heranzuwachsen. In Gedanken tastete ich mich seinen gigantischen Stamm entlang, ich stellte mir die knorrige Rinde vor, auf der sich ein ganzes Ökosystem tummelte: Pilze, Algen und Pflanzen; Farne, Käfer, Wespen und Florfliegen; Vögel, Fledermäuse, Spitzmäuse und andere kleine Säugetiere.

Jedes Mal wenn ich wieder an einem Schild vorbeiging, das die baldige Bebauung des Tales ankündigte, kam ich ins Straucheln. Während ich das hier schreibe, wird das Feld umgegraben, die Erde wird in riesigen Haufen bewegt, der Grund gesiebt und eingeebnet. Wenn du dieses Buch liest, wird in dem Tal bereits eine Siedlung entstanden sein, Hunderte Häuser für menschliche Familien. Die Stadt dehnt sich aus, die Menschen brauchen Wohnraum, und dieser Raum braucht grünen Grund, um in die Höhe zu schießen. Ähnliche Entwicklungen spielen sich an vielen Orten ab. Nachts werden dann Neonlichter und Straßenbeleuchtung ihr Licht da in den Himmel strahlen, wo früher nur Dunkelheit herrschte. Die Tierwelt wird sich an diese Entwicklung anpassen müssen – oder sie wird verschwinden.

Tyto alba

DIE SCHLEIEREULE

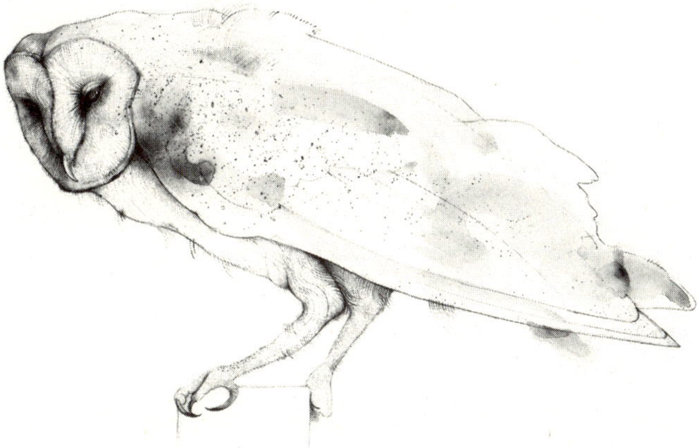

Wir sind mit der Eule verbunden, und zwar nicht nur weil wir ihre Schönheit, ihre ausgeprägten Sinne und ihre beeindruckenden Jagdfähigkeiten bewundern. Das Band zwischen uns und dieser Spezies ist auch für die Eule wichtig. Sie hat sich an uns Menschen angepasst, um Seite an Seite mit uns zu leben. Die Verbundenheit zwischen uns hat sich im Laufe der Zeit entwickelt, wie eine Ehe, wenn vielleicht auch keine ganz glückliche.

Als Jägerin von Wühlmäusen wurde die Schleiereule von den dichten Nagetierpopulationen angezogen, die auf den von uns Menschen angelegten Feldern ihr Zuhause fanden. Während die Eule im frühen 20. Jahrhundert jedoch noch ein häufiger Anblick auf britischen Feldern war, sieht man sie heute kaum noch. The Barn Owl Trust, eine britische Organisation, die sich dem Schutz der Schleiereule verschrieben hat, erklärt, dass die Ursachen für das Verschwinden des Raubvogels auf uns Menschen zurückzuführen sind: Veränderungen in der Landwirtschaft, die Zerstörung von Nist- und Schlafplätzen, der verstärkte Einsatz von giftigen Chemikalien sowie der Ausbau von Fernstraßen haben sich in ihrer verheerenden Kombination auf die empfindliche Schleiereule ausgewirkt. Es ist wahrscheinlich, dass es in Großbritannien nur noch knapp fünftausend Paare ihrer Art gibt.

Aber fangen wir von vorn an: Eulen gab es auf dieser Erde schon lange vor uns. Fossile Überreste der Raubtiere konnten auf ein Alter von 65 bis 56 Millionen Jahren datiert werden. Im Pleistozän verbreiteten sich *Ornimegalonyx,* riesige Schleiereulen, im gesamten Mittelmeerraum. Sie waren über einen Meter hoch, wogen doppelt so viel wie der heutige Uhu und erbeuteten große Nagetiere wie das Wasserschwein. Unsere menschlichen Vorfahren waren vermutlich fasziniert von den enormen Kräften der Vögel; unfähig, sich ihre unheimlichen Fähigkeiten mithilfe der Wissenschaft zu erklären, glaubten sie unter Umständen, dass die Eulen über eine Art übersinnliches Wissen verfügten, das sich ihnen entzog.

Die langen, leichten Flügel der Schleiereule haben sich für die Jagd in Weidelandschaften entwickelt, nicht in dichten Wäldern, wo einige Kurzflügler ihr Revier haben. Ursprünglich stammte die Schleiereule aus wärmeren Gebieten mit viel Trockenheit, doch als die Eisschichten vor zehn- bis zwanzigtausend Jahren Nordeuropa freigaben und sich die Menschen in größerer Zahl gen Norden ausbreiteten, folgte auch die Eule dieser Bewegung. Sie wurde von den Weiden angezogen, die wir Menschen mit dem Beginn der Landwirtschaft schufen, und fand später auf den Dach- und Heuböden von Bauernhöfen und in anderen menschengemachten Strukturen geschützte Plätze, wo sie ihr Nest errichten konnte. So begannen *Homo sapiens* und *Tyto alba* schon früh damit, sich sowohl ihre Futter- als auch ihre Schlafplätze zu teilen. Während sich die Ausbreitung der Eulen gen Norden zum Teil durch Klima- und Lebensraumveränderungen erklären lässt, trugen bestimmt auch wir Menschen einen nicht zu verachtenden Teil dazu bei. Die Schleiereule war auf den von uns geschaffenen Lebensraum angewiesen: Hier konnte sie leicht Unterschlupf finden und nachts im Tiefflug über die Felder gleiten, um im schwachen Schimmer des Mondes mit ihrem extrem sensiblen Gehör ihre Beute aufzuspüren.

Unsere leicht bewachsenen Weiden waren der perfekte Lebensraum für kleine Nagetiere, insbesondere für Feldmäuse, die Hauptnahrungsquelle der Eule. Seit mehr als tausend Jahren haben die Säugetiere zwischen unseren heimischen Gräsern, die extrem langsam verrotten und dadurch eine natürliche Strohschicht auf dem Boden bilden, Schutz gefunden – die Weiden stellten damit das ideale Jagdrevier für den Raubvogel dar. Diese einst häufigen Flächen sind heutzutage jedoch bedroht – durch einen immer intensiveren

Ackerbau, mechanisierte Prozesse in der Landwirtschaft und den aggressiven Einsatz von Pestiziden.

Es gibt allerdings nicht nur schlechte Nachrichten: Die landwirtschaftlichen Beziehungen zwischen Menschen und Schleiereulen haben sich in den letzten Jahren weiterentwickelt. Die Schleiereule ist mittlerweile weithin als Schädlingsbekämpferin akzeptiert; aber können Schleiereulen tatsächlich genauso viele Nagetiere aus unseren Feldern und Scheunen eliminieren wie der Einsatz von Chemikalien? Um diese Frage zu klären und der Schleiereule unter die Schwingen zu greifen, hat Mark Browning 2011 das Projekt Barn Owl/Rodent ins Leben gerufen. Das Projekt beschäftigt sich mit der Frage, ob es nachhaltiger ist, einen Befall durch Nagetiere mittels Eulen oder Rattengift zu bekämpfen. In Kalifornien war ein hundert Hektar großer Weinberg von der Taschenratte, einem gefräßigen Nagetier, okkupiert worden. Die extrem fruchtbaren Knabberer verursachten an den wertvollen Rebstöcken einen enormen wirtschaftlichen Schaden. Im Rahmen seines Projekts baute Browning Nistkästen für Eulen und brachte sie im Abstand von je fünfhundert Metern im Umkreis des Weinbergs an. Im darauffolgenden Jahr hatten die insgesamt 25 errichteten Nistkästen insgesamt 18 Schleiereulenpaare angezogen, die zusammen 66 Jungtiere zur Welt brachten. Browning berechnete, dass allein diese geringe Anzahl von Eulen im Jahr 2011 insgesamt 9.576 Nagetiere erbeutet hatte. Im Jahr 2012 verzehrte die wachsende Eulenpopulation etwa 15.204 Nagetiere – eine beachtliche Zahl. Die Eulen stürzten sich geradezu auf den Weinberg mit den Taschenratten, und das Ausmaß der durch die Nagetiere verursachten Schäden wurde erheblich reduziert.

Selbst wenn man die anfängliche Investition mit einrechnet, hat sich das Projekt innerhalb von zwei bis fünf Jahren amortisiert: Die ursprünglichen Kosten der kalifornischen Studie für das Anlegen der Nistkästen beliefen sich auf etwa sechstausend US-Dollar. Am

Ende des zweiten Jahres beliefen sich die Kosten für jedes von den Eulen erbeutete Nagetier nach dieser Rechnung auf 0,24 Dollar pro Exemplar. Im weiteren Verlauf der Studie sanken die Kosten pro Nagetier so weit, dass sie nach einem Zeitraum von fünf Jahren gegen null gingen.

Als Alternative greifen viele Bauern zu Strychnin-Pellets, um des Befalls durch Nagetiere Herr zu werden. Strychnin kostet pro Anwendung mehrere Hundert Dollar, und es auf den Feldern zu verteilen, ist ein langwieriger und aufwendiger Prozess – der jedes Mal wiederholt werden muss, wenn sich die Nagetierpopulation wieder erholt hat. Keine Frage: Die Schleiereule ist in diesem Vergleich die Siegerin!

In Jordanien und Israel wurden ähnliche Projekte durchgeführt, die Eule wurde dabei für ihren Nutzen in Bezug auf eine nachhaltige Landwirtschaft gefeiert. Die bahnbrechenden Experimente haben gezeigt, dass die nützlichen Raubvögel eine natürliche Alternative zu Pestiziden sind.

In Großbritannien befindet sich die Schleiereule am nördlichsten Rand ihres Verbreitungsgebiets. In den schottischen Highlands und hoch im Norden ist es zu kalt, nass und windig für den zarten, wärmeliebenden Vogel. Das Gefieder der Eule ist nicht wasserdicht, und da sie über keinen öligen Schutz gegen Regen verfügt, kann sie nicht fliegen, wenn sie nass wird. Ist sie aufgrund des feuchten Wetters nicht in der Lage zu jagen, kann sie schnell verhungern oder an der Kälte sterben. Frost und gefrorener Boden im Winter, starke Regenfälle im Herbst, Überschwemmungen, starker Wind – all diese extremen und unvorhersehbaren Wetterbedingungen bedrohen das Überleben der Schleiereule. Als extrem leichter Vogel ist sie mit so wenig Körperfett ausgestattet, dass sie auf die Wärme und den Schutz unserer Dachbalken, das isolierende Stroh in unseren alten Scheunen angewiesen ist. Doch die letzten schlechten Winter haben die Nahrungssuche für die Eule zunehmend erschwert: Regen macht die Jagd unmöglich, Schnee und Eis treiben die Beute in den Untergrund oder dezimieren die Wühlmauspopulationen so stark, dass die Eulen verhungern. Als Wühlmausjägerin ist die Schleiereule gefährdet, denn ihre Beute unterliegt zahlenmäßig großen Schwankungen. Außerdem ist der Raubvogel extrem standorttreu und hat daher nicht einfach die Möglichkeit, sich ein neues Jagdrevier zu erschließen. Als Gewohnheitstier bleibt die Schleiereule fast ausnahmslos ihr ganzes Erwachsenenleben lang ein und demselben Gebiet treu; sogar nisten tut sie immer an der gleichen Stelle. Sie legt keine größeren Strecken zurück, allerhöchstens sucht sie sich ab und an einen neuen Schlafplatz. Durch ihre mangelnde Flexibilität hat die Schleiereule in der heutigen Zeit keine guten Überlebenschancen.

Im März waren mir die ersten Speiballen aufgefallen. Die unverdauten, wieder erbrochenen Nahrungsreste waren ungefähr kastaniengroß und lagen neben einigen weißen Sprenkeln verstreut unter der alten Eiche in der Nähe meines Hauses. Das konnte nur eins bedeuten: Hier war irgendwo eine Eule! Die Tage wurden länger, und meine Neugier wuchs. Schleiereulen fangen im späten Winter an, sich zu paaren, und suchen sich dann langsam einen geeigneten Nistplatz. In der Abgeschiedenheit ihrer Nisthöhle oder hoch oben im Gebälk einer alten Scheune geht die Balz zwischen den zwei Tieren dann weiter. Das ganze Frühjahr über putzen sich die Vögel gegenseitig und reiben ihre Wangen aneinander; das Männchen macht dem Weibchen Geschenke in Form von Wühlmäusen. Wenn das Vogelweibchen paarungsbereit ist und das Nahrungsangebot in ihrem Revier gut ist, fangen etwa 75 Prozent aller Schleiereulen zwischen März und August an zu brüten, manchmal findet man ihre Eier aber sogar schon im Januar. Gibt es im Lebensraum der Eulen nicht genügend Beutetiere, ist es wahrscheinlich, dass der Brutversuch fehlschlägt oder sogar ganz ausbleibt.

Oft ließ ich meinen Blick durch das Geäst der alten Eiche schweifen. Manchmal sah ich dort ein weißes Wesen sitzen, es schaute sich wachsam um und stieß gelegentlich nervöse Rufe aus. Ungefähr zur selben Zeit, als ich begann, die Schleiereulen bei der Familiengründung zu beobachten, wurde das Leben meiner eigenen Familie in seinen Grundfesten erschüttert. Eins unserer Kinder wurde krank – es war eine Krankheit, die so selten, so schwer zu diagnostizieren und so schwer zu behandeln war, dass ihr Auftreten eine erdbebenartige Wirkung auf uns alle hatte. Vielleicht ist das mit Erkrankungen immer so, egal ob es eine Erkältung oder Krebs ist, alle rütteln irgendwo an unserem Selbstverständnis und sind damit lebensverändernd. Die ersten Anzeichen dieser Erschütterung bemerkten wir im April. Benji, der damals 19 Jahre alt war, und ich saßen am Fluss und lauschten in der Dämmerung dem Vogelgesang, der sich über dem Sumpfgebiet erhob. Benji, der an der Schwelle zum Erwachsenwerden stand, verbrachte die Ferien zu Hause, bevor sein letztes Jahr am College beginnen würde. Er studierte Architektur. Ich genoss die Gesellschaft dieses lebhaften jungen Erwachsenen; gleichzeitig war ich mir bewusst, dass es nicht mehr lange so weitergehen würde. Bald würde mein Sohn das weiterführende Studium beginnen, alles würde sich verändern. Als er plötzlich zur Seite kippte, sich schüttelte und sich dann langsam wieder aufrichtete, dachte ich mir erst nichts dabei. Einen Moment lang saß er ganz still da, dann fragte er: »Fängst du auch manchmal einfach so an zu zucken?« Ich schaute ihn verwirrt an.

Wir wussten es damals noch nicht, aber irgendwo in den unsichtbaren Leitungen von Benjis Gehirn feuerte eine Synapse falsche Signale ab. Irgendwo in der Kommunikation zwischen den Millionen Neuronen in seinem Kopf hatte sich ein Fehler eingeschlichen.

Wir gingen damals oft hinunter ins Röhricht, um den Eulen zu lauschen. Im Nachhinein wirkt es irgendwie unwirklich, dass wir zu dieser Zeit noch keine Ahnung hatten, was auf Benji zukommen würde. Unsere ganze Aufmerksamkeit war auf die Schleiereule gerichtet, die übers Schilf hinweg ihrem Partner zurief; als Antwort kam ein Kreischen zurück.

»Schau«, sagte Benji. Er zeigte auf eine weiße Eule, die sich aus dem Schilf erhob und über den Fluss glitt. Ihr Körper spiegelte sich im grau glitzernden Wasser.

Im Mai und Juni ließ ich unser Fenster immer weit offen stehen, um den Höhepunkt des morgendlichen Chorgesangs nicht zu verpassen. Manchmal wurde ich nachts oder in den frühen Morgenstunden vom Schrei der Eule geweckt. Er lockte mich aus dem Bett, nach draußen auf die grüne Wiese, wo ich meinen morgendlichen Spaziergang absolvierte, ein festes Ritual dieser Zeit. Es dauerte jedes Mal eine Weile, bis sich meine Sinne auf die frühmorgendliche Kulisse eingestellt hatten: schattenhafte Blätter, knorrige Wurzeln und feuchte Erde, alles getaucht in unheimliche Dunkelheit.

Eines Morgens war der Schrei so durchdringend, dass ich sofort aus dem Bett sprang und nach meinem Fernglas kramte. Ich lehnte mich aus dem Fenster und erspähte die weißen Flügel, die eine scharfe Drehung vollführten, die empfindlichen Ohren des Tieres in Richtung Boden gerichtet, aufmerksam jedem noch so winzigen Geräusch lauschend. Das gefiederte Gesicht der Eule war nach unten gedreht, sie hatte etwas entdeckt: Beute – genau da! Die Flügel stromlinienförmig an den Körper gefaltet und die Krallen ausgestreckt, stürzte sie sich lautlos nach unten.

Wenn eine Eule auf der Jagd ist, fliegt sie dasselbe Stück Land immer wieder ab, und es besteht eine große Chance, dass ihr Angriff danebengeht. Nur ein kleiner Prozentsatz der Versuche endet mit einem Beuteriss, was das Leben der Schleiereule zu einem Glücksspiel macht. Zwar ist das Raubtier ideal für sein Jagdvorhaben ausgerüstet, dennoch muss es einige Herausforderungen meistern: Zwar sind Schleiereulen extrem leicht, sodass sie mühelos durch die Luft gleiten und sich auf ihre Beute stürzen können, andererseits bedeutet das aber auch, dass ihr Body-Mass-Index so niedrig ist, dass sie schnell verhungern können, wenn sie ein paar Tage lang keinen Erfolg bei der Jagd haben.

Ich sprang unter die Dusche und zog mir einen Pullover, eine Weste, lange Hosen und Socken an. Als ich nach draußen trabte, weckte mich die frische Luft auf. Dornensträucher, Farne und Brennnesseln säumten den Weg zum Feld. Aus den nahe gelegenen Gärten am Stadtrand hatten sich Glockenblumen ihren Weg in die Wildnis gebahnt; sie erstreckten sich an all jenen Stellen der Böschung, die von der Sonne erreicht wurden. Während ich die farbenprächtigen Blumen bewunderte, flackerte etwas am Rande meines Sichtfelds auf. Das fast lautlose Schwingen von Flügeln. Die Eule kreiste über das Feld, einmal hierhin, einmal dorthin, ihr weißes Federkleid reflektierte das Licht. Sie flog an mir vorbei, machte eine Kehrtwendung, sah mich kurz an und tauchte dann ab, im Sturzflug in Richtung Wiese.

Kurze Augenblicke wie diese offenbaren flüchtige Eindrücke ins Wesen dieser geheimnisvollen Kreaturen. Ich wollte nichts verpassen, horchte genau hin, versuchte, alle meine Sinne einzuschalten, mich so leise wie möglich zu bewegen; ich wollte näher herankommen, ohne mich dabei einzumischen. Ich wartete auf den Schrei der Eule, aber es kam keiner, also richtete ich den Fokus meines Fernglases dorthin, wo der Vogel im Gras verschwunden war: Und da war er, schwang sich hinauf in die Lüfte, der Schnabel mit Beute beschwert. Ich hielt den Atem an, während ich die Eule beobachtete. Mein Blick blieb an ihrer glatten weißen Brust hängen. Keine

Sprenkelung. Könnte es das Männchen gewesen sein? Wo brachte es seinen Fang hin? Als die Schleiereule über mich hinwegglitt und kurz in der Luft stehen blieb, fiel das Licht durch die Federn ihres perfekt angeordneten Schwanzfächers.

Eine erwachsene Schleiereule kann eine ganze Feldmaus in einem einzigen Zug verschlucken. Da Eulen nicht kauen können, zerkleinern sie ihre Beute nur notdürftig innerhalb weniger Minuten, der Rest wird im *Ventriculus,* dem Magen des Vogels, aufgelöst. Nachdem sich das weiche Gewebe der Wühlmaus verflüssigt hat, wird der Rest, also das Fell und die härteren Teile, in den Kaumagen transportiert. Dieses Organ, auch Muskelmagen genannt, dient Vögeln als Zahnersatz. In ihm werden die unverdaulichen Teile der Nahrung – Knochen, Zähne, Krallen und Fell – gesammelt und zu einem runden Ballen, dem sogenannten Gewölle, komprimiert. Es verbleibt für einige Stunden im Magen, bis es als Speiballen von der Eule wieder erbrochen wird. Es ist verlockend, diese Gewölle, findet man sie draußen auf dem Boden, mit nach Hause zu nehmen und ihre Bestandteile zu analysieren. Anhand der Beschaffenheit des Felles und der Knochen lässt sich genau feststellen, was die Eule erlegt hat. Ist es eine Feldmaus, eine Wühlmaus oder gar ein Wiesenpieper? Denn: Die Schleiereule bricht die Regeln. Wenn sie durch die Brut unter Druck steht oder die nächtliche Jagd erfolglos war, jagt sie oft auch tagsüber, wobei sie bei ihrer Beute nicht allzu wählerisch ist.

Es begann, leicht zu nieseln. Nicht weit von mir entfernt auf der Wiese stand eine halb verfallene Scheune, und um trocken zu bleiben, suchte ich Unterschlupf in ihrem Windschatten. Die Tür war geöffnet, der Innenraum lag frei, und als ich mich langsam hineintastete, spürte ich eine seltsame Präsenz, etwas Lebendiges, und zwar jenseits von Mäusen oder Dohlen. Ich bewegte mich weiter nach vorn, meine Füße knirschten auf dem staubigen Boden, und ein

Zischen unterbrach die Stille. Ich bekam Gänsehaut. Ganz hinten, in einer Ecke der Scheune, erspähte ich im Halbdunkel ein kleines, flaumiges Gesicht, aus dem mich zwei wachsame Augen anstarrten.

Ein Eulenküken, das aus dem Nest gefallen war.

Über ihm machte ich die Quelle des Zischens aus: die kleine, dicht zusammengedrängte Schar seiner Geschwister, die von ihrem hohen Vorsprung aus nach ihm riefen. Bis dahin hatte ich gedacht, Eulen könnten nur in Baumhöhlen nisten, es überraschte mich allerdings nicht, dass sie die verlassenen und halb verfallenen, aber dafür zuverlässig trockenen Ruinen des Menschen bevorzugten.

Als ich das Eulenjunge sah, setzte sofort mein Beschützerinstinkt ein. Die Klimakrise, das Artensterben, der Müllteppich im Pazifik – gegen all das konnte ich nichts ausrichten, aber hier konnte ich tatsächlich etwas tun! Ich hatte gelesen, dass es für die Eulen ein schweres Jahr war, die Wetterverhältnisse hatten ihnen zugesetzt. Trotzdem hatte dieses Schleiereulenpaar den stürmischen, nassen Winter überlebt – und es hatte sogar Nachwuchs gezeugt.

Ich suchte die Wand nach Möglichkeiten, mich festzuhalten, ab. Ich könnte zum Nest hinaufklettern und das Junge zurücksetzen, in der Hoffnung, dass die Eltern bald wiederkommen würden. Langsam ging ich auf die kleine Eule zu – sie bewegte sich hin und her, aber flüchtete nicht. Ich legte meine Hände um den warmen, weichen Körper. An den dünnen Flügeln kamen bereits die ersten Federschäfte durch; sie umhüllten das, was sich eines Tages zu Flugfedern entwickeln würde, sollte das Junge den Sommer überleben. Momentan war es zum Fliegen noch viel zu klein. Wie alt genau war es wohl? Drei Wochen, vielleicht sogar vier?

Zuerst zappelte das Eulenjunge mit den Füßen, als ich es hochnahm, aber schon bald lag es ruhig in meiner Hand. Ich hatte erwartet, dass es wie ein Kätzchen riechen würde, aber sein fremdartiger Gestank nach verrottenden Mäusen und beißendem Ammoniak tat mir in der Nase weh. Das kleine Wesen hatte auch etwas Reptilienartiges an sich: Ich spürte seine schuppigen Füße, die spitzen steingrauen Krallen, die schon jetzt ordentlich zupackten.

Das Eulenjunge in der Hand, begann ich zu klettern, meine Finger tasteten nach Vorsprüngen an der Steinwand. Ich rutschte ab; ich brauchte beide Hände. Kurzerhand schob ich die Eule in meinen Pullover, ihre Federn kitzelten meine Haut. So fiel mir das Klettern leichter. Oben am Vorsprung angekommen, löste ich die kleinen Krallen von mir und schob das Eulenjunge zu seinen Geschwistern zurück.

Schnell kletterte ich wieder hinunter, weg von den zischenden Eulen. Das niedliche Bild, das wir vor Augen haben, wenn wir an kleine Eulenbabys denken, lässt sich leicht ins Wanken bringen, wenn wir mehr über die Gewohnheiten dieser fauchenden Jungtiere lernen. Direkt nach der Geburt sind Eulenjunge kahl und borstig, sie sind die Sorte hässlicher Babys, die nur eine Mutter lieben kann. Selbst zwei Wochen später, wenn sie zu schneeweißen pudrigen Federknäueln herangewachsen sind, ist ihr Anblick alles andere als süß: Nestkameras zeigen, wie die jungen Raubvögel auf Bergen toter Wühlmäuse thronen, die ihre hingebungsvollen Eltern unaufhörlich erlegen und im Nest für schwere Zeiten sammeln. Damit nicht genug: Um die Überlebenschancen seines Nachwuchses zu vergrößern, hat das Eulenpaar die Eier in Abständen gelegt, sodass die größeren Küken ihre kleineren Geschwister verspeisen können, falls es mal nichts zu essen gibt.

Der September wurde durch kühle Winde und den Abflug der Schwalben angekündigt. Ich sollte bald meine Lehrtätigkeit wieder aufnehmen. Meine Vorlesungen waren fertig geplant, meine Vorträge alle geschrieben. Alles hätte gut sein können, wäre da nicht die nagende Sorge um Benji gewesen. Während ich den Sommer über draußen der Spur der Eulen gefolgt war, war es mit seiner Gesundheit bergab gegangen.

Die Familie saß am Küchentisch. Es war Samstagmittag, und ich hatte Spaghetti gekocht, dazu gab es frischen Parmesan und gehackte Petersilie. Jenny, Benjis kleine Schwester, stellte einen Krug mit Eiswasser auf den Tisch. Benji hielt mir seinen Teller hin, dann setzte er ihn wieder auf dem Tisch ab, bevor ich Zeit hatte, ihn mit Spaghetti zu füllen. Mit der Schöpfkelle in der Hand sah ich zu, wie sein Kopf auf seine Brust sank und sich sein Körper zur Seite krümmte. Alles lief wie in Zeitlupe ab. Benji hing in seinem Stuhl wie ein Schiff, das Schlagseite hatte. Ich rüttelte an seiner Schulter, aber sein Gesicht wirkte seltsam leblos, so als hätte er jegliche Kontrolle über seine Muskeln verloren. Atmete er noch? Sein Kopf zuckte, aber er atmete normal. Bevor wir etwas tun konnten, rutschte er von seinem Stuhl auf den Boden.

In dem kurzen Moment, den wir Erwachsenen brauchten, um den Ernst der Lage zu begreifen, krachte Jennys Stuhl auf den Boden, und sie floh erschrocken aus dem Zimmer.

Benjis Augen verdrehten sich. Er konnte nicht sprechen, sich nicht bewegen, und aus seinem Mundwinkel hing ein dünner Speichelfaden. Seine Atmung ging unnatürlich langsam. Mit einem Mal erinnerte ich mich an den Erste-Hilfe-Kurs, den wir gemacht hatten, als unser Sohn ein kleines Baby gewesen war. Wie ging noch mal die stabile Seitenlage? Wie sollten wir Benji hinlegen? Als ich den Kurs besucht hatte, war Benji noch so klein und zerbrechlich gewesen, dass ich jede Nacht fürchtete, sein Atem könnte versiegen. Jetzt war sein Körper muskulöse ein Meter achtzig groß und wog fast hundert Kilo.

Irgendwie schafften mein Mann Rick und ich es, Benji in die stabile Seitenlage zu lagern. Dabei bemerkten wir, dass er mit den Lidern blinzelte. Versuchte er, mit uns zu kommunizieren? Wir fokussierten seine Augen. Geht es dir gut? Einmal blinzeln, was offensichtlich »Nein« bedeutete. Brauchst du irgendwas? Zweimal blinzeln: »Ja.« Sollen wir einen Krankenwagen rufen? Erneut zweimal blinzeln.

Als Benji einige Minuten später auf der Krankentrage lag, kehrte langsam seine Bewegungsfähigkeit zurück. Aber jedes Mal wenn er sich aufregte, verfiel er erneut in einen Anfall. War das Epilepsie? Die Anfänge von Narkolepsie? Während wir auf die Testergebnisse warteten, auf MRT-Scans und EEGs, dann Wochen später EEGs, die unter Schlafentzug durchgeführt worden waren, während Benjis Kopf und seine Schultern in einem bunten Wirrwarr aus Drähten steckten, sehnte ich mich nach Halt, nach Sicherheit. Ich wollte etwas Solides, ein Gegengewicht zu meinen ständigen Sorgen.

An guten Tagen versuchten wir, ganz normal weiterzumachen. Wenn wir unterwegs waren, hatte ich immer eine Aluminiumdecke für den Notfall dabei, die ich um Benji wickeln konnte. Im Krankenhaus hatte man uns gesagt, dass es keine Epilepsie war, auch wenn es so aussah. Benjis Leben veränderte sich; er konnte seinen Führerschein nicht zu Ende machen, das Studium pausierte.

Was wir immer noch konnten, war, gemeinsam die Eulen zu beobachten. Manchmal, wenn wir gleich zwei erblickten, versuchten wir, sie auseinanderzuhalten. Aus unseren Vogelbüchern wussten wir, dass die Weibchen oft eine dunklere Zeichnung haben, aber das trifft nicht immer zu – man kann diese Kreaturen nicht auf solche Details festnageln. Aus einzelnen Beobachtungen werden sonst nur falsche Tatsachen. Früher gab es beispielsweise viele Spekulationen über die Ernährungsgewohnheiten der Eulen, insbesondere unter Wildhütern und Bauern, die den Vogel als Bedrohung ansahen. Schließlich wurden Eulen abgeschossen, die vielen Debatten hatten zu falschen Schlüssen geführt. Erst als später die Speiballen von Eulen analysiert wurden, stellte man diese Praxis ein, da sich herausstellte, dass die Raubvögel der Landwirtschaft nützlich waren. Ihre Gewölle waren voll von Nagetierknochen, was sie zu effektiven Schädlingsbekämpfern machte.

Während Benji den Winter zu Hause verbrachte, unterrichtete ich an der Universität und versuchte, zu einem Gefühl der Normalität zurückzufinden, aber vor mir hatte sich ein Abgrund aufgetan, der immer tiefer wurde. Benji unterzog sich verschiedenen Behandlungen, aber seine Pläne fürs Architekturstudium hatte er endgültig aufgeben müssen. Ein Gerüst war kein sicherer Ort mehr für ihn, und auch die Benutzung von Elektrowerkzeugen war zu gefährlich.

In den Monaten, die auf Benjis ersten Anfall folgten, wurden wir als Familie achtsamer, um nicht zu sagen ängstlicher. Im Schlaf überkamen mich Panikattacken; ich schreckte hoch und lag in einer Lache aus kaltem Schweiß. Mein Schlaf wurde immer leichter, und dann hörte ich vollends mit dem Schlafen auf: Ich verwandelte mich in eine Eule.

Benji hatte jetzt jeden Tag Anfälle. Während wir uns den Kopf zerbrachen, was wir tun sollten, ging es ihm immer schlechter. Schon die kleinste Kleinigkeit warf ihn um. Wir befanden uns in ständiger Alarmbereitschaft. In einem Moment war alles normal, und dann bemerkten wir die Stille aus Benjis Richtung oder das Geräusch, wenn er auf den Boden knallte. Bei alldem mussten wir immer die Ruhe bewahren, während keiner von uns wirklich verstand, was eigentlich vor sich ging. In meinem Magen wuchs ein Bündel aus Stacheldraht, das immer größer wurde.

Das Gehör der Schleiereule ist so genau, dass man es »Ohrensicht« nennen sollte. Die Eule hat, was die Wissenschaft als »erweitertes akustisch-räumliches Bewusstsein« bezeichnet – das bedeutet, dass einige der Bereiche ihres Gehirns, in denen Schall verarbeitet wird, direkt mit jenen Teilen verbunden sind, die für die Aufnahme und

Verarbeitung visueller Informationen zuständig sind. Die topografischen Fähigkeiten der Schleiereule überragen damit die aller anderen untersuchten Arten. Indem sie ihren Kopf auf bestimmte Art und Weise hin- und herbewegt, sodass sie mit ihrem Gesichtsschleier Schallwellen einfangen und selbst das leiseste Flüstern an ihren Hörapparat – die asymmetrischen Ohren – weiterleiten kann, holt die Supereule das Maximum aus ihrer »Ohrensicht« heraus. Niedliche YouTube-Videos von kleinen Eulen, die putzige Tänze aufführen, zeigen die Jungtiere eigentlich dabei, wie sie lernen, ihr erstaunliches Gehör zu benutzen. Durch das Wippen ihres Kopfes entsteht im Gehirn der Eule ein genaues Bild ihres Umfelds, und sie kann über ihre nächsten Schritte entscheiden.

Um dem Hörvermögen von Eulen tiefer auf den Grund zu gehen, haben Menschen verschiedene Experimente mit den Vögeln durchgeführt. Dabei haben sie herausgefunden, dass Eulen die steifen Federn ihres Gesichtsschleiers bewegen und exakt auf die Geräuschquelle richten können. Selbst bei vollkommener Dunkelheit kann der Raubvogel so seine Beute genau lokalisieren. Wie der Mensch hat auch die Eule einen Hautlappen vor dem Gehöreingang, das *Operculum,* aber im Gegensatz zu uns können Eulen diesen Hautlappen nach Belieben bewegen und auf Geräusche ausrichten. Noch beeindruckender ist, dass die äußere Ohrmuschel der Schleiereule von der Oberseite des Schädels bis hinunter zum Unterkiefer reicht. Die Haare im Inneren der Hörschnecke, die den Schall empfangen, sind länger als bei anderen Vögeln und wachsen immer wieder nach – anders als beim Menschen, der im Alter durch die Abnutzung der Haarzellen allmählich taub wird. Außerdem verfügen Eulen noch über eine besondere Geheimwaffe: Sie können Schallwellen im höheren Frequenzbereich, die durch Bewegungen ihrer Beutetiere ausgelöst werden, besser aufnehmen als die tieferen Töne von deren Stimmen. Experimente haben gezeigt, dass zu diesen hochfrequenten Geräuschen, die Nagetiere neben dem Quietschen von sich geben, das Rascheln auf dem Grund und Kaugeräusche zählen – eine Maus kann also unschuldig vor sich hin knabbern, ohne einen Mucks zu machen, und entgeht der Eule trotzdem nicht.

Der Superhörsinn der Schleiereule erreicht seine unglaubliche Präzision außerdem dadurch, dass ihre Ohren asymmetrisch hinter ihrem Gesichtsschleier angeordnet sind. Ein Ohr des Vogels ist größer und nach unten gerichtet, das andere ist kleiner und sitzt weiter oben auf dem Schädel, sodass der Schall beide Ohren zu völlig unterschiedlichen Zeitpunkten erreicht. Die Eule kann so die Schallquelle exakt orten. Wissenschaftler haben in Experimenten ein Ohr der Eule blockiert und festgestellt, dass sie so – kaum verwunderlich – keine Beute im Dunkeln aufspüren kann. Kein Wunder, dass der Eule früher eine dunkle Seite zugeschrieben wurde; ihre Fähigkeiten haben uns Menschen erschaudern lassen. Heutzutage assoziieren wir die Vögel zum Glück nicht mehr mit dem Teufel, sondern erforschen ihre beachtlichen Talente mit mehr Wohlwollen aus einer wissenschaftlichen Perspektive – nach und nach gelangen wir so zu mehr Wissen und räumen mit alten Vorurteilen über das Raubtier auf.

Wenn mich die Neugier packt, kenne ich kein Halten mehr. Und so entschied ich nach einem langen, nassen Winter, als die Tage endlich wieder länger wurden, The Barn Owl Trust zu kontaktieren und mich dort als freiwillige Helferin zu melden.

Luke, der bei der Organisation für die Überwachung der Eulenpopulation zuständig war, hatte rein gar nichts gegen meinen Plan einzuwenden. Im Gegenteil: Er freute sich, denn das Timing war perfekt. In diesem Jahr fand die alle zehn Jahre vollzogene Zählung der Schleiereulenpopulation im Südwesten Englands statt, und der 1988 ins Leben gerufene Barn Owl Trust war über jede Hilfe bei diesem Vorhaben dankbar.

Nistende Schleiereulen zu zählen, ist ein heikles Unterfangen, bei dem man oft auf sehr hohen Leitern, auf den Dächern alter Scheunen und an anderen unzugänglichen Orten herumklettern muss. Luke brauchte für dieses Projekt jemanden, der ihm das Equipment reichte, die Landkarte las und vor allem die wacklige Leiter sicherte, von der aus er die Nester erreichte. Dieser Posten fiel mir zu. Mit dem organisationseigenen »Eulenmobil« machten wir uns an die Arbeit.

Bevor es losging, zeigte mir Luke, wie man die Leiter auf dem Dach des kleinen Transporters befestigte und wieder löste. Ich war dafür zuständig, sie hinter ihm herzutragen, während er mit den Landbesitzern sprach. Ein großer Teil der Arbeit von The Barn Owl Trust besteht darin, Landwirte und Grundeigentümer dazu zu motivieren, sich um die Schleiereulen auf ihrem Land zu kümmern und deren Lebensraum zu schützen. Einige Landbesitzer könnten eventuell mürrisch auf unseren Besuch reagieren, warnte Luke mich vor; sie liebten ihre Eulen und waren nicht unbedingt scharf darauf, dass die Tiere durch eine Zählung von uns gestört wurden.

Nachdem ich die Leiter unter Ächzen und Stöhnen – mit meinen ein Meter siebzig waren meine Beine für dieses Vorhaben eindeutig zu kurz – auf dem Dach des Eulenmobils befestigt hatte, kletterten Luke und ich endlich in den Transporter. Luke reichte mir die Karte, der wir heute folgen würden, sowie das Klemmbrett mit der Liste all der Orte, an denen The Barn Owl Trust Nistkästen für Eulen installiert hatte. Vor lauter Aufregung darüber, dass ich bald jeder Menge Schleiereulen begegnen würde, vergaß ich für einen entscheidenden Teil der Fahrt, dass ich für das Lesen der Karte zuständig war. Munter tuckerten wir vor uns hin, während niemand navigierte. Als Luke mich fragte, wo wir uns gerade befänden, und ich nach langem Suchen endlich unseren Standort auf der Karte bestimmt hatte, musste er mir nur den ganzen Prozess noch einmal erklären, und schon waren wir auf dem richtigen Weg! Wir ließen die Hauptstraße hinter uns und bogen unter der prallen Junisonne in die Tiefen der Grafschaft Devon ein.

Als wir ein üppiges Tal erreichten und das Eulenmobil sich langsam eine extrem steile Straße hinunterschlängelte, riskierte ich es, einen Moment lang meine Augen von der Karte zu lösen, um hinauszuspähen.

»Ist es diese Einfahrt oder die nächste?«, fragte Luke geduldig.

»Ähm ... Hier!«, sagte ich. Immerhin bestand eine Fifty-fifty-Chance, dass ich recht hatte.

Ich weiß nicht, wie er das anstellte, aber Luke verlor angesichts meiner nicht vorhandenen Kartenlesefähigkeiten nie die Fassung. Während unserer gesamten gemeinsamen Zeit – und das waren viele Stunden und Tage – blieb er immer professionell.

Schließlich erreichten wir eine sich immer mehr verengende Einfahrt, die sich durch einen Wald aus Farnen, Fingerhüten, Weißdornen, Geißblattgewächsen und Haselnusssträuchern schlängelte. Ich kurbelte mein Fenster herunter: Die Luft vibrierte geradezu von dem Gesang von Vögeln: Saatkrähen, Mauersegler, Drosseln, Finken, Rotkehlchen, Zaunkönige und Grasmücken. Schließlich gaben die Hecken einen breiten, gepflasterten Hof frei, der zu einem strohgedeckten Bauernhaus aus dem 16. Jahrhundert gehörte. Der Duft von Heu lag in der Luft, und ich fühlte mich, als wären wir in einer anderen Dimension gelandet.

Als wir aus dem Auto stiegen, kamen die Besitzer aus dem Haus, pünktlich zu unserem Rendezvous. Während ich die Leiter vom Dach holte, unterhielt Luke sich kurz mit ihnen. Sie verschwanden wieder im Haus; er blieb zurück und studierte stirnrunzelnd die Karte. Der Nistplatz, den wir ansteuerten, befand sich in einer Scheune neben einem Feld ganz am Rand der Karte, dazwischen lagen mehrere andere Felder, ein Hügel und ein Tal.

»Das ist ein ganz schön langer Weg, um die Leiter zu tragen«, meinte Luke. »Lass es uns Stück für Stück angehen. Wir kriegen das schon hin.«

Wir setzten unsere Helme auf und packten Taschenlampen, Handschuhe und Werkzeug für den Fall ein, dass der Nistkasten repariert werden müsste. Wir waren startklar.

»Du hast deinen Helm falsch rum auf«, sagte Luke.

Gemeinsam packten wir die Leiter an, Luke vorn, ich hinten. Der Schweiß lief mir über das Gesicht, aber ich war fest entschlossen, mit Luke Schritt zu halten. Als wir uns einem Wäldchen näherten, hielt Luke an, stellte die Leiter ab und erinnerte mich daran, leise zu sein. Ab jetzt war Plaudern verboten.

»Die Eulen wissen wahrscheinlich schon, dass wir da sind«, flüsterte er. »Wenn sie gerade nisten, sind sie eventuell besonders empfindlich. Die Besitzer haben mir erzählt, dass sie das Eulenpaar regelmäßig zu Gesicht bekommen. Das Letzte, was wir tun wollen, ist, die Eulen zu verscheuchen, wenn sie gerade Nachwuchs haben. Sie stehen hierzulande unter Schutz, und man kann eine saftige Strafe bekommen, wenn man sie beim Nisten stört.«

Ich versuchte, mich mucksmäuschenstill fortzubewegen und dabei so wenig wie möglich zu atmen – eine ziemliche Herausforderung nach all dem Leiterschleppen in der Hitze. Schließlich stießen wir in einen regelrechten Dschungel aus Brombeeren und Weißdornbüschen vor. Luke wies mich durch eine Handbewegung an, leise zu sein, dann hielt er den Daumen hoch, um zu signalisieren, dass wir da waren. Ich bemerkte fasziniert, dass er kein bisschen verschwitzt war. Ich hingegen fühlte mich unter meinem Helm wie eine leuchtend rote Tomate.

Die Eulen hatten sich einen guten Nistplatz ausgesucht. Unter dem Rand meines Visiers hindurch konnte ich sehen, dass die Scheune von einer bedrohlichen Barrikade aus Brennnesseln umgeben war. Vielleicht waren da unter den Sträuchern noch Wände und ein Dach, aber sicher konnte man sich nicht sein.

»Es wird schwer, da hineinzukommen, ohne sie zu stören«, sagte Luke.

Wir stellten die Leiter ab und spähten ins Unterholz. Vor uns lag ein scheinbar undurchdringliches Dickicht. Würden alle Nistplätze so aussehen? Nach diesem hier mussten wir heute noch zu vier weiteren.

»Ich glaube, ich sehe einen Weg«, sagte Luke. »Du bist kleiner als ich – kommst du da durch? Wenn du es um diesen Busch herumschaffst, müsste da die Tür sein.«

Ich kämpfte mich so leise wie möglich durch die Brennnesseln hindurch. Ein paar Augenblicke später erspähte ich ein Stück Mauerwerk. Die Scheune wirkte eher so, als habe sie sich aus dem Schlamm erhoben, als dass sie von Menschenhand gebaut worden wäre. Auf einer Schicht aus kräftigen Steinen saßen aus Lehm gefertigte Wände, die Tür wurde von alten Eichenbalken umrahmt. Über der ganzen Konstruktion thronte ein Dach, das alles andere als zuverlässig aussah. Ich duckte mich unter Zweigen hindurch, stieg über Äste und wischte Brombeerranken von meinen Beinen. Luke folgte mir, die Leiter mühelos auf seine Schulter gestützt, den Arm lässig zwischen ihren Sprossen.

Wir traten in die gedämpfte Dunkelheit der Scheune und hatten sofort das Gefühl, dass uns etwas beobachtete. Luke stellte vorsichtig die Leiter ab und lehnte sie gegen die Wand. In der alten Scheune war es still wie in einer Gruft, überall lag Stroh herum, es roch nach alter Schafwolle, Heu und Dung. Ich konnte verstehen, warum es einer Eule hier drin gefiel: Der Raum war von der Außenwelt abgeschnitten und windgeschützt. Als sich unsere Augen an die Dunkelheit gewöhnt hatten, deutete Luke nach oben in Richtung der Dachbalken. Lautlos leuchteten wir mit unseren Taschenlampen herum. Einer der Balken wies verräterische weiße Sprenkel auf. Eulenkot! Luke schwenkte den Strahl seiner Taschenlampe über den Boden. Speiballen, und zwar Hunderte! Das hier war eindeutig der Schlafplatz der Eulen.

Dann blieb mein Blick an etwas Hellem in der Dunkelheit hängen. Den Körper aufgerichtet, die Augen fest zusammengekniffen, hockte sie in der Ecke, nahe dem Scheitelpunkt des Daches: unsere erste Schleiereule. Gleich daneben befand sich der Nistkasten, den The Barn Owl Trust zwei Jahre zuvor hier aufgestellt hatte. Luke hatte die Eule noch nicht entdeckt; er war damit beschäftigt, den Nistkasten zu inspizieren, um eventuelle reparaturbedürftige Schäden zu entdecken.

Ich ging leise einen Schritt auf ihn zu und berührte seine Schulter. Als er sich umdrehte, veränderte der Vogel seine Position. Hatten wir ihn erschreckt? Regungslos standen wir da und blickten zu dem scheuen Geschöpf hinauf, das nun versuchte, sich so schmal und unauffällig wie möglich zu machen. Alle drei verhielten wir uns wie Statuen und versuchten, ja keine Aufmerksamkeit auf uns zu ziehen. Natürlich waren wir Menschen dabei trotz aller Bemühungen der Elefant im Porzellanladen – mit unseren glänzenden Helmen und unseren Taschenlampen waren wir in das Heiligtum dieser scheuen Kreatur eingedrungen. Unsere Anwesenheit muss der Eule wie eine furchtbare Bedrohung vorgekommen sein.

Ich war überzeugt, dass die Eule so tat, als ob sie schliefe. Ihre Augen waren nicht ganz geschlossen; in der Dunkelheit konnte ich durch einen Schlitz ihren Augapfel ausmachen, der diskret unter den blassen Wimpern hervorlugte. Unter dem Nistkasten lag ein weiterer Berg mit Gewöllen, und Luke gab mir durch einen Schwenker mit seiner Taschenlampe zu verstehen, dass ich einige davon aufsammeln sollte, damit wir sie später untersuchen könnten.

Während wir beide nach unten schauten, ergriff die Schleiereule plötzlich die Flucht. Lautlos flog sie in der kühlen Luft der Scheune auf und ab, ihr weißer Körper setzte sich wie auf einem Negativfoto vor dem schwarzen Hintergrund ab, er wirkte elegant und verletzlich. Zu verängstigt, um über unsere Köpfe hinweg hinaus in den Sonnenschein zu fliegen, flatterte der Vogel panisch hin und her. Luke und ich ließen uns auf den Grund hinab, um weniger aufzufallen, woraufhin die Eule ihre Chance ergriff und aus der Scheune glitt.

»Mist«, sagte Luke. »Das war nicht der Plan.«

Ich hatte einen Kloß im Hals.

»Keine Sorge, das ist nicht so tragisch«, beruhigte er mich. »Wenigstens ist es heute warm und trocken. Die Eule ist in Sicherheit. Sie wird sich einen Platz in der Nähe suchen und in ein paar Minuten zurückkommen, also müssen wir uns beeilen.« Er richtete die Leiter auf. »Wenn es regnen würde oder windig wäre, würde ich mir mehr Sorgen machen. Schleiereulen kommen mit schlechtem Wetter nicht so gut klar, aber heute ist es okay.«

Wir lauschten; ein zischendes Geräusch würde uns verraten, dass die Eulen brüteten und sich Junge im Nistkasten befanden. Aber da war nichts. Kleine Schleiereulen verlangen nach Nahrung, indem sie ein Zischen ähnlich einer Klapperschlange von sich geben. Ich fragte mich, ob dieses Geräusch ein evolutionäres Überbleibsel aus einer Zeit war, in der die Eule noch an wärmeren Orten lebte. In trockenen Bergen und Wüsten, wo es echte Klapperschlangen gab, könnte dieser Ruf als bedrohliche Mimikry gedient haben, um Raubtiere abzuschrecken, die den Eulenjungen gefährlich werden konnten.

Luke legte sich seine Kletterausrüstung an und stieg die Leiter hinauf. Er war so weit über mir, dass mir das Herz in die Hose rutschte. Ich hielt die Leiter fest und sicherte gleichzeitig mit einer langen, extra dafür angefertigten Stange den Nistkasten, sodass seine Öffnung verschlossen war. Sollte sich ein brütendes Weibchen darin befinden, mussten wir verhindern, dass es floh und seine Eier im Stich ließ. Als Luke das Ende der Leiter erreicht hatte, tat mir vom Hochschauen der Nacken weh. Mit etwas Mühe und einem Schraubenzieher schaffte er es, den Nistkasten zu öffnen. Ich beobachtete ihn dabei und hielt den Atem an, als er hineinspähte. Würde eine Eule herausfliegen? Oder was befand sich im Inneren?

»Ein totes Eulenjunges«, berichtete Luke. »Und ein faules Ei. Halt dir die Nase zu!« Er entfernte die Überreste aus dem Nistkasten, die in einem Kreis um mich herum auf den Boden regneten, setzte den Deckel wieder auf die viereckige Box und trat den Rückweg an. Auf halber Strecke entdeckte er auf einem Vorsprung eine Ansammlung von Federn und Knochen. Eine tote Eule. Er fegte sie zu Boden, und wir betrachteten den Kadaver mit den hängenden Flügeln. Die Beine waren überraschend lang, an ihrem Ende befanden sich die Greifzehen mit den gewaltigen Krallen, die zum Tauchen ins lange Gras entwickelt wurden. Der Körper der Eule war die perfekte Jagdwaffe, und zum ersten Mal konnte ich ihn jetzt aus nächster Nähe studieren. Der raue Gesichtsschleier des Vogels war steifer, als ich ihn mir vorgestellt hatte – er erinnerte mich an den gestärkten Kragen eines Chorknaben. Ich teilte das Federkleid, um die asymmetrischen Ohren zu finden, und bereute es sofort. Die Ohröffnungen, die sich unter den Federn versteckten, waren abgrundtief, mit einem borstigen rosafarbenen Hautlappen davor – kein besonders schöner Anblick, um ehrlich zu sein. Warum oder wie diese Eule gestorben war, wussten Luke und ich nicht, aber es lag mit Sicherheit nicht daran, dass sie nicht gut hören konnte.

»Vielleicht ist sie verhungert«, meinte Luke. Er hob den Eulenkadaver hoch. »Diese Tiere sind sehr anfällig«, erklärte er. »Nicht wie Wanderfalken.«

Ich wusste, dass Luke bald bei The Barn Owl Trust aufhören würde, um seine Zeit der Erforschung von Wanderfalken zu widmen. Er würde an der Universität Naturschutz studieren, und auch ich würde wieder Vollzeit arbeiten. Bevor ich Zeit hatte, darüber traurig zu sein, reichte er mir die tote Eule, damit ich sie für meine Recherche mit nach Hause nehmen konnte. Sie sah aus, als hielte sie nur ein Nickerchen, wie ich sie so in meinen Händen hielt, die Augen waren halb geschlossen, darunter schimmerte der Schatten ihrer Pupille. Die Federn um ihren Gesichtsschleier waren in Herzform angeordnet, und ihr Körper war so leicht, als sei sie an Hunger zugrunde gegangen. Vorsichtig legten wir den Kadaver auf die Waage, die wir mitgebracht hatten, und tatsächlich: 214 Gramm – das war weit unter Normalgewicht. Ein gesundes Schleiereulenmännchen wiegt um die 330 Gramm, ein Weibchen etwas mehr, bis zu 360 Gramm.

»Wahrscheinlich war sie noch unerfahren«, sagte Luke. »Oft wissen Jungtiere nicht, wie sie an genug Nahrung kommen können – sie können eventuell noch nicht gut genug jagen. Viele junge Eulen, die gerade erst flügge geworden sind, sterben, weil ihre Fähigkeiten noch nicht trainiert sind. Schau dir die mittlere Kralle an – das ist ein Hinweis auf ihr Alter. Wenn da keine Einkerbung ist, war die Eule wahrscheinlich noch nicht mal ein Jahr alt.«

Ausgewachsene Schleiereulen haben an der mittleren Kralle eine gezackte Einkerbung, wahrscheinlich zur Körperpflege, und die war bei dieser Eule noch nicht vorhanden. Wahrscheinlich war sie erst im Vorjahr geboren worden, ein Jungvogel, der vor nicht allzu langer Zeit selbstständig geworden war.

Ich fragte mich laut, ob die tote Eule wohl männlich oder weiblich war. Luke erklärte mir, dass er sich nicht sicher sei, aber vermute, dass es sich um ein Weibchen handelte. Das dunkle Gefieder, die Sprenkel auf der Brust, die dunkle Zeichnung auf den

Schwanzfedern und die goldbraunen Federn an der Kehle deuteten in Lukes Augen darauf hin. Ich verpackte mein trauriges Geschenk sorgfältig in einer Tüte, um es mit nach Hause zu nehmen.

Dort angekommen, zeigte ich dem Rest der Familie meinen Fund. Jenny betrachtete eine lange Zeit konzentriert das Gesicht des Tieres. Sie hielt den toten Eulenkörper in beiden Händen und untersuchte das Federkleid des Vogels. Als sie die Flügel vor dem Fenster in die Länge zog, schien das Licht hindurch, und es sah aus, als seien es Engelsflügel.

Ich verstaute die Eule in der Gefriertruhe. Ein paar Tage später stellte ich fest, dass Jenny die Schubladen des Gefrierschranks mit handgeschriebenen Warnhinweisen versehen hatte: »Essen«, »Essen«, »Tote Eule« usw. Auch Rick wusste diesen Teil meiner Eulenrecherche wenig zu schätzen, denn für ihn bedeutete es, dass wir nicht mehr so viel Platz für seine leckeren, frisch gekochten Currys hatten und sie deswegen schneller aufessen mussten.

Ich holte den Eulenkörper erst wieder aus seinem Gefrierfach, als ein paar Wochen später niemand mehr seine Anwesenheit ertragen konnte. Auf dem Tisch ließ ich die Eule auftauen und begann dann damit, sie zu untersuchen. Bei voller Streckung betrug die Flügelspannweite knapp 107 Zentimeter. Die Flügel verfügten über zehn Primärfedern, und auf ihrer Oberseite hob sich deutlich ein schokoladenbraunes Muster von ihrer braungelben Grundfarbe ab. An der Vorderkante waren sie goldbraun, und die spitz zulaufenden Hinterkanten gingen in ein weiches Cremeweiß über. Die Unterseite war blasser – das diente wohl als Schutz, damit potenzielle Beutetiere sie vom Grund aus nicht so leicht entdecken konnten. Die Außenfahnen der vorderen Schwungfedern waren steif und fransig. Genau diesen Federn hat es die Schleiereule zu verdanken, dass ihr Flug so lautlos ist, denn die dichten, kammartigen Federn zerstreuen die Fluggeräusche des Vogels optimal. Von allen Eulen ist die Schleiereule die leiseste, und bei genauem Hinschauen konnte ich sehen, warum das so war.

Mithilfe einer Handlupe untersuchte ich den Rest der Primärfedern und begann, ein System in ihnen zu erkennen. Alle Flugfedern hatten auf der dem Wind zugerichteten Seite einen leichten, samtigen Saum, die Innenfahne ging ins Nichts über und war so weich, dass ich beim Berühren nicht erkennen konnte, wo die Feder endete und die Luft begann. Luftfahrtingenieure beneiden die Eule um ihren lautlosen Flug und versuchen schon lange, das Design ihrer Flügel in Kampfjets nachzuahmen.

Je länger ich jede einzelne Feder betrachtete, desto faszinierter war ich. Der Federkiel aus Keratin ist wie ein Stamm, an den sich die Äste der Feder reihen. Diese wiederum sind von Nebenästen besetzt, die mithilfe von Widerhaken in einer erstaunlichen Regelmäßigkeit ineinandergreifen. Diese komplexe Anordnung ist stark, aber gleichzeitig flexibel genug, um sich mit absoluter Präzision an die Strömung der Luft anzupassen. Die Flügel der Eule erschienen mir in meinen Händen wie ein Wunder der Schöpfung.

Das britische Ackerland hat sich seit dem Zweiten Weltkrieg stark verändert. Man geht davon aus, dass der Verlust von alten Weiden und Magerrasen durch die intensivere Bestellung der Böden die Population der Schleiereulen um bis zu siebzig Prozent reduziert hat. Der Bau von immer mehr Schnellstraßen hat die Tiere dann erneut schwer getroffen: Tieffliegende Eulen können schnellen Autos nicht ausweichen. Der verstärkte Einsatz von Rattengift könnte für einige Eulenarten der Tropfen sein, der das Fass zum Überlaufen bringt. Beim Verzehr von vergifteten Nagetieren können sich Giftstoffe im Körper eines Vogels anreichern, die ihn schwächen und möglicherweise sogar töten können. Wir wissen nicht genau, wie und ob diese Tatsache die Eulen beeinträchtigt, aber die Forschung legt nahe, dass Gifte dieser Art beim Verzehr zu Übelkeit, Schwäche, Appetitlosigkeit, Koordinationsproblemen und einer verminderten Widerstandsfähigkeit gegen Krankheiten führen können. Nahezu neunzig Prozent aller tot aufgefundenen Schleiereulen, deren Überreste auf Rodentizide untersucht wurden, wiesen sehr hohe Werte an Giftstoffen auf. Wurden sie durch das Gift getötet? Wir wissen es nicht genau, aber es ist wahrscheinlich, dass Rattengift die eh schon zerbrechlichen Tiere weiter schwächt.

Die gute Nachricht ist, dass viele Bauern Schleiereulen auf ihrem Land mittlerweile mit offenen Armen begrüßen. Der alte Aberglaube von der bösen Eule wurde in ländlichen Gegenden längst durch Sympathie für den Raubvogel ersetzt, und nun werden die speziellen Nistkästen, die The Barn Owl Trust in diesem Teil des Landes in alten Scheunen und an anderen Orten aufbaut, oft liebevoll von den Landbesitzern bewacht. Wenn eine Eule sich auf dem Land eines Bauern zum Nisten niederlässt, kann das für ihn so was wie ein Ehrenabzeichen sein.

Nachdem Luke The Barn Owl Trust verlassen hatte, um sein Fachwissen durch ein Studium an der Universität zu vertiefen, blieb ich als Helferin zurück. Von jetzt an arbeitete ich mit Tim, dem Naturschutzbeauftragten der Organisation, zusammen, der sich genauso über mein Interesse an den Schleiereulen freute wie Luke und auch ebenso tolerant wie sein Vorgänger war, was meine Fähigkeiten im Kartenlesen betraf.

Tim und ich waren zum ersten Mal gemeinsam unterwegs, und der Landwirt an unserem ersten Zielort stellte sofort seine Arbeit ein, als er das Eulenmobil heranfahren sah. Er kam zu uns herüber, um mit uns zu plaudern. Als wir ihm erzählten, dass wir die Vögel kennzeichnen würden, rief er seinen Sohn auf dem Handy an, und bald darauf versammelte sich die ganze Familie um uns, alle mit Gummistiefeln an den Füßen. Sie hatten eine Nestkamera in dem Nistkasten auf ihrem Gelände angebracht und wussten daher bereits, dass sich Eulenkinder in der Holzbox befanden. Nun wollten sie die Chance ergreifen, die Kleinen aus nächster Nähe zu betrachten.

Alle gemeinsam beobachteten wir Tim dabei, wie er die Leiter hinaufstieg und die Eulenjungen eins nach dem anderen aus dem Nest hob, um jedes einzelne anschließend sanft in einen kleinen weißen Baumwollbeutel zu stecken und es mir an den Fuß der Leiter hinunterzureichen. Jedes warme, zappelnde Päckchen wurde untersucht und dann gewogen, indem es auf höchst unelegante Weise kopfüber in ein eulensicheres transparentes Plastikröhrchen gesteckt wurde. Unter den wachsamen Augen des Bauern und seiner Familie wurde jedes kleine Eulchen in Windeseile vermessen und mit einem Ring am Fuß versehen. Das Ziel dieser Prozedur war, so viele Daten wie möglich über die Eulen zu sammeln. Mithilfe der Ringe konnte The Barn Owl Trust die Eulen verfolgen und aufzeichnen, wie weit sie sich ausbreiteten und wo und wann sie starben – vorausgesetzt, jemand fand den Eulenkadaver und übergab ihn der Organisation.

Nachdem ich vier Eulenkinder vermessen hatte – an jeder meiner Hände baumelten zwei Tragesäckchen –, starrte ich erwartungsvoll zu Tim hinauf, der plötzlich ausrief: »Aha! Dich habe ich da in der Ecke fast nicht gesehen!«

Behutsam hob er ein letztes widerwilliges Eulenbaby aus dem Nistkasten und sagte in einer Singsangstimme: »Na, du Kleiner! Was hast du denn für ein dickes Bäuchlein! Damit bist du aber zu fett zum Fliegen.« Eulchen Nummer fünf war das dickste Eulenbaby, das ich je gesehen hatte – es wog fast vierhundert Gramm. »Du musst eine Diät machen, sonst schaffst du es nie aus dem Nest!«, ermahnte Tim es scherzhaft.

Er notierte die Details aller vier Eulenjungen inklusive des kleinen Wonneproppens, der bei der letzten Fütterung wohl eine überdurchschnittlich große Wühlmaus gefressen haben musste. Flügellänge, Körpergewicht, Bauchumfang und die Kennzeichnung auf dem Ring – alles wurde akribisch genau in Tims Notizbuch festgehalten. Diese Informationen waren wichtig, denn nur so konnten wir auch in Zukunft überwachen, wie es den Eulen ging. Kein Detail durfte vergessen werden, denn sonst könnte sich der Zustand der Eulen verschlechtern, ohne dass wir Menschen es merkten.

Meine Zeit als Freiwillige bei The Barn Owl Trust war beinahe vorbei. Es kam mir fast so vor, als hätte diese Zeitperiode außerhalb der Zeitrechnung meines normalen Lebens stattgefunden – es war eine Erfahrung, die mich tief im Herzen berührte und die ich mit einigen der hingebungsvollsten, klügsten, großzügigsten und fröhlichsten Menschen teilen durfte, die ich je kennengelernt habe. Die Freude am Lernen, das Gefühl der Zufriedenheit, wenn ich mit Luke und Tim unterwegs war, um die Eulen in ihren Nistkästen zählen – es ist schwer zu erklären, wie inspirierend und wahrhaftig sich diese Arbeit anfühlen kann. The Barn Owl Trust hat es weit gebracht: Es nahm als Hobby in den 1980er-Jahren seinen Anfang, wurde dann im Jahr 1988 von seinen Gründern in eine offizielle Wohltätigkeitsorganisation umgewandelt und leistet heute, im 21. Jahrhundert, nicht nur einen enormen Beitrag zum Erhalt der nationalen Schleiereulenpopulation, sondern unterrichtet auch Kinder in Schulen und berät Experten und Naturschützer auf der ganzen Welt. Ich habe das Gefühl, dass wir Menschen, trotz aller Höhen und Tiefen, die unserer gemeinsamen Geschichte auf diesem Planeten eigen sind, zumindest in diesem spezifischen kleinen Bereich Fortschritte machen. Wenn wir uns richtig reinhängen und gemeinsam mit der Natur arbeiten statt gegen sie, können wir die außergewöhnlichsten Dinge erreichen.

Strix aluco

DER WALDKAUZ

Eine Nachricht poppte in meinem E-Mail-Postfach auf: »Benji ist auf dem Weg zum College im Bus zusammengebrochen.«

Stell dir vor, du sitzt im Bus auf dem Weg zur Arbeit: Es ist frühmorgens, der Bus tuckert die Straße entlang, und du bemerkst einen jungen Mann, dessen Kopf zur Seite gefallen ist, sein Körper rutscht fast vom Sitz. Seine Augen sind geschlossen. Du denkst: Vielleicht ist er betrunken – wer weiß? Was machst du nun? Dann beginnt der junge Mann zu zucken und kippt langsam von seinem Sitz. Jedes Mal, wenn der Bus über eine Bodenwelle fährt oder um eine Ecke biegt, rutscht er ein Stück weiter in Richtung Boden. Wenn sie an ihrer Haltestelle angekommen sind, gehen die meisten Passagiere einfach um den jungen Mann herum und steigen aus.

Als der Bus den Betriebsbahnhof erreichte, befand sich außer Benji nur noch eine weitere Passagierin an Bord. Sie schob ihren Buggy mitsamt Kleinkind an ihm vorbei und hielt nervös inne: »Alles in Ordnung?«, fragte sie. Aber er konnte nicht antworten. Sie sah die Speichelspur an seinem Kinn, die glasigen Augen; schnell sagte sie dem Fahrer Bescheid und floh dann.

Als er aus dem Krankenhaus zurückkam, ging es Benji besser, und er war bemerkenswert positiv gestimmt.

»Der Busfahrer hat mich am Betriebsbahnhof gefunden«, erklärte er. »Er hob mich vom Boden auf und setzte mich zurück auf meinen Sitz.«

Benji ist einen Meter achtzig groß und wiegt etwa hundert Kilo. »Das ist beachtlich – er muss ziemlich stark sein!«

»Ja, das war er! Er hatte massenhaft Tattoos und war riesengroß. Als er gemerkt hat, dass ich nicht sprechen konnte, rief er einen Krankenwagen.«

»Und vorher hat dir niemand geholfen?«

»Eine Frau hat gefragt, ob es mir gut geht.«

Normalerweise blieb Benji während seiner Anfälle bei Bewusstsein und bekam alles mit, jedoch konnte er nicht sprechen oder seine Bewegungen kontrollieren.

Wir beschlossen, uns nach dem Namen des Busfahrers zu erkundigen, damit wir ihm schreiben konnten. Unsere Dankbarkeit war unermesslich. Manchmal sehen Engel aus wie ganz gewöhnliche Menschen; sie fangen uns auf, wenn wir im Fallen begriffen sind. Vielleicht trägt jeder von uns diese Fähigkeit irgendwo in sich. Wenn wir Menschen uns von unserer Empathie leiten lassen, können wir Großes bewirken. So was lässt sich nicht mit Worten ausdrücken.

Benji wurde auf Epilepsie und auch auf Narkolepsie getestet, aber immer noch fanden die Ärzte keine Ursache für seine Anfälle. Auch Medikamente konnten ihm in der Zwischenzeit nicht verschrieben werden, denn die Chance, dass es die falschen wären, war zu hoch. Wir konnten nichts tun außer warten. Gemeinsam schrieben wir einen Brief an das Busunternehmen, dann wendete ich mich wieder meinem Studium der Eulen zu.

Der Waldkauz ist eine der nachtaktivsten Eulen überhaupt. Aufgrund seiner braunen Tarnzeichnung und seines lautlosen Fluges ist es schwer, ihn in der Dunkelheit zu entdecken, und sein lauter Schrei muss unseren Vorfahren wie der Ruf der Nacht selbst vorgekommen sein. Dabei gehören seine Töne, insbesondere die der männlichen Waldkäuze, zu den »musikalischeren« Rufen im Eulenreich. Tatsächlich ist es die flötende Stimme des Waldkauzes, die wir Menschen am häufigsten in der Nacht hören. Zwischen August und Oktober, wenn die Jungtiere das Territorium ihrer Eltern verlassen, werden ihre Stimmen lauter, und dann, wenn gegen Ende des Winters die Brut beginnt, nimmt das Volumen erneut zu – der Ruf des Waldkauzes hallt nachts durch unsere Träume. Ob er in der Vergangenheit wohl mit dem Einbruch des Winters assoziiert wurde, die Siegesstimme der über den Sommer triumphierenden Dunkelheit?

Nachdem die jungen Waldkäuze von ihren Eltern aus dem Nest gescheucht worden waren und sich im Dezember ihr eigenes Revier erobert hatten, stand ich in den Tagen zwischen Weihnachten und Neujahr, wenn das Wetter ruhig und windstill war, oft noch vor der Morgendämmerung auf, um dem so charakteristischen Ruf der Eulen zu lauschen. Ich setzte mich dann in einen Sessel vors Fenster und beobachtete durch die Scheibe, wie die zurückhaltende Wintersonne allmählich ihre Strahlen in Richtung Erde schickte. Wenn es nicht windig oder nass war (Waldkäuze gehen bei schlechtem Wetter nicht auf die Jagd, da der Regen das Pfotengetrappel ihrer Beute übertönt), erreichte normalerweise einer der vertrauten Eulenrufe meine Ohren. Waldkäuze sind reviertreu und beginnen im Januar mit der Paarung – haben sie dann noch keinen Partner, machen sie sich nachts auf die Suche, indem sie ihre gellenden Balzrufe in die Dunkelheit schicken. Im Februar haben sich die Vögel in der Regel zu Paaren zusammengetan und sich einen Nistplatz gesucht, normalerweise eine geschützte Stelle hoch oben in einem alten Baum. Manchmal lassen sie sich in einem alten Nest nieder, oder sie bauen sich selbst ein Nest in einer Baumhöhle.

Jedes Mal wenn im Winter ein Eulenschrei durch den Nebel waberte, ging ich nach draußen und lauschte der seltsam heiseren Tonlage, die so vielen Waldkäuzen zu eigen ist. Ich hatte immer die Hoffnung, dass ich eins der Tiere in der Morgendämmerung irgendwo in der Nähe auf einem blattlosen Baum sitzen sehen würde – wenn die schwache Sonne aufging, hatte man manchmal Glück und erspähte eines von ihnen, wie es mit gesträubtem Gefieder auf einem nach Süden ausgerichteten Ast saß und sich die Flügel wärmte. Die Eulen saßen dann ganz still, sie bewegten sich nicht und vertrauten darauf, dass ihre gesprenkelte Tarnung sie unsichtbar machen würde. Normalerweise hörte ich die Waldkäuze lediglich, nur selten bekam ich einen zu Gesicht. Aber an jenem klaren Morgen hatte ich Glück.

Im einen Moment schlürfte ich noch meinen Tee am Fenster, vor mir nichts als das blasse graue Licht der Winterdämmerung und der heiße Dampf aus meiner Tasse – dann plötzlich zeichnete sich ein Schatten in der Luft ab. Aus dem Nichts manifestierte er sich, so als würde das Dämmerlicht zum Leben erwachen, und hockte mit einem Mal wie ein Ausrufezeichen auf meinem Balkon: ein Waldkauz, bei mir zu Hause!

Seine weich gefiederten Füße mit den schwarzen Krallen hielten sich am Geländer fest, und wir starrten uns gegenseitig durch die Glasscheibe an. Mit seinen dunklen Augen fixierte er mich; seine braune Zeichnung hob sich gegen den dichten Nebel ab: Sein Gesichtsschleier war rostig-braun, das Federkleid mit beigen und cremefarbenen Schnörkeln verziert, die Brust blass wie Beifuß und gesprenkelt, über den Rücken zogen sich kräftige Streifen, und der Schwanz war kurz und stummelartig. Ich war wie gebannt. Das symmetrische Gesicht des Kauzes schien ein unheimliches Geheimnis in sich zu tragen, und immer wieder drehte er den Kopf und durchbohrte mich mit diesen riesigen Augen.

Vor meinem Gesicht stieg immer noch der Dampf aus der Teetasse auf, und mein Verstand verlor sich in gespensterhaften Gedanken. Vor Tausenden von Jahren hätten meine Vorfahren in dieser Begegnung ein böses Omen gesehen. Aber dieser Waldkauz war nur eine ganz normale Eule, kein Zeichen – ich hatte einfach Glück gehabt. Trotzdem ...

Der Kauz neigte sein Gesicht nach unten, er hatte die Mehlwürmer entdeckt, die ich für die Stare verstreut hatte. Er sah erst mich an, blickte dann über den Rasen und betrachtete aufmerksam die dichte Hecke. Er schien es nicht eilig zu haben, wieder davonzufliegen. Während er weiter regungslos dasaß, stand ich auf, ging einen Schritt auf ihn zu und berührte die Scheibe. Konnte er mich tatsächlich sehen oder war ich für ihn nur eine bedeutungslose

Form? Meine Bewegung ließ ihn aufhorchen. In einer fließenden Bewegung breitete er seine Flügel aus, stieß sich vom Balkongeländer ab und schwebte so leise davon, wie er gekommen war.

Als ich mich wieder beruhigt hatte, rannte ich nach draußen und sog gierig die kalte Luft ein. Woher war die Eule gekommen? Wohin war sie verschwunden? Die Reviere, in denen Waldkäuze jagen, sind klein, das wusste ich, aber um herauszufinden, wie klein genau, ging ich zu meinem Bücherregal und zog ein Buch heraus. Der Waldkauz ist die weitverbreitetste Eule in Großbritannien und die einzige Eulenart, die sich effizient an das Leben in urbanen Gebieten angepasst hat. Wir hatten einen Park in der Nähe, dann war da noch ein Kinderspielplatz und ein Fußballfeld – in der Stadt fand sich eine Reihe von potenziellen Lebensräumen für Waldkäuze, die alle miteinander verbunden waren. Nicht weit entfernt befand sich zudem ein Waldstück mit dichten Büschen und vielen Bäumen, darunter einige riesige, ausgewachsene Eichen – ich vermutete, dass der Waldkauz dort seinen Nistplatz hatte. Auf dem verwilderten Grund tummelten sich Wühlmäuse und andere Nagetiere, es wuchsen Brombeerbüsche und Haselnusssträucher; rund um einen kleinen Bach gab es feuchte, mit Schilf bewachsene Bereiche – ein winziger Fleck Wildnis mitten in der Stadt.

Da ausgedehnte Waldflächen immer seltener werden, lassen sich immer mehr Waldkäuze in Städten nieder. Wenn es geregnet hat und die Eulen keine Mäuse fangen können, haben sie die Möglichkeit, auf unseren Rasenflächen Regenwürmer zu vertilgen und in den Teichen in unseren Vorgärten nach Fröschen und anderen Amphibien zu jagen. Als einer Freundin von mir immer wieder die Goldfische aus dem Gartenteich geklaut wurden, installierte sie eine Kamera und kam so dem Übeltäter auf die Schliche: Auf dem Video konnte man sehen, wie ein opportunistischer Waldkauz in ihrem Teich herumpaddelte und sich völlig schamlos vor der Kameralinse rekelte, während von den Fischen jede Spur fehlte. Vielleicht wäre die Eule nicht so übermütig gewesen, wenn sie gewusst hätte, dass ihr nächtliches Bad später auf YouTube zu sehen sein würde. Waldkäuze müssen baden und stecken häufig hinter den mysteriösen Kriminalfällen, die sich in Gärten abspielen, so zum Beispiel hinter dem Verschwinden von Fischen, für das normalerweise Katzen verantwortlich gemacht werden. Die Menschen rechnen nicht damit, dass Eulen den Weg in ihre Gärten finden, aber tatsächlich kommt es häufiger vor, als man denkt. Da unsere Gärten in den Vorstädten oft durch Bäume und Hecken von der Straße oder anderen Häusern getrennt sind, finden Waldkäuze hier die perfekten Jagdbedingungen vor. Sie können sich einen versteckten Ort suchen und darauf warten, dass kleine Säugetiere vorbeihuschen. Im Gegensatz zur Schleiereule ortet der Waldkauz seine Beute nicht im Fliegen; er lässt sich einfach auf einem Ast nieder und wartet, bis sich etwas auf dem Grund regt. Hat er seine Beute erspäht, stürzt er sich hinab. Dabei schließt er im allerletzten Moment, wenn seine Füße bereits zum Angriff ausgestreckt sind, die Augen – einerseits weil Waldkäuze weitsichtig sind und aus nächster Nähe nur verschwommen sehen können, andererseits aber auch als Vorsichtsmaßnahme, denn der Waldkauz braucht seine Augen nicht, um seine Beute zu fixieren. Mit seinem ausgezeichneten Gehör hat er sie bereits auf den Millimeter genau geortet und holt nun blind zum perfekten Schlag aus.

Früher nahm man an, dass die riesigen tiefschwarzen Augen des Waldkauzes auf magische Art und Weise in der Dunkelheit sehen und mit dieser Fähigkeit auch in die Seele der Menschen eindringen können, aber das ist natürlich Quatsch. Die starke Sehkraft der Eule ist ein Resultat ihres hoch entwickelten Sehapparats. Wir alle wissen, dass Eulen riesengroße Augen haben. Weil sie durch ihre enorme Größe so schwer sind, haben sie sich im Laufe der Zeit zu starr im Schädel sitzenden Röhren entwickelt – im Gegensatz zu unseren kleinen, runden Augäpfeln kann die Eule ihre Augen nicht in den Höhlen bewegen. Das bedeutet auch, dass Eulen aufgrund des fehlenden Bewegungsradius ihrer Augen in ihrem Sichtfeld eingeschränkt sind. Aus genau diesem Grund ist die Eule auch in der Lage, ihren Kopf um beunruhigende 270 Grad zu drehen. Das funktioniert nur, weil zusätzliche Wirbel und Blutgefäße dafür sorgen, dass dem Vogel dabei nicht die Blutzirkulation zu seinem Kopf abgeschnitten wird.

Da die Netzhaut der Eule eine gewisse Menge an Licht benötigt, um Informationen an den Sehnerv weiterleiten zu können, verfügt sie über eine stark vergrößerte Hornhaut sowie Augenlinse, die ein Maximum an Licht aufnehmen können. Die hohe Dichte an Stäbchen in ihrer Netzhaut macht ihr Sehvermögen besonders empfindlich; bei schwachem Licht ist es etwa drei- bis viermal so stark wie das eines Menschen, womit die Eule perfekt auf die Jagd in der Dämmerung und im schattigen Licht des Waldes vorbereitet ist. Eine zusätzliche Stärke ihres Auges besteht darin, dass die Netzhaut und die Linse im Laufe der Entwicklung näher zusammengerückt sind, wodurch das Bild, das die Eule bei schlechter Beleuchtung produziert, schärfer und heller wird. In Experimenten wurde untersucht, wie viel Licht Eulen benötigen, um in dunklen Wäldern ihre Beute aufzuspüren. Dabei kam heraus, dass die nachtaktivsten Eulenarten in Europa – der Waldkauz, der Habichtskauz und die Waldohreule – ihre Beute bei schwachem Licht aus zwei Metern Entfernung sehen und direkt auf sie zufliegen können. Andere Spezies, wie zum Beispiel der *Homo sapiens* und Eulen, die bei Tag oder in der Dämmerung jagen, sehen bei gleichen Lichtverhältnissen überhaupt nichts. Aber selbst der Waldkauz kann in völliger Dunkelheit nichts sehen – um zu überleben, muss er sich auf eine Reihe anderer Fähigkeiten verlassen, wie beispielsweise sein Gehör und sein räumliches Gedächtnis.

In Städten, wo in der Regel reichlich künstliches Licht vorhanden ist, gehört zur Nahrungsquelle des Waldkauzes in der Regel alles, was auf dem Grund herumwuselt, von Ratten über Regenwürmer und Eidechsen bis hin zu Käfern. Im Frühjahr erbeutet er manchmal auch kleine Vogeljunge oder schwächere Spatzen. Doch obwohl der Waldkauz in nächster Nähe zu uns Menschen lebt, haben die meisten von uns noch nie einen zu Gesicht bekommen, erst recht nicht auf dem eigenen Balkon.

Strix aluco. Da hatte er gesessen, der Kauz, und mich ruhig angestarrt, durch die Scheibe direkt in meine Augen. In diesem Moment dachte ich: Diese Eule war schon oft hier, sie hat in den beleuchteten Raum geschaut und mich beobachtet, nur habe ich sie da nicht bemerkt. Ich war mir sicher, dass es sich bei dem Kauz um ein Weibchen handelte, denn in der Nacht hatte die Eule unseren Schlaf immer wieder mit ihren kreischenden »Ki-wick« unterbrochen. Der Ruf des Weibchens ist durchdringend, aber weniger kräftig und melodisch als das typische »Huh-huu« des Männchens, erklärte mir mein Buch über Waldkäuze. Das Männchen kann auch »Ki-wick« rufen, zum Beispiel wenn es auf aggressive Art Eindringlinge verwarnt, und verwirrenderweise ruft auch das Weibchen manchmal »Huh-huu«. In unserem Fall kam der »Ki-wick«-Ruf von ganz nah, während gleichzeitig der weiche Schrei der männlichen Eule aus größerer Ferne zu vernehmen war.

Ich finde es erstaunlich, dass jedes Mal wenn eine Begegnung zwischen uns Menschen und diesen beachtlichen Wesen stattfindet, das Verständnis zwischen uns vertieft wird. Wir sehen die Eule als das, was sie ist, und nicht mehr als mythische Kreatur – sie wird zu etwas Vertrautem. Sitzt eine Eule direkt vor uns, wird uns bewusst, dass sie nicht nur ein körperloser Ruf in der Nacht ist. Sie ist ein Teil unserer Welt und damit auch ein Teil von uns selbst.

***

In einem Landwirtschaftsshop beobachtete ich kürzlich, wie ein paar Kunden eifrig Zehn-Kilo-Eimer mit Rattengift in ihre Kofferräume luden. Wir Menschen trinken gern unseren Tee aus putzigen Eulentassen, aber gleichzeitig fügen viele von uns diesen Vögeln enormen Schaden zu, ohne sich dessen bewusst zu sein. Es sind die Schleiereulen, die wahrscheinlich am meisten unter dem Verzehr von Rattengift leiden, weil sie so dicht mit uns zusammen in landwirtschaftlichen Gebieten leben – aber was ist mit dem Waldkauz? Ist auch er von dieser Gefahr betroffen?

Ich setzte mich mit dem Predatory Bird Monitoring Scheme (PBMS) in Kontakt, einem Projekt, das die chemische Bedrohung von Raubvögeln durch Rattengift in Großbritannien untersucht. Die Organisation hat herausgefunden, dass es nach der Aufnahme von Rodentiziden in der Regel mehrere Tage dauert, bis die Tiere an dem Gift verenden. Während dieser Zeit sind sie anfällig für Raubtiere, und da das Gift in hoher Konzentration in ihren Körpern aktiv ist, sind auch ihre Jäger seinem negativen Effekt ausgesetzt. Die Schadstoffe wandern die Nahrungskette hinauf und können später oft auch in toten Raubvögeln nachgewiesen werden, die sich von den Nagern ernähren. Der PBMS hat es sich zur Aufgabe gemacht zu untersuchen, ob und wie diese Vögel durch die Aufnahme von Rattengift in ihrer Gesundheit beeinträchtigt werden und welche Maßnahmen ergriffen werden können, um sie besser zu schützen.

»Raubtiere, die sich von Nagetieren ernähren, sind sehr wahrscheinlich diesen Substanzen ausgesetzt«, antwortete mir eine Vertreterin der Organisation. Der Verein hat eindeutig festgestellt, dass die Anreicherung von Giftstoffen in Raubvögeln ein unbeabsichtigter Nebeneffekt der Schädlingsbekämpfung in der Landwirtschaft ist und dass es infolgedessen sogar zu Todesfällen bei den Vögeln kommen kann. Der PBMS hat das Vorkommen von gerinnungshemmenden Rodentiziden in Raubvögeln wie Schleiereulen, Turmfalken, Rotmilanen sowie Waldkäuzen untersucht und für die Populationen der Schleiereulen und Turmfalken langfristige

Trendanalysen vorgelegt. Bei den Schleiereulen wird die Überwachung jährlich fortgesetzt.

Seit 2006 haben differenziertere Untersuchungsverfahren, die sich der Technik der »Flüssigchromatografie mit Massenspektrometrie-Kopplung« bedienen, dazu geführt, dass geringere Konzentrationen von Giftstoffen nachgewiesen werden konnten, als dies je zuvor möglich gewesen war. Das ist auch der Grund, warum seit jenem Jahr der Anteil der Vögel, in denen gerinnungshemmende Rodentizide nachgewiesen werden konnten, im Vergleich zu den vorigen Jahren gestiegen ist. Im Jahr 2015 wurden die Giftstoffe in achtzig bis neunzig Prozent der Schleiereulen und in rund 68 Prozent der Turmfalken nachgewiesen; bei den untersuchten Rotmilanen waren es sogar 91 Prozent. Ein Viertel der untersuchten Rotmilane zeigte außerdem Anzeichen von Blutungen, die möglicherweise mit einer Vergiftung durch Rodentizide in Zusammenhang stehen.

Eine solche Vergiftung kann sogar an die folgenden Generationen weitervererbt werden. Der Anteil der Eulen, in denen Rückstände einer bestimmten Art von Rattengift – den sogenannten SGARs – nachgewiesen werden konnte, war in England doppelt so hoch wie in Schottland oder Wales. SGARs werden seit den 1970er-Jahren vermehrt eingesetzt, da Nagetiere begannen, Resistenzen gegen zuvor verwendete Stoffe wie Warfarin zu entwickeln. Es ist bekannt, dass der Bestand des Feldsperlings in Großbritannien seit den 1970er-Jahren zurückgegangen ist, aber ob diese Entwicklung sich direkt auf den Einsatz von Rodentiziden zurückführen lässt, ist nicht gesichert.

Es ist wahrscheinlich, dass gerinnungshemmende Rodentizide und anderen von Menschen ausgelegte Gifte beim Verzehr auch den Waldkauz negativ beeinflussen, aber da sein Lebensraum und seine Lebensweise sich eklatant von denen der Schleiereulen unterscheiden, entgeht der Vogel möglicherweise den schlimmsten

Giftkonzentrationen. Gleichzeitig ist zu befürchten, dass die negativen Auswirkungen von Rattengift auf den Waldkauz auf weniger Interesse bei uns Menschen stoßen könnten, weil seine Art weniger bedroht ist als die der Schleiereule. Es wäre ein schwerwiegender Fehler, dieser Entwicklung nicht genug Aufmerksamkeit zu schenken – das hat uns schon mal in Schwierigkeiten gebracht, als die zunehmende Vergiftung von Raubtieren wie Fischottern und Wanderfalken von uns Menschen unbemerkt blieb, bis es fast zu spät war.

Strix aluco. Ich spreche den Namen des Vogels laut aus und lausche dem Klang der lateinischen Wörter. *Strix. Aluco.* Es klingt fast wie das »Ki-wick« und »Huh-huu«, das die Eulen machen.

Vor über zweihundert Jahren begann der schwedische Naturforscher Carl von Linné – oder Linnaeus, wie er in seiner latinisierten Form genannt wird – mit seinem Vorhaben, ein für alle Mal Ordnung in die Kategorisierung und Nomenklatur der Tierwelt zu bringen, indem er ein detailliertes Namensystem für alle Lebewesen entwickelte. Vögel bekamen Namen, die aus zwei lateinischen Wörtern bestanden: einem Substantiv, um die Gattung zu klassifizieren, und einem Adjektiv, um die Art zu beschreiben, die oft aus dem Aussehen, dem Ruf oder der Natur des Vogels selbst hergeleitet wurde. Bei der Namensgebung ließ Linnaeus sich von den Wortschöpfungen und linguistischen Entwicklungen der letzten Jahrtausende inspirieren. Der Begriff *Strix* könnte auf Aristoteles' Beschreibung in seinem bahnbrechenden naturhistorischen Text, der *Historia animalium,* aus dem 4. Jahrhundert v. Chr. zurückgehen. Das von dem Philosophen in seiner Naturkunde benutzte griechische Wort *strizo* bedeutet »kreischen« und wurde später möglicherweise von Linnaeus zu *Strix* latinisiert, um damit die miteinander verwandte Gruppe der Eulen zu klassifizieren, die sich durch ihren lauten, kreischenden Schrei auszeichnete.

Der Begriff der »Kreischeule« sollte hier näher erläutert werden. Bestimmte Eulenarten haben schon immer laut gekreischt, aber weder der Waldkauz noch irgendeine andere der europäischen Eulenarten sind mit den echten Kreischeulen verwandt. Bei den Kreischeulen handelt es sich um eine völlig andere Gattung, *Megascops,* deren 28 verschiedene Arten in Amerika beheimatet sind. Diese beeindruckenden Vögel sind alle in Heimo Mikkolas faszinierendem *Handbuch Eulen der Welt* abgebildet. Die West-Kreischeule zum Beispiel, *Megascops kennicottii,* kommt nur in Gebieten im Westen der Vereinigten Staaten, von Südalaska bis hinunter nach Texas, und außerdem in bestimmten Bereichen Mexikos vor. In Europa gibt es keine echten Kreischeulen. Diese Gattung kleiner Eulen mit Ohrbüscheln hat oft helle Augen, deren Farbe von Blassgelb bis Bernsteinfarben reicht, obwohl manche Arten, wie die Zimt-Kreischeule, *Megascops petersoni,* die in Peru lebt, tiefbraune Augen aufweist. Verwirrenderweise kreischen viele Kreischeulen überhaupt nicht, sondern geben Stakkato-Rufe wie »bukbukbuk« oder »bubububub« von sich; einige trillern sogar oder machen grillenähnliche Geräusche. Der Name »Kreischeule« sorgte in diesem Zusammenhang ab und an für Verwirrung, da sowohl die Schleiereule als auch die Waldohreule kreischende Rufe von sich geben und deswegen manchmal fälschlicherweise in diese Kategorie eingeordnet werden. Sie sind aber keine Kreischeulen, sondern gehören einer ganz anderen Gattung an.

Vielleicht kommt *Strix* also von »kreischen«, eventuell steckt aber noch mehr hinter dem Namen. Einige Hinweise deuten darauf hin, dass der Name das mystische Wesen der Eulen einfangen sollte, indem er sie mit dem Konzept der Hexe assoziierte. Selbst in meinen Büchern wird diese Interpretation nicht erwähnt, aber sie liegt nahe: Das lateinische *striga* bedeutet Hexe, das Äquivalent dazu im heutigen Italienisch lautet *una strega.* In vielen Kulturen wurde der Waldkauz nach den unheimlichen Klängen seines nächtlichen Rufes benannt, der Name trägt dabei in vielen Fällen eine weibliche Konnotation: Im Gälischen wird der Waldkauz als *cailleach oidhche,* bezeichnet, die »alte Frau der Nacht«; in Frankreich ist er *le chat huant,* die »heulende Katze«, als ob das Gestaltwandeln eine seiner Fähigkeiten wäre. Es scheint, dass der Name des Waldkauzes in vielen Kulturen untrennbar mit dem Konzept des Weiblichen und mit dem Aberglauben, dass Eulen Unheilsbringer sind, verwoben ist: die dämonische Frau der Nacht; die Kreatur, deren Wissen das unsere bei Weitem übersteigt; der furchterregende Vogel, der die Dunkelheit bewohnt. In der griechischen Mythologie wurde Hades, der Gott der Unterwelt selbst, in der Form einer Eule dargestellt. Als Hades Demeters Tochter entführt, stürzt er die Welt damit in einen grausamen kalten Winter, da Demeter, die Repräsentation der Natur, um ihr vermisstes Kind trauert. Die gefangene Tochter Persephone weiß, dass sie zu einem Leben in der Unterwelt verdammt ist, wenn sie von einer irdischen Speise kostet. Laut dem römischen Dichter Ovid verwandelt Persephone einen Obsthüter zur Strafe in eine Eule, als dieser sie dabei beobachtet, wie sie gegen die Regeln verstößt und einen Granatapfelkern verspeist.

Diese antike Erzählung ist nicht das einzige mythologische Beispiel, in dem eine Person für ein Vergehen bestraft wird, indem sie in eine Eule verwandelt wird. Im *Mabinogion,* einem im Mittelalter verfassten Sagenbuch, das seinen Ursprung in der mündlichen Überlieferung der walisischen Mythologie hat, ereilt das gleiche Schicksal eine ihrem Mann untreu gewordene Ehefrau. Im vierten Teil der *Mabinogi*-Geschichten wird dem jungen Mann Lleu (der walisischen Version von Lugh, dem keltischen Gott des Sommers) verboten, sich jemals eine menschliche Frau zu nehmen – stattdessen wird für ihn ein magisches Wesen aus den Blüten der Eiche, des Ginsters und des Mädesüß geschaffen. Sie trägt den Namen

Blodeuwedd oder »Blumengesicht« und stellt die Verkörperung des Frühlings dar. In einigen Versionen der Geschichte sprießt überall da, wo sie entlanggeht, eine Spur weißer Blumen aus dem Grund. Aber Blodeuwedd hat ihren eigenen Willen und geht eine Liebesaffäre mit Lleus Rivalen Gronw ein. Gemeinsam planen sie, Lleu zu ermorden.

Um diese komplexe mythische Geschichte kurz zusammenzufassen: Der Plan der Liebenden wird vereitelt, als Lleu, von einem Speer durchbohrt, später als Adler wieder zum Leben erweckt wird und Blodeuwedd zur Strafe in eine Eule verwandelt. Er sagt ihr: »Du wirst es nicht wagen, dein Gesicht jemals wieder im Licht des Tages zu zeigen, und zwischen dir und allen anderen Vögeln wird für immer Feindschaft herrschen. Es wird in ihrer Natur liegen, dich zu verachten und dich zu schikanieren, wo immer sie dir begegnen. Niemals wirst du deinen Namen verlieren – er wird für immer Blodeuwedd lauten.« Die Geschichte erzählt uns außerdem, dass *blodeuwedd* im damaligen Walisisch das Wort für Eule war.

Die walisischen Geschichten aus dem Mittelalter haben viel mit den griechischen und römischen Mythen gemein. Eins ist sicher: Das unheimliche Äußere der Eule und die Tatsache, dass sie nachtaktiv ist, haben ihr in der Mythologie einen schlechten Ruf eingebracht. In den Geschichten von uns Menschen wird die Kreatur mit Misstrauen, Dunkelheit und Scham in Verbindung gebracht.

Strix aluco. Und was ist mit *aluco?* Das Wort klingt wie eine melancholische Begrüßung, ein Jodeln ohne Hoffnung auf Antwort, genau wie die Rufe des Waldkauzes, die ich in der morgendlichen Dämmerung gehört hatte. Ich recherchierte die Etymologie des Wortes und fand heraus, dass der Grieche Theodorus Gaza, der im Mittelalter Aristoteles' *Historia animalium* ins Lateinische übertragen hatte, das griechische Wort für Eule, *eleos,* in Latein als *aluco* übersetzt hatte, abgeleitet von dem alten italienischen Wort für Waldkauz, *allocco*. Aristoteles hatte bei der Wahl des Wortes *eleos* viel Feingefühl bewiesen: Eleos war kein Gott, nicht einmal eine Nebengottheit, sondern etwas viel weniger Greifbares. Er wurde eher als Entität denn als Person gesehen, und er war scheu und verletzlich, die Verkörperung von Mitleid, Mitgefühl und Barmherzigkeit. Die Menschen hielten sich nicht gern in der Nähe von Eleos auf, aus Angst, mit Elend und Kummer infiziert zu werden. Das klingt passend. An Eleos' Altar riefen die Betenden ihn an, indem sie ein bestimmtes Ritual vollzogen, als Teil dessen sie sich entkleideten und sich die Haare abschnitten. Jeder, der damals ein Verbündeter Athens war, sollte Eleos auf diese Weise Trankopfer darbringen. Aristoteles muss sich für diesen Namen als Bezeichnung für die Eule entschieden haben, nachdem er ihren flehenden Schrei in der Dunkelheit gehört hatte.

Benji, der gerade in sein kleines Heim neben der Garage gezogen war – wo er mehr Platz und Unabhängigkeit hatte –, war in der Nacht ebenfalls Zeuge des langen Gesprächs zwischen den Waldkäuzen geworden. Aufgeregt stürmte er am Morgen durch die Vordertür herein.

»Mama! Welche Eule macht dieses Geräusch: ›Ii-iiik! Ii-iiik!‹? Hast du es auch gehört? ›Ii-iiik! Ii-iiik!‹ Die ganze Nacht lang!« Sein Gesicht leuchtete vor Freude, die nächtliche Störung durch die Eulen hatte ihm scheinbar rein gar nichts ausgemacht.

»Ja! Ich hab es auch gehört! Es war ein Waldkauz. Ich habe ihn gerade auf dem Balkon gesehen!«

»Wow.«

Wir beide waren fasziniert von den Tieren und steckten uns gegenseitig mit unserer Eulenhaftigkeit an. Als ich mich hinsetzte, um noch ein bisschen zu lesen, steckte Benji plötzlich seinen Kopf zur Tür herein und machte: »Ii-iiik! Ii-iiik!« Ich gab ihm ein lautes »Huh-huu!« zurück.

Benjis Zustand hatte sich ein wenig stabilisiert, aber dennoch war es schwer für uns als Familie, unsere Fassade der Zuversicht weiter aufrechtzuerhalten. Als Benji neun Jahre alt war, kristallisierte sich immer mehr heraus, dass einige seiner Reaktionen anders waren als die von »normalen« Kindern; vieles schien darauf hinzudeuten, dass er anders »verdrahtet« sein könnte als andere Menschen. Wir hatten den Verdacht, dass es Asperger sein könnte. Ausgeprägte Phobien, die Angst vor Familienfeiern, Panikattacken auf Partys und in anderen lauten sozialen Situationen – das alles hatte uns schon länger vermuten lassen, dass Benji sich auf dem Autismus-Spektrum befinden könnte. Einer der schlimmsten Momente war eine Disconacht in seiner Schule, bei der er nach einer ausgedehnten Suchaktion in Fötusstellung unter einem Tisch entdeckt wurde. Da er alles, was Menschen zu ihm sagten, sehr wörtlich nahm und es deshalb in der Schule oft zu Missverständnissen kam, erhielt er schließlich seine Diagnose: hochfunktionaler Autismus.

Von außen wirkte Benji wie ein völlig normaler Junge, wenn auch sehr wortgewandt und sensibel, aber in seinem Inneren sah er sich mit einer Welt konfrontiert, die ihn oft überwältigte. Sein neustes Symptom, die Anfälle, bei denen sein gesamter Körper quasi abschaltete, stellten uns vor ein weiteres Rätsel. Hatte das Ganze etwas mit seinem Asperger-Syndrom zu tun? Wir hatten ihn so sanft wie möglich durch seine Kindheit und Jugend geleitet, zum Beispiel hatten wir ihn statt auf die Regelschule auf eine kleine, familiärere Schule geschickt. Nun fragte ich mich jedoch, ob der Druck durch seine Ausbildung und die vielen Jahre, in denen er mit verwirrenden sozialen Situationen zu kämpfen hatte, etwas mit seinen neu entwickelten Anfällen zu tun haben könnten.

Wenn einer unserer Liebsten in Gefahr ist, sehnen sich viele von uns nach Hilfe und einer leitenden Hand. Neben der Arbeit der Ärzte, die zugaben, dass viele Vorgänge im menschlichen Gehirn ihnen nach wie vor ein Rätsel waren, und die Benji nur wenig zufriedenstellende Antworten bezüglich seines Zustands geben konnten, war das Zusammentreffen mit den Waldkäuzen vielleicht einer der glücklichsten Zufälle für meinen Sohn. Benji war begeistert von den Eulen, sie erweckten ihn ein Stück weit wieder zum Leben. Er nahm das Zeichen, das sie ihm in dieser Nacht geschickt hatten, dankbar an. Zusammen fragten wir uns, wie wir den Waldkauz zurück in unseren Garten locken könnten.

Dann erinnerte ich mich an meinen Freund Stephen.

»Du kannst gern mal abends vorbeikommen und dir den wilden Waldkauz anschauen, den ich trainiert habe«, hatte er mir vor einiger Zeit einmal angeboten. »Es ist ein Männchen, das sich an mich gewöhnt hat. Er kommt zu mir, wenn ich pfeife, dann gibt es was zu essen für ihn. Ich schicke dir ein paar Bilder.«

Die Fotos waren am nächsten Tag in meinem Posteingang gelandet: beeindruckende Aufnahmen eines stattlichen Greifvogels mit Augen in der Farbe von Obsidianen, einem creme- und schokoladenfarbenen Gefieder und kräftigen Krallen. Er hockte an einer Futterstelle in der Nähe von Stephens umgebauter Scheune, und mit seinen schwarzen Kieselaugen starrte er so direkt und intensiv in die Kameralinse, wie das nur eine Eule kann. Jetzt hatte ich einige brennende Fragen an Stephen. War es möglich, unseren Waldkauz zurück auf den Balkon zu locken, indem wir ihn fütterten? Am Telefon schlug Stephen mir vor, dass ich ein paar Eintagsküken in der Tierhandlung kaufen und sie zerhacken könnte, also machte ich mich auf den Weg, um dieses unappetitliche Gut abzuholen. Die junge Mitarbeiterin zeigte mir die Gefriertruhe, in der die Küken aufbewahrt wurden.

»Sie werden hauptsächlich als Schlangenfutter verwendet«, erklärte sie mir. Zögernd nahm ich fünf der Küken aus der Truhe. Ich machte mir Sorgen, wie meine Familie auf diese neue Spezialität reagieren würde. In dem Moment, als die Mitarbeiterin die Gefriertruhe schloss, plumpste ein mittelgroßes Nagetier mit einem dumpfen Knall auf den Boden.

»Oh«, sagte ich. »Ein Meerschweinchen.« Ich hatte früher Meerschweinchen als Haustiere gehabt, und für einen Augenblick zweifelte ich an meinem Vorhaben. Die Verkäuferin stopfte das unglückliche Tier zurück in den Kadaverhaufen in der Gefriertruhe und führte mich zur Kasse, damit ich meine Küken bezahlen konnte.

Das Fütterungsexperiment brachte leider kein Glück, also meldete ich mich erneut bei Stephen. Trotz des beißenden Ostwinds war er draußen und beobachtete seinen Waldkauz. Es war gerade Balzzeit, und der Vogel und seine Gefährtin sangen jede Nacht gemeinsam Liebesduette. Während der Balz, vom späten Winter bis in den Februar hinein, nähert sich das Männchen dem Weibchen an und plustert dabei sein Gefieder auf, wodurch jenes noch plumper aussieht als sonst. Manchmal schaukelt es hin und her, dann vor und zurück, hebt einmal den linken Flügel und dann den rechten. Wenn das nicht ausreicht, um das Weibchen zu überzeugen, versucht es es mit einem leisen Grunzen, legt sein Gefieder an und streckt kokett einen Fuß in Richtung des Weibchens aus. Manchmal verfolgt es seine Angebetete auch, während es kreischende und stöhnende Geräusche von sich gibt. Während all dies bei uns Menschen nicht unbedingt eine Erfolg versprechende Strategie ist, kann es bei Eulendamen durchaus funktionieren, und springt das Weibchen auf das Balzverhalten des Männchens an, signalisiert es seine Bereitschaft durch das Aufplustern und Schütteln seines Gefieders.

Als ich die Bilder betrachtete, die Stephen mir von dem Eulenpärchen geschickt hatte, konnte ich mich vor Aufregung kaum mehr halten. Gemeinsam untersuchte das Paar den Nistkasten, den mein Freund aufgehängt hatte, und im April verkündete Stephen, dass das Weibchen sich nun öfter im Inneren der Box befand als draußen. Brütete es Eier aus? Im Abstand von 48 Stunden können Waldkäuze pro Saison zwischen ein und sechs runde weiße Eier legen, die das Weibchen 28 Tage lang allein bebrütet.

Stephens Waldkauzdame ließ sich immer seltener blicken, und wenn sie einmal herauskam, dann nur sehr kurz, oder wie Stephen sagte: »Für einen Speiballen, ein großes und ein kleines Geschäft.« War sie auf einem ihrer seltenen Ausgänge, stieß das Waldkauzmännchen jedes Mal ein wunderschönes, hingebungsvolles Trillern aus, eine Art sanftes Wiegenlied, das klang, als verspreche es ihr, immer für sie da zu sein und sie mit Futter zu versorgen. Während das Weibchen sich um die Bebrütung der Eier und die Aufzucht der Küken kümmerte, war es in hohem Maße von der Versorgung durch das Männchen abhängig. Ich wollte das so gern mit eigenen Augen sehen, aber konnte nicht weg, weil ich an meinen Schreibtisch gefesselt war und die Aufsätze meiner Schüler korrigieren musste. Der Gedanke, dass das Waldkauzweibchen in dieser fordernden Zeit auf seinen Partner und seine häuslichen Instinkte angewiesen war, erinnerte mich an meinen Mann Rick, der mich in den ersten Tagen nach Benjis und Jennys Geburt mit Tee versorgt hatte, während ich die neugeborenen Babys stillte. Es war ein sehr verletzliches und irgendwo auch verzweifeltes Gefühl, und selbst der kleinste Akt der Unterstützung während dieser Zeit, das Versorgen mit Nahrung und Getränken, fühlte sich in diesen hilflosen ersten Tagen und Wochen der Mutterschaft herzerfrischend und bestärkend an. Jetzt wo ich mit dem Unterrichten meiner Schüler beschäftigt war und mich neben alldem auch noch um Benji kümmerte, hatte ich immer noch das Gefühl, dass ich diese tägliche Tasse Tee brauchte.

Ein paar Tage später verkündete Stephen, dass Küken geschlüpft waren. Er hatte die Vorgänge im Nistkasten genau beobachtet und konnte erkennen, dass die Jungtiere um Nahrung bettelten. Immer mehr E-Mail-Updates mit so verlockenden Titeln wie »Die unglaubliche Wahrheit!!!« und »Das musst du sehen!!!« trudelten täglich bei mir ein, bis ich es irgendwann nicht mehr aushielt. Als meine Arbeit endlich weniger wurde, griff ich zum Telefon und verabredete mich noch für den gleichen Abend mit Stephen. Ich wickelte mich in meinen Mantel, warf meine Gummistiefel und mein Notebook ins Auto und brach auf in die grünen Tiefen von Mid Devon. Noch auf dem Weg im Auto glätteten sich meine Sorgenfalten: Bald würde ich zwischen den Bäumen stehen und die Eulen sehen!

Den Rücken zu einer Eiche gedreht, die Augen geschlossen, atmete ich die feuchte Luft des Waldes ein und ließ die raue, kühle Präsenz der Erde in mich hineinsickern. Der abendliche Duft von Mulch und Moos erfüllte meine Sinne. Während wilder Bärlauch um meine Knöchel streifte und sein scharfer Geruch mir in die Nase stieg, löste sich der Knoten in meinem Magen, und der Stress der letzten Wochen fiel von mir ab.

»Er wird gleich auftauchen, auf jeden Fall vor neun«, versprach Stephen. Wir standen mitten in einem kleinen Mischwaldgebiet, das die steilen Hänge des ländlichen Devon bedeckte. *Dumnonii*, so nannten die einmarschierenden Römer die Stämme Devons: die Bewohner der tiefen Täler. Der Name trifft es ziemlich gut. Die Menschen hier sind zu Recht stolz auf ihre tiefen und verborgenen Täler. Und dieses Stück Land im Besonderen übte eine spezielle Anziehungskraft auf mich aus.

»Pfeif einfach weiter«, sagte Stephen zuversichtlich. »Er wird gleich da sein. Ich koche in der Zwischenzeit das Abendessen.« Er verschwand im Haus und ließ mich allein mit den Bäumen und dem

Echo der Vögel zurück: Drosseln, Amseln und das durchdringende Krächzen von Krähen und Dohlen. Ich schaute nach oben, wenn auch nur für eine Sekunde. Ich wusste, er würde bald lautlos heranfliegen, und wenn ich auch nur einen Moment unaufmerksam war oder blinzelte, könnte ich ihn im schwindenden Licht verpassen.

Durch die frischen Blätter der Baumkronen zu meiner Rechten schimmerte schon der Mond, der im immer tiefer werdenden Blau der heranrückenden Nacht bereits aufgegangen war. Zu meiner Linken, über dem grasbewachsenen Hügel, hatte eine Fledermaus flitzend mit ihrer abendlichen Jagd begonnen. Ich pfiff erneut und versuchte, wie Stephen zu klingen, aber ich wusste, dass dieser Versuch für das erfahrene Ohr des Kauzes enttäuschend unzureichend klingen musste. Normalerweise kann man eine wilde Eule nicht einfach durch ein Pfeifen herbeirufen, aber irgendwie hatte Stephen es geschafft, diesen Waldkauz durch die Belohnung mit toten Küken und mit einer Menge Geduld zu trainieren.

Dann plötzlich, tief über das Blattwerk der Bäume hinwegfliegend, tauchte er auf. Ein herabschießender Schatten zwischen zahlreichen anderen Schatten. Er flog so niedrig, dass es unheimlich aussah, als schwebe er auf einem Luftkissen über dem Boden. Seine Flügel waren weit ausgestreckt, die Fluggeräusche durch die samtenen Fransen seiner Schwungfedern erstickt. Die lautlose Ankunft der Tiere muss auf unsere Vorfahren extrem verstörend gewirkt haben. Die Flügel aller anderen Vögel machen beim Fliegen Geräusche – warum nicht bei diesem? Und während der Waldkauz also geräuschlos durch die Wälder fliegt, schlagen alle anderen Vögel lauthals Alarm, wenn sie ihn erblicken. Was könnte unheimlicher sein?

Mit einem leisen Kratzen seiner Krallen landete der Kauz an der Futterstelle. Zumindest glaubte ich, dieses Geräusch zu vernehmen, als er sich auf der Sitzstange niederließ und seine Flügel anlegte, aber ich war mir nicht sicher. Er saß einfach nur so da und starrte mich an. Dieser durchdringende Blick. Ich war wie hypnotisiert: Weil ich viel kleiner als Stephen war und meine Silhouette sich von seinen großen, drahtigen Konturen unterschied, drückte ich mich gegen den Baum hinter mir, versuchte, mit seiner Rinde zu verschmelzen. Der Waldkauz hockte neben dem Köder an der Futterstelle, aber er nahm ihn noch nicht in seinen Schnabel. Mit gespitzten Ohren drehte er seinen Kopf in die eine und dann in die andere Richtung, bevor er sich wieder mir zuwandte. Er starrte mich misstrauisch an, und ich war mir nun absolut sicher, dass er erkannt hatte, dass ich nicht die übliche Gestalt war, die ihm allabendlich sein Futter brachte.

Der Vogel war aufmerksam, dabei aber doch ganz weit weg, sein Gesicht zuckte stetig, mal in diese und mal in jene Richtung, sodass er auch ja jedes Geräusch einfing, das der Wald ihm zuflüsterte. Seine Augen blitzten auf und verschwanden wieder, während sein Kopf sich um 270 Grad drehte. Ich hatte Zeit, die individuelle Zeichnung des Waldkauzes zu betrachten: die sanft gesprenkelte Brust und den dunklen Latz aus rostrotem Gefieder direkt unter seinem Gesichtsschleier. Mit einem Mal schnappte der Kauz sich einen Happen des in Würfel geschnittenen Köders, hob den Kopf, schloss die Augen und schluckte ihn in einem Stück herunter. Dann kam der nächste Brocken, schlucken, und weiter. Zwischen jedem Bissen schaute der Waldkauz zu mir herüber und fixierte mich. Ein weiterer flüchtiger Blick, und er war verschwunden, so still, wie er gekommen war. Ein paar Sekunden lang verharrte ich regungslos, in meinen Gliedern pulsierte das Adrenalin.

Als ich durch die zunehmende Dämmerung mit fröhlich quietschenden Gummistiefeln über den Hügel zurückstampfte und durch das Tor zu Stephens Haus zurück in die menschliche Welt trat, erhaschte ich einen Blick aus der Perspektive einer Eule. Unentdeckt von meinem Freund, beobachtete ich Stephen dabei, wie er dem

Abendessen den letzten Schliff gab: Es roch verlockend gut, der Abend zwischen den Bäumen hatte mich hungrig gemacht. Es verging eine lange Zeit, bevor ich wieder in die Nacht hinausglitt, um die einstündige Heimfahrt anzutreten. Als wir auf die Terrasse traten, war der Himmel über uns voll von Sternen. »Hier ...« Stephen drückte mir eine Kassette in die Hand. »Hör dir das auf der Fahrt an.« Ich schwebte durch das nächtliche Devon, aus dem Lautsprecher tönte eine alte BBC-Aufnahme von 1984, *Das Jahr der Eule,* erzählt von Andrew Sachs. Die Eulen durchdrangen die Dunkelheit im Inneren des Autos, sie bewachten mich auf meinem Weg nach Hause.

Zu Hause angekommen, schlüpfte ich ins Schlafzimmer. Der Radiowecker zeigte halb zwei an. Im Dunkeln tastete ich mich ins Bett und kroch unter die Bettdecke. Wie sollte ich das, was ich heute Nacht erlebt hatte, in Worte fassen? Wie konnte ich auch nur ein kleines Stück der Weisheit teilen, die mir diese faszinierenden Tiere immer wieder eröffneten? Ich konnte nur hoffen, dass ich wenigstens einen kleinen Teil dessen, was da draußen in der Dunkelheit wartete, hinüber ins Licht des Tages bringen und mit den Menschen in meinem Leben teilen konnte.

Von Stephen wurde ich regelmäßig mit Neuigkeiten versorgt. Der Nachwuchs der Waldkäuze war immer noch zu hören. Bald würde er sich auch zeigen. Stephen erzählte mir, er würde das Nest meiden, sobald es so weit sei: Waldkäuze haben einen extrem stark ausgeprägten Beschützerinstinkt und zögern nicht zuzuschlagen, wenn jemand ihre Jungen bedroht. Der Wildtierfotograf Eric Hosking beispielsweise erzählt in seinem Buch *An Eye for a Bird* davon, wie er bei dem Versuch, ein gutes Foto von einer brütenden Eule zu schießen, ein Auge verloren hat, weil er zu nah an den Vogel herankam.

Wann würden die jungen Eulen flügge werden? Nachts, wenn Stephen seinen Waldkauz füttern ging, brachte dieser einen Teil des

Köders in den Nistkasten. Ich hätte zu gern gewusst, was in der dunklen Privatsphäre des Nestes vor sich ging. Zu meiner Freude machte mir Stephen bald darauf ein großzügiges Angebot: Er schlug vor, dass ich auf sein Haus aufpassen könnte, während er einen Ausflug nach Northumberland machte, um dort Seevögel zu beobachten. Die Tage, bis es so weit war, verbrachte ich voll Ungeduld damit, mir Szenarien auszumalen, in denen eins der Eulenkinder aus dem Nest fiel und ich es retten musste. Ich beschloss, dass ich so viel Zeit wie möglich im Wald verbringen würde, nur für den Fall, dass ein verloren gegangenes Eulenbaby wieder ins Nest gesetzt werden musste. Wenn bei jungen Waldkäuzen der Entdeckerinstinkt einsetzt, fallen sie häufig aus dem Nest, allerdings sind sie auch so gute Kletterer, dass sie sich in vielen Fällen selbst retten können. Findet man ein Waldkauzjunges am Boden, ist es in der Regel am besten, es dort zu lassen, zumal die Eltern meist nicht weit entfernt sind und durch die ständige Kommunikation mit ihren Jungen genau wissen, wo diese sich befinden. Selbst wenn man einfach nur versucht, das kleine Eulchen auf einem Ast in Sicherheit zu bringen, besteht die Chance, dass man von einer wütenden Elterneule verprügelt wird. Und wenn man nicht gerade einen Motorradhelm zum Schutz vor deren Krallen trägt, kann man in diesem Fall sicher mit einem enormen Blutverlust rechnen.

Junge Waldkäuze werden normalerweise 28 bis 37 Tage nach dem Schlüpfen flügge. Eine neue E-Mail von Stephen mit dem Titel »Das wirst du nicht glauben« mit insgesamt acht Ausrufezeichen am Ende ließ meine Eulenrettungsträume zerplatzen. Mit schwitzenden Händen öffnete ich die Mail, und auf meinem Bildschirm erschien ein Bild einer fliegenden kleinen Eule. Ich hatte es verpasst! Ein kurzer Film zeigte die drei Eulenjungen dabei, wie sie aus dem Nistkasten hüpften und anmutig davonflogen. Meine Illusion war zerstört. Die Eulenkinder hatten das Nest verlassen. Ich würde keine Eulenmutti sein, nicht mal für einen kurzen Augenblick.

»Sie sind nicht weit weggeflogen«, versicherte mir Stephen. »Du siehst sie hier bestimmt in den Bäumen herumfliegen. Sie haben sich vielleicht ein Stück weit vom Nest entfernt, aber man kann sie immer noch hören.« Junge Waldkäuze bleiben mehrere Wochen lang in der Nähe des Nistgebiets und wagen sich nur langsam weiter weg, während sie ihre Flugkünste trainieren.

Jenny und ich packten unsere Wildcampingausrüstung ins Auto. Wir würden nicht nur auf Stephens Haus aufpassen, sondern auch draußen unter den Bäumen schlafen und dem Kreischen der Eulen lauschen. Stephen versicherte uns, dass wir sie bestimmt auch zu Gesicht bekommen würden. Ihr Revier im Wald sei klein, und ihm zufolge waren sie laut genug, um sie ohne große Schwierigkeiten ausfindig zu machen. Jenny würde für ihr Examen lernen, während ich arbeitete, und zwischendurch würden wir die Tierwelt beobachten, jede Nacht den Waldkauz füttern und die Nächte in der Wildnis genießen.

Am Tag nach unserer Ankunft machte Stephen sich in aller Frühe auf zu seiner Vogelbeobachtungstour. Sein scheuer Collie Badger, auf den wir ebenfalls aufpassten, lag in einer Ecke im Wohnzimmer und beäugte uns misstrauisch. »Er ist nur sozial unbeholfen, Mama«, sagte Jenny, während ich versuchte, mir die Freundschaft des Hundes mit einem Würstchen zu erkaufen. »Gib ihm einfach Zeit.« Später, als ich auf dem Sofa ein Buch las, eine Hand vom Polster hängend, spürte ich, wie eine Schnauze meinen Arm knapp unterhalb des Ellbogens anstupste. Badger saß neben mir, ein schüchternes Grinsen auf dem Gesicht, als wären wir die besten Freunde und er hätte nur so getan, als ob er mich nicht leiden könnte. Er erlaubte mir sogar, eine Zecke zu entfernen, die ich beim Streicheln hinter seinem Ohr entdeckte. Pflichtbewusst legte ich sie in Stephens Zeckenbehälter auf der Küchenkommode.

Stephen, dessen eigentlicher Beruf Tierarzt ist, hatte mir erzählt, dass er den größten Geldbetrag, den er jemals für eine seiner

Fotoaufnahmen bekommen hatte, der Makro-Nahaufnahme einer Zecke zu verdanken habe. Das Bild war von einer pharmazeutischen Firma gekauft worden. Jetzt stellte er für dasselbe Unternehmen ein kleines Experiment an, bei dem er einige Zecken ausbrütete und versuchte, ein Bild davon zu ergattern, wie die Jungen aus den Eiern schlüpften. In einem alten Eisbecher mit etwas Gras wuselten sechs oder acht von ihnen herum, die sich alle an unterschiedlichen Punkten in ihrem Lebenszyklus befanden. Ich hatte mich inzwischen an den Zeckenbecher gewöhnt, aber als Rick zu Besuch kam, war er mehr als skeptisch. »Das macht mich ganz verrückt«, sagte er beim Abendessen, während er nicht aufhören konnte, darüber nachzudenken, was da wohl im Gras lauerte. Ich stellte den Becher und seinen experimentellen Inhalt an einen unauffälligeren Ort, wobei ich darauf achtete, regelmäßig das Gras zu wässern und sicherzustellen, dass keine der Zecken entkommen konnte.

Flügge gewordene Waldkäuze in den Bäumen zu entdecken, kann eine Herausforderung sein. Oft sitzen sie hoch oben in den Ästen, versteckt vom frischen Frühlingslaub, und sehen uns, lange bevor wir sie erspähen können. Abends sind sie deutlich auffälliger, weil sie da nach Nahrung rufen. Es gibt nur einen Weg, die Vögel garantiert zu Gesicht zu bekommen – und zwar indem wir uns nicht bewegen, genau hinhören und genauso unsichtbar werden wie die Eulen selbst. Man muss still stehen und warten, leise wie Efeu, und in die Nacht hineinlauschen. Das kann ein langer Prozess sein, aber nur so kommen wir der Natur näher.

Die Ausbreitung der jungen Waldkäuze, nachdem sie das Nest verlassen haben, verläuft in mehreren Phasen. Zuerst finden sie einen Platz in der Nähe, an dem sie sich festkrallen, einfach um ihre Bewegungen zu üben und ihre Fähigkeiten im Balancieren und Sitzen zu trainieren. Zu diesem Zeitpunkt wagen sie sich noch nicht weit vom Brutplatz weg, da sie in puncto Nahrungsaufnahme immer noch komplett abhängig von ihren Eltern sind. Im Wald nahe Stephens Haus, inmitten der zahlreichen Laute anderer Vögel und des Raschelns und Rauschens von Wind und Regen, hatten die Waldkauzeltern ihre frisch flügge gewordenen Kinder zu einem geeigneten Sitzplatz in der Nähe des Nestes geleitet. Von dort aus brachen die noch mit Flaum bedeckten Jungvögel, schlaksig, grau und unsicher, wie sie waren, zu ihren Erkundungstouren auf, die sie nie weit weg führten, und abends und nachts riefen sie dann in die Dunkelheit hinein, um die Eltern (und uns) an ihren Standort zu erinnern. Wenn sie zu Boden purzelten, konnten sie sich leicht auf einen sicheren Ast retten, indem sie sich mit ihren nadelscharfen Krallen an Efeu, Ästen und der Rinde von Bäumen emporhangelten.

Die Rufe der Jungtiere sind ihr Schlüssel zum Überleben. Sie sind spitz wie die Laute einer aufgeregten Amsel, ein hohes, lang gezogenes Piepen, und wenn man genau hinhört, hat man sie bald verinnerlicht und kann ihren Klang erkennen. Bis zum Frühherbst bleiben die jungen Waldkäuze in der Nähe ihres Nestes und ihrer Eltern, erst dann sind ihre Flugfähigkeiten gut genug ausgeprägt, und sie nähern sich dem Erwachsenenalter. Wenn sie unabhängig genug sind, helfen ihnen ihre Eltern oft beim Verlassen des Reviers, indem sie den im Umzug begriffenen Nachwuchs mit viel Gejohle und Gekreische ankündigen. Zu dieser Zeit des Jahres kann man nachts im Wald ein lautstarkes Krächzkonzert vernehmen – erwachsene Waldkäuze verteidigen ihr Revier gegen ankommende Jungtiere, die wiederum versuchen, ein neues Jagdgebiet für sich selbst zu etablieren. Je nach Lebensraum und dem Vorkommen von Beutetieren kann das Territorium eines Waldkauzes recht begrenzt sein. Die Untersuchung von beringten Eulen hat gezeigt, dass die durchschnittliche Entfernung, die zwischen dem neuen Revier eines erwachsenen Waldkauzes und seinem Brutplatz besteht, nur zwischen einem und vier Kilometern beträgt. Hier im Süden, wo wir leben, sind es im Schnitt sogar nur ein bis zwei Kilometer, während es im Norden vier oder fünf Kilometer sein können. Diese Unterschiede lassen sich auf das Klima, den Lebensraum und/oder die Dichte der Beutetiere zurückführen, mit Sicherheit aber können wir sagen, dass Waldkäuze Territorialvögel sind. Auch Stephens Waldkauz wagte sich nie weiter als zwei oder drei Kilometer von seinem Zuhause weg. Das mag der Grund sein, warum der Vogel jedes Mal Stephens Pfiff hörte und angeflogen kam, sobald an der Futterstation etwas zu essen für ihn wartete.

Auch im Juni und Juli beobachtete Jenny mit mir die Eulen. Ihr Examen war vorbei, und sie war nicht mehr gestresst; nach dem Sommer wartete die neue Welt der Oberstufe auf sie. Wenn sie nicht gerade an wichtigen gesellschaftlichen Ereignissen mit ihren Freundinnen Erin, Hazel und Kit teilnahm, leistete sie mir in Stephens Haus Gesellschaft.

»Warum bringst du deine Freundinnen nicht mal her?«, fragte ich naiv.

»Mama«, kam die genervte Antwort, »meine Freundinnen haben keinen Bock auf Eulen!«

Ein großer Teil der Mutterschaft besteht darin – so erkannte ich langsam –, dass man als Mutter lernt, still zu sein. Jenny legte in dieser Zeit großen Wert auf ihre Privatsphäre und umarmte mich nur noch manchmal, wenn wir gemeinsam im Wald unterwegs waren. Zwischen all den Bäumen, im flackernden grünen Licht und mit der Aussicht auf ein baldiges Zusammentreffen mit den Eulen verschwand die Spannung zwischen uns. Manchmal wenn der Weg breit genug war, ertappte ich meine heranwachsende Tochter dabei, wie sie meine Hand hielt, während wir tiefer in den Wald hineingingen. In diesen kostbaren Momenten bekam ich einen Eindruck davon, wie sich unsere Beziehung in den kommenden Jahren entwickeln könnte, wenn die Fallstricke und Tücken, die das Teenageralter unausweichlich mit sich bringt, überstanden wären.

»Hör mal!«, sagten wir beide gleichzeitig. »Ein junger Waldkauz!«

Der hohe Ruf klang kratzig, so als würde man ein Messer an einem Schleifstein schärfen. »Ki-wipp, ki-wipp«, wiederholte der Kauz. Wir schauten hinauf in die Äste und lauschten dem heiseren Ruf des Jungvogels, der auf die Rückkehr seiner Eltern wartete. Junge Waldkäuze sind für menschliche Augen vom Boden aus fast unmöglich zu entdecken. Ihr noch flaumiges Tarngefieder schützt sie vor neugierigen Blicken, doch ihre lauten, beharrlichen Schreie verraten sie. Obwohl ihre Rufe so durchdringend sind, ist es für uns Menschen dennoch nicht einfach, sie zu orten, weil unser Hörapparat nicht so gut ausgeprägt ist wie der der Euleneltern. Andere Greifvögel wie zum Beispiel Bussarde, Habichte, Sperber oder andere Eulen können den Rufen jedoch leicht folgen und sich an den jungen Eulen vergreifen.

Zu unseren Füßen, im Gestrüpp aus Glockenblumen und Bärlauch, entdeckte ich die zerfressenen Überreste eines zerstückelten Spechtes, der nur noch an einem Fuß, dem ausgeprägten scharfen Schnabel und dem skalpierten Schädel zu erkennen war. An seiner Stirn klebte noch ein kleiner Rest des scharlachroten Gefieders, es sah aus, als hätte der tote Vogel eine blutrote Augenbraue. Ich hob den Schädel auf und wickelte ihn in ein Taschentuch, um ihn mit nach Hause zu nehmen, wo ich ihn meiner wachsenden Knochen- und Kadaversammlung hinzufügen würde.

»Mama, schau mal!«

Jenny zeigte auf einen Umriss, der sich durch das Blattwerk der Bäume bewegte: Der junge Waldkauz hatte zum Flug angehoben und sauste tief über unsere Köpfe hinweg. Wir konnten ihn nur erkennen, weil er sich bewegte. Gebannt beobachteten wir, wie er sich in einem neuen Baum niederließ, wo wir seine Gestalt schon bald nicht mehr ausmachen konnten. Erst als wir uns von ihm entfernten, drehte er sein Gesicht wie ein Radar in unsere Richtung, so als könne er seinen Blick nicht von uns losreißen.

Zurück zu Hause beobachtete Rick mich dabei, wie ich mich bückte und vorsichtig einen kleinen, gefiederten Kadaver vom Boden aufhob. Ich hatte meinen Mann dazu überredet, mich auf meinem Lieblingsspaziergang in den Wald zu begleiten, und nun musste er Zeuge davon werden, wie ich einen neuen Fund für meine Sammlung machte.

»Bitte. Nicht noch einen«, stöhnte er.

Unser Herbstspaziergang am Rande des Moores hatte für ihn eine grausige Wendung genommen – für mich war es ein Glückstreffer. Der Waldkauz lag bewegungslos unter einem Weißdornstrauch neben einer kleinen Methodistenkapelle. Er musste in der Nacht wohl einfach tot umgefallen und von seinem Ast heruntergepurzelt sein. Der Leichnam mit den vertrauten rotbraunen Federn war wunderschön und unversehrt.

»Müssen wir ihn mitnehmen?«

Ich untersuchte die Flügel, die rostbraun gestreiften Schwungfedern mit ihren feinen Samtfransen und der Innenfahne, die weicher war als Distelwolle. Ich musste diese tote Eule haben, zu Forschungszwecken. Fasziniert betrachtete ich die extrem weichen, kammartigen Ränder der Federn. Diese »Fransen« sind es, die den Flug der Eule so lautlos machen, indem sie die beim Fliegen unter den Flügeln entstehenden Luftwirbel auflösen und so das Rauschen vermeiden, das die meisten Vögel beim Schlagen ihrer Flügel erzeugen. Durch die geriffelten, kammartigen Ränder ihrer Federn erzeugt die Eule stattdessen »Mikroturbulenzen« in der Luft, und diese dämpfen ihr Fluggeräusch enorm.

Nachdem ich sie auf Maden und Blut untersucht hatte, legte ich die frisch verstorbene Eule auf der Hundedecke auf dem Rücksitz unseres Autos ab. In meinen Büchern hatte ich gelesen, dass es zwei Arten von Waldkäuzen gibt, die jeweils durch unterschiedliche »Farbphasen« gehen. Die Waldkäuze im Norden Großbritanniens weisen statt einer warmen Rotbraunfärbung oft einen gräulichen Farbton auf: Das ist die graue »Phase«. Diese Bezeichnung ist etwas verwirrend, weil sie es so klingen lässt, als würde die Eule in verschiedenen Phasen ihre Farbe ändern, was Quatsch ist. Obwohl das Gefieder eines Waldkauzes variieren kann, ändert eine einzelne Eule nie ihre Farbe. Da Großbritannien vor etwa achttausend Jahren vom Rest der europäischen Landmasse abgetrennt wurde, ist es möglich, dass sich durch die geografische Isolation zwei verschiedene Arten von Waldkäuzen entwickelt haben: *Strix aluco aluco* und *Strix aluco sylvatica*. Während die erste Art weiter nördlich in Großbritannien zu finden ist, gehören die im Süden beheimateten rotbraun gefärbten Waldkäuze wahrscheinlich eher zu letzterer Unterart. Ganz sicher ist das allerdings nicht, denn die Eulenforschung hat hier noch einiges an Arbeit zu leisten.

»Was wirst du diesmal damit machen?«, fragte Rick.

Zurück zu Hause steckte ich den Waldkauz in meine »Leichenhalle« in der Tiefkühltruhe. Zu diesem Zeitpunkt hatten wir mir bereits einen eigenen Gefrierschrank gekauft, in dem ich meine Funde aufbewahren konnte. Momentan befanden sich darin:

- Ein toter Zilpzalp (Kollision mit einem Fenster)
- Eine tote Schleiereule (neben einer Nistbox gefunden)
- Eine junge Ratte (in einem Stück von einer Katze angeschleppt)
- Eine Feldmaus (überfahren)
- Eine Spitzmaus (wieder die Katze)

- Sechs Eintagsküken (in der Zoohandlung als Futter für die Waldkäuze gekauft)
- Ein Specht (Teile, halb gefressen im Wald gefunden)

Unsere Freundin Hannah hatte schließlich die zündende Idee, was ich mit meiner wachsenden Kadaversammlung anstellen könnte. Eines Tages stürmte sie mit einer stattlichen Kiste voll mit Sezierbesteck, verschiedenen Pulvern und seltsamen, mit Chemikalien gefüllten Töpfen durch die Tür, im Schlepptau ihre Freundin aus Queensland in Australien, Ali Douglas. Ali ist die leitende Präparatorin in der Taxidermie-Werkstatt des Naturkundemuseums in Queensland, und sie schien nichts gegen Hannahs Vorschlag zu haben, einen Abend ihres Urlaubs damit zu verbringen, das zu tun, was sie normalerweise in ihrem Job tat, zum Beispiel eine tote Eule zu häuten. Im Gegenteil: Sie freute sich riesig über den Vorschlag!

Aus der Ecke des Raumes leuchteten die Lichter unseres Weihnachtsbaums. An seiner Spitze prangte statt eines Engels eine Eule. »Lass uns loslegen. Dann können wir später Gin trinken«, schlug Ali herzlich vor. »Hast du Tonic Water?« Wir saßen um meinen Esstisch herum. Hannah wollte die Kunst der Taxidermie erlernen, und da sie wusste, dass ich einige tote Tiere zu Hause hatte, hatte sie darum gebeten, eine meiner Eulen häuten zu dürfen. Ich wollte die Eule später noch in ein Labor schicken, um sie auf Toxine untersuchen zu lassen, aber Ali versicherte mir, dass sie die Haut im Labor nicht brauchten, also sagte ich zu.

Ich hatte die Eule aufgetaut und meine Kamera positioniert, um unser abendliches Vorhaben zu filmen. Warum, fragte ich mich, wollte jemand ein totes Lebewesen, dessen Licht erloschen war, wieder zum Leben erwecken, wenn auch nur scheinbar? Es kam mir plötzlich wie eine starke Metapher vor, dass wir in der heutigen Zeit, in der so viele Arten aussterben, dass wir das Phänomen als »das sechste Massensterben« bezeichnen, einen so großen Aufwand betrieben, um ein einziges Exemplar einer Gattung »wiederzubeleben«. Lag es daran, dass wir ohne diese wilden Wesen nicht ganz wir selbst sein konnten und dass wir, um sie zu verstehen, ihrer Vergänglichkeit ins Auge sehen mussten?

Die Kamera nahm den Vogel auf, wie er friedlich und unversehrt auf dem Tisch lag, dann plötzlich bewegte sich Rick mit hoher Geschwindigkeit durchs Bild und murmelte etwas davon, dass er von einem toten Vogel und drei Frauen überwältigt werde, die eine ganze Sammlung von scharfen Messern dabeihätten.

»Ich bin normalerweise nicht zimperlich, aber das ...«, sagte er und machte die Tür hinter sich zu.

Ali bekommt oft Anfragen, ob sie das Sezieren von Tieren anderen Menschen beibringen oder bei Präparationsarbeiten aushelfen kann. »Und immer kommen sie von Frauen. Wir haben im Museum Dutzende Freiwillige, und fast alle davon sind junge Frauen.«

»Wie kommt das?« Dieses Ungleichgewicht der Geschlechter wirkte sehr bizarr auf mich.

»Ich weiß nicht. Es scheint, als ob Frauen von toten Dingen angezogen würden.«

Müssen wir als Frauen erst etwas über den Tod lernen, bevor wir Leben in die Welt bringen können? Oder vielleicht haben wir auch einfach nur weniger Angst zuzugeben, dass wir neugierig sind.

Hannah stellte sicher, dass alles, was wir für das Häuten der Eule brauchten, aus der Schachtel auf den Tisch wanderte. Konzentriert breitete sie ihre Skalpelle aus, dann kamen weitere Werkzeuge hinzu: Pinzetten zum Entfernen von Fleisch, Zangen und Scheren, Drahtschneider und feine Metallschaufeln, die speziell für das Entfernen des Gehirns aus Vogelschädeln gedacht waren. Sie hatte auch einige Bohraufsätze dabei, die für die Arbeit an größeren Knochen und zum Befestigen von präparierten Objekten an Holzvorrichtungen gedacht waren.

Wie war Ali zur Taxidermie gekommen, fragte ich mich. Sie erzählte mir, dass es vielleicht etwas mit ihrer Erziehung zu tun habe – ihr Vater war ein begeisterter Naturforscher, und als Kind hatte sie ihm ab und zu dabei zugesehen, wie er Taxidermie als Hobby betrieb. Später dann hatte sie angefangen, sich mehr und mehr für die Arbeit im Museum ihrer Stadt zu interessieren, und begann, als Freiwillige dort zu arbeiten. Bereits als Kind hatte sie eine Faszination für Tiere entwickelt, als Erwachsene wurde diese Leidenschaft dann durch die Anfertigung von Requisiten und Puppen fürs Theater neu entfacht. Besonders bei der Arbeit mit Puppen merkte sie, dass die skelettartigen Strukturen, die unter dem Pappmaschee steckten, es ihr angetan hatten. Auch hier war es die Wiedererweckung lebloser Kreaturen, das Mitgefühl für ein totes Lebewesen und die Faszination für sein Innenleben, die Ali begeisterten. Vor allem aber ging es ihr bei der Präparation von toten Tieren um die Kontaktaufnahme, um die Arbeit im Naturschutz und die Bildung von Außenstehenden: »Ich möchte den Menschen etwas über die Tiere beibringen. Das ist die einzige Möglichkeit für viele von uns, nahe an diese Kreaturen heranzukommen und sie richtig zu betrachten.«

Ist das der Grund, warum wir Menschen so auf das Zerlegen und Konservieren von Tieren fixiert sind? Weil wir uns wünschen, ganz nah dran zu sein? In früheren Zeiten war das Hauptziel der Taxidermie tatsächlich die Konservierung, der Erhalt der Tiere selbst. Die Häute von unbekannten Tierarten, die nie in natura gesichtet worden waren, wurden von Reisenden aus weiter Ferne mitgebracht und über unförmige Drahtgestelle gespannt. Ungenaue, seltsam anmutende Arbeiten wurden bald zu einer Art wissenschaftlicher Kunst, bei der es um mehr ging als nur um *taxis* (das griechische Wort für Anordnung) und *derma* (die Haut). Während die

Menschen immer bessere Möglichkeiten fanden, die Häute toter Tiere zu konservieren, verfeinerten mit der steigenden Nachfrage nach Gerbleder im 19. Jahrhundert auch die Präparatoren ihr Handwerk. Gleichzeitig wuchs bei den Menschen das Interesse an den komischen fremden Kreaturen, die von Entdeckern wie Kapitän James Cook von ihren Reisen mitgebracht wurden. Cook hatte bereits im Jahr 1771 eine Känguruhaut aus Australien nach London verschifft, und als Kapitän John Hunter 1798 das Fell und die Skizze eines Schnabeltiers nach Europa schickte, hielt man es für einen Schwindel. Um sich ein Urteil zu bilden, wollten die Menschen sehen, wie diese Kreaturen im echten Leben aussahen.

Nach einem Taxidermie-Wettbewerb im Jahr 1880 in Amerika, bei dem die vorgestellten Exemplare danach beurteilt wurden, ob es sich um naturgetreue und realistische Nachbildungen handelte, wurde das Aussehen der Artefakte langsam weniger merkwürdig. Wissenschaftliche Genauigkeit stand nun im Fokus: Charles Darwin beispielsweise hätte nicht auf der HMS Beagle mitreisen und seine vielen Proben sammeln dürfen, wäre er nicht ein geübter Naturforscher gewesen. Die Naturkundemuseen von Paris und London zogen immer mehr Interesse der breiten Öffentlichkeit auf sich – zur Weltausstellung im Jahr 1851 fanden sich Taxidermisten aus aller Welt ein, um ihre nun populäre Form der kunstvollen Naturgeschichte zu präsentieren.

Ein Jahrhundert später erlebte die Taxidermie ein Revival; seit dem späten 20. Jahrhundert ist sie wieder in Mode, und nur in wenigen Städten findet sich kein Tierpräparator. Stellen wir Menschen uns auf ein Podest, indem wir der Vorstellung anhängen, dass nur wir allein das Leben nach dem Tod wiederherstellen können? Wir arrangieren die präparierten Tiere als Stillleben, machen sie zu ästhetischen Nahaufnahmen von lebensechten Kreaturen in vermeintlich charismatischen Posen. Doch die durchdringenden toten Augen eines ausgestopften Tieres funkeln vor Ironie. Das Tier sieht nicht glamourös, sondern eher beschämt aus. Mit unserem menschlichen Blick halten wir es in einer Art abstruser Unterwelt gefangen.

Ali hielt das Skalpell wie einen Federkiel, so als ob wir uns getroffen hätten, um uns in Kalligrafie zu üben. Die Eule sah aus, als befände sie sich im Tiefschlaf, die Augen fest geschlossen, die fest zusammengepressten Lider diagonal zu ihrem langen Schnabel ausgerichtet. Der Gesichtsschleier war in einer Art erstarrtem Zucken zusammengeknautscht, was ihm eine perfekt symmetrische Herzform verlieh. Es wirkte, als runzle die Eule die Stirn, als würde sie ihr zartes Gesicht beschützen wollen, indem sie die Brauen abwehrend zwischen die Augen zog. Selbst im Tod sah sie irgendwie schwermütig aus.

Die Intimität dessen, was Ali tat, überraschte mich: Einen Punkt zwischen den dichten Brustfedern zu finden, an dem wir anfangen konnten, erforderte enormes Fingerspitzengefühl von ihr. Nachdem sie das Gefieder geteilt hatte, nahm sie das Skalpell und strich mit der Spitze der Klinge über die freigelegte Haut, um mit einem leisen Kratzen die Brust des Vogels zu öffnen. Es war kein Blut zu sehen, nur dunkle Muskelmasse. Geübt ertastete Ali das Brustbein unter der dünnen Haut der Eule, ein Prozess, der mich schmerzlich daran erinnerte, wie ich bei unseren brütenden Hühnern schon oft den warmen Brutfleck an der Brust ertasten konnte, wenn ich sie vom Boden aufhob.

Taxidermie, erklärte Ali, bedeute, tote Dinge lebendig aussehen zu lassen. Manchmal tragen die Artefakte in Museen ein Etikett, das in der Seele wehtut: »Das letzte bekannte Exemplar von ...« Die Einsamkeit der Kreatur wird beim Betrachten spürbar. Mir kommt es dann oft so vor, als könnte ich nicht nur die Einsamkeit des Tieres fühlen, sondern auch unsere eigene.

Ali machte den Schnitt, und das Brustbein wurde sichtbar. Es verursachte ein kaum wahrnehmbares Geräusch, so als würde man durch Seidenpapier schneiden. Hannah nahm mit den Fingerspitzen eine feine Prise eines weißen Pulvers namens Borax auf, das sie in kleinen Sprenkeln auf die Haut der Eule streute, um so die dünne Fettschicht darunter auszutrocknen. Da die Vögel es sich nicht leisten können, fett zu sein, war die buttergelbe Schicht hauchdünn. Selbst dieser bescheidene Anteil an Körperfett zeigte allerdings, dass die Eule gut genährt war; sie war zumindest nicht verhungert, wie es viele unerfahrene Eulen in ihrem ersten Jahr tun, bevor sie ihre Jagdfähigkeiten perfektioniert haben.

Die Schenkelknochen der Eule mussten gebrochen werden, sodass sie leichter aus der Haut gleiten konnten – je mehr Ali die Eule zerstückelte und sie quasi von innen nach außen kehrte, desto unwohler fühlte ich mich.

»Man zieht die Haut ab wie einen Handschuh«, erklärte Ali. »Der Körper kommt in einem Stück heraus, mehr oder weniger.«

Wir vermieden es, die Eingeweide aufzuschneiden, denn dies war keine Autopsie, sondern eine Häutung. Indem wir die Brust und den Bauch unversehrt ließen, sah das, was wir am Ende übrig hatten, ein wenig so aus wie ein kleiner Hühnerkadaver, die Farbe ein tiefes Blutrot, so wie man ihn auch in einer Metzgerei sehen könnte. Als Nächstes mussten wir den Vogel kopfüber aufhängen, damit wir ihm die Haut vom Schwanz über die Brust »ausziehen« konnten. Das kleine Eulengesicht zerknautschte durch den Druck noch mehr, als wir die Haut wie einen eng anliegenden Pullover vom Körper schälten – der Ausdruck »hauteng« würde sich für mich nach diesem Tag nie mehr so anfühlen wie zuvor.

Stück für Stück streifte Ali mithilfe des Skalpells die Haut ab. Mittlerweile lag die Brust frei, fleischig und muskulös, perfekt ausgestattet für den Flug. Die Farbe brannte sich in meine Netzhaut ein – roh, lila-rot, satt wie Kernholz. Die gesamte Länge des Halses schälte sich aus der Haut heraus, eine Aneinanderreihung ineinandergeflochtener Knorpel, die man der Eule zu Lebzeiten nicht ansah – im Sitzen sieht es so aus, als hätte sie überhaupt keinen Hals, aber spickt man unters Federkleid, erkennt man, dass der Hals sich in einer geschwungenen S-Form vom Körper zum Schädel windet.

Die Haut über den Schädel zu ziehen und vom Körper zu entfernen, war eine Herausforderung, aber wir schafften es. Andächtig sahen wir auf den gehäuteten Schädel herab; ich studierte seine Form ganz genau. Eulen verdanken einen Großteil ihrer Popularität ihren flachen, menschenähnlichen Gesichtern, aber ohne den gefiederten Gesichtsschleier zeigte sich ein ganz anderes Bild. Die Augen waren leicht auseinandergerichtet, um ein möglichst weites Sichtfeld zu erzeugen – die Überlappung der beiden Sehbereiche ist bei Eulen so gering, dass sie ihren Kopf schütteln müssen, um das Höchstmaß aus ihrem binokularen Sehvermögen herauszuholen. Der Schnabel der Eule ist viel länger, als man auf den ersten Blick annimmt, denn normalerweise ist er ins Gefieder des Gesichtsschleiers eingebettet. Jetzt aber konnte ich sehen, dass der lange Schnabel sich weit öffnen ließ – das machte es leicht, eine rundliche Wühlmaus in einem Happs zu verschlingen und problemlos einen Speiballen auszuspucken.

Und: Eulen haben riesige Augenhöhlen! Sie haben die Form von langen Röhren, knorpelig und unbeweglich; die sogenannten Skleralringe sind dazu da, die riesigen Augen im Kopf des Vogels zu halten und zu verhindern, dass sie sich im Schädel bewegen. Ich konnte nun mit eigenen Augen erkennen, warum Eulen ihre Augäpfel nicht bewegen konnten und warum sie einen so langen und elastischen Hals benötigten. Im Vergleich zu uns Menschen hat die Eule einige zusätzliche Halswirbel – wir haben sieben Stück in unserem Hals, die Eule hat 14 –, außerdem hat man vor Kurzem herausgefunden, dass innerhalb der einzelnen Wirbel mehr Platz besteht als bei uns Menschen, um einen ungehinderten Blutfluss zu garantieren. Das erklärt, warum die Eule ihr Gesicht fast einmal ganz herumdrehen kann, ohne dabei eine tödliche Embolie zu erleiden.

Den Eulenkörper in meinen Händen haltend, fragte ich mich erneut, was uns an der Taxidermie faszinierte. War es die Begeisterung für die Wissenschaft, ein Fetisch oder vielleicht einfach der Wunsch, uns einem Tier auf intime Art und Weise zu nähern, seine Geschichte zu erzählen und dadurch eine neue Seite von uns selbst zu entdecken? An diesem Abend erkundeten wir die Geografie der Eule, wie Entdecker einen unbekannten Kontinent erschließen. Jedoch drängte sich mir immer wieder die Manie des Menschen, Trophäen zu sammeln, ins Bewusstsein. Der Gedanke, dass wir ausgestopfte Tiere allein zu unserer Unterhaltung in künstlichen Theaterszenen arrangierten, während so viele Arten vom Aussterben bedroht oder bereits von dieser Erde verschwunden waren, hatte einen unangenehmen Beigeschmack. Wir verwalten, konstruieren und vermitteln unsere Erfahrung der wilden Natur, aber werden wir ihr dadurch überhaupt gerecht? Die ausgestopften Exemplare sind für die Zukunft bewahrt, wir haben sie für die Wissenschaft festgehalten, aber unsere Neugier und unser Wissensdurst sind noch lange nicht gestillt. Wir wollen immer mehr. Aber was genau? *Homo sapiens,* der weise Mensch. Manchmal frage ich mich, wie weise wir wirklich sind. Viel zu oft sind die leblosen Artefakte, die wir in unseren Händen halten, das Einzige, was uns bleibt.

Athene noctua

DER STEINKAUZ

Das Hochmoorland war von Augustfarben durchwebt, überall sprossen lila Heidekraut und nach Kokosnuss duftender Ginster. Die Sonne wurde von weißen Kumuluswolken reflektiert und wärmte die Rücken der am Straßenrand grasenden wilden Ponys, die uns Autofahrer ablenkten und kleine Staus verursachten. Aus Richtung Süden wehte eine leichte Brise, die durchs Gras zu flüstern schien und das Ende des Sommers ankündigte: »Es wird nicht mehr viele Tage wie diesen geben. Macht das Beste draus ...« Die Hänge und schroffen Felsen leuchteten im warmen Licht des Sommers, die Luft war weich und klar. Wir standen auf der Spitze eines Hügels, weit weg von allen Menschen und Autos, und ließen uns vom Wind das Haar zerzausen, während wir die Konturen des Moores in uns aufnahmen. Inmitten des Teppichs aus Grün, Lila und Gold erspähten wir Wiesenpieper und Goldregenpfeifer, einen großen gefleckten Specht, Steinschmätzer und die dunkle, einer Armbrust ähnelnde Form eines jagenden Wanderfalken.

Ordentlich vom Wind durchgepeitscht und mit schmerzenden Füßen, machten wir uns schließlich auf den Weg nach Hause, und als wir in das Ackerland am Rande des Moores abbogen, entdeckte ich sie. Zuerst war es nur ein seltsamer Umriss, der mir vom Autofenster aus ins Auge fiel, eine Erhebung, die sich dicht an eine Trockenmauer schmiegte. Eine kleine Beule, wo eigentlich keine Beule hätte sein sollen, postiert auf einem Zaunpfosten, der dadurch etwas höher wirkte, als er eigentlich war. Der Pfosten wies oben eine Rundung auf, die sich bei näherem Hinsehen in ein geplustertes Federkleid verwandelte, aus dem uns zwei helle Augen anschauten.

Ich hielt an und spähte durchs Fenster. Jenny schnappte nach Luft.

»Mama, Mama, es ist eine Eule! Ein Steinkauz, genau da!«

Der Steinkauz musterte uns aus grimmigen zitronengelben Augen. Entzückt hielten wir den Atem an.

In ihrem Gedicht *Little Owl Who Lives in the Orchard* (»Der Steinkauz aus dem Obstgarten«) sagt Mary Oliver, dass der kurze Schnabel des Steinkauzes so scharf sei wie ein Flaschenöffner und dass der Vogel, so schön er auch sein mag, einen immer vernichtend anstarre. Das Exemplar vor uns unterstützte die Meinung der Dichterin; sein Blick war eine Mischung aus Empörung und Drohgeste. Verärgert zog er die Augenbrauen zusammen, sein ganzer kleiner Körper schien unter Strom zu stehen. Mit unserem Auto standen wir quasi in seinem Vorgarten. Wir waren wie gebannt.

Ich hatte gelesen, dass Steinkäuze unter so etwas wie einem »Kleine-Eulen-Komplex« leiden, weshalb sie sich regelmäßig mit größeren Tieren anlegen. Und tatsächlich, der Kauz versuchte, uns mit seinem aggressiven Blick in Grund und Boden zu starren. Da die Eulen nicht viel größer sind als Singdrosseln, können sie Menschen kaum gefährlich werden, sie nehmen es aber oft mit Vögeln auf, die größer sind als sie selbst, und werden aufgrund dieses streitlustigen Verhaltens häufig angegriffen. Das ist auch der Grund, warum sie ein »Gesicht« am Hinterkopf tragen – die Andeutung von falschen Augenmarkierungen an der Rückseite ihres Kopfes. Diese evolutionäre Anpassung imitiert ein durchdringendes Starren und gaukelt so möglichen Angreifern vor, dass sie beobachtet werden. Der Steinkauz ist vielleicht – ich sage vielleicht, weil ich mit meiner Eulenrecherche noch lange nicht am Ende bin – die Eule in Großbritannien, die am meisten Persönlichkeit hat – und das trotz ihrer winzigen Größe. Der kleine graubraun gesprenkelte Vogel ist lediglich so groß wie ein zerfranster Tennisball, verfügt aber über eine betörende birnenförmige Silhouette. Was ihm an Körpergröße fehlt, macht er durch sein wildes Auftreten mit dem grimmigen Blick und den übertrieben dicken weißen Augenbrauen wett.

Dann machte unser Herz noch mal einen Sprung. Vom Grund, aus der Richtung des Weißdorns, ertönte plötzlich ein zischendes

Geräusch, etwas bewegte sich. Deshalb also war der Steinkauz so gereizt. Aus dem Gras drangen die unverwechselbaren »Ouiii-uiii«-Futterrufe, und der erwachsene Steinkauz huschte ängstlich umher. Er tat sein Bestes, um uns zu verscheuchen, aber wir blieben still sitzen. Mit dem Fernglas entdeckte ich in einer dunklen Mulde, zwischen den Wurzeln des Weißdorns verborgen, ein flaumiges Versteck: zwei, nein, drei winzige graue Eulengesichter! Ein Steinkauznest, auf dem Boden! Jenny und ich mussten beide ein freudiges Quietschen unterdrücken.

Die knorrige Rinde hatte das Nest verdeckt, aber jetzt konnten wir die drei kleinen Gesichter deutlich sehen: Die drei Vögel trugen noch ihr jugendliches Daunengefieder, es war weiß gesprenkelt und an den Rändern in einem zarten Aschgrauton gesäumt. Der erwachsene Steinkauz richtete sich empört auf seinen langen Beinen auf und schaute drohend in unsere Richtung – die Gebärde hatte etwas Charmantes an sich.

Steinkäuze sehen ein wenig aus wie kleine Kobolde, und jeder von ihnen hat ein ganz individuelles Gesichtsmuster. Die Bandbreite ihrer Gesichtsausdrücke reicht von überrascht über konzentriert bis hin zu drohend, und wie die meisten Eulen sieht der Steinkauz nie besonders erfreut aus, wenn er einem Menschen begegnet. Mein Freund Paul, der oft die Steinkäuze in seiner Gegend in Leicestershire beobachtet, behauptet, dass die Vögel aufgrund der Variationen in ihren Augenbrauenstilen die besten Eulen überhaupt seien. Es scheint keinen evolutionären Grund für diese ästhetische Vielfalt zu geben, aber sie lässt die Vögel so individuell wie Menschen erscheinen. Ich hatte vorher nie gedacht, dass ich mal eine Lieblingseule haben könnte, aber der Steinkauz war plötzlich ein starker Anwärter auf diese Position. Das Wort »niedlich« stößt mir negativ auf, aber diese Eule hatte unbestreitbar Persönlichkeit.

»Steinkäuze sind leichter zu entdecken, als du denkst«, hatte Paul mir versichert. »Man muss nur wissen, wo man suchen muss, und Geduld mitbringen. Manchmal reicht es, wenn man ein ›Tz-tz‹-Geräusch macht, als ob man eine Katze anlockt, und schon kommen sie zu dir geflogen.«

Paul ließ das sehr einfach klingen, aber man durfte nicht vergessen, dass er Stunden damit verbracht hatte, diese Vögel zu studieren. Dabei hatte er herausgefunden, dass der »Tz-tz«-Ruf ein Nagetier in Not nachahmt – ein Ruf, dem jedes Raubtier gern folgt, um zu prüfen, ob es irgendwo leichte Beute gibt. Man kann so auch Wiesel anlocken. An jenem Tag also beschloss ich, meinen ersten Steinkauz-Lockruf auszuprobieren. Die Eule, mit der wir es zu tun hatten, war allerdings nicht auf den Kopf gefallen und schaute mich nur gelangweilt an. Während wir weiter durch die Windschutzscheibe spähten, sahen wir, wie der Kauz sich aufplusterte und begann, konzentriert seine Brust zu putzen. Kurz darauf stieß er einen gellenden Ruf aus, dann noch einen weiteren, und eins nach dem anderen purzelten die drei Jungen aus ihrer Nisthöhle. Ein zweiter ausgewachsener Steinkauz flog herbei, dieser war etwas kleiner als der erste, also möglicherweise das Männchen – obwohl das schwer zu sagen ist, denn anders als bei anderen Eulenarten gibt es bei Steinkäuzen kaum Unterschiede zwischen den Geschlechtern. Steinkauz Nummer zwei präsentierte den Jungen einen Wurm, woraufhin diese plötzlich in die Höhe schossen und sich ganz lang machten, um die Beute vom Schnabel des Elterntiers zu pflücken. Eine der Eigenschaften, die Steinkäuze so betörend macht, ist, wie athletisch sie wirken, wenn sie sich auf dem Boden bewegen. Nur wenige Meter von uns entfernt tummelten sich jetzt fünf Eulen auf dem Grund. Zwei der kleinen Eulchen veranstalteten ein Tauziehen mit dem armen Wurm, der sich zwischen ihnen wie ein rosa Gummiband dehnte. Wir schauten gebannt zu, bis schließlich eins der beiden aufgab und der Gewinner das Opfer ganz verschlang.

Wir ließen den Steinkäuzen ihre Ruhe und düsten nach Hause, immer noch im Bann von *Athene noctua,* dem Raufbold mit den flaumigen Beinen und dem wütenden Blick. Ich hatte mich so in den geisterhaften Glamour der Schleiereule und die überwältigende Weichheit des Waldkauzes verliebt, dass ich niemals gedacht hätte, dass irgendetwas diese Eulen übertreffen könnte. Der Steinkauz zog mich auf eine ganz andere Art und Weise in seinen Bann. Am helllichten Tag hatte er auf uns gewartet und uns erbost angeschaut, menschenähnlich, herausfordernd.

An diesem Abend schlug ich den Steinkauz zu Hause in meinen Büchern nach. Die Eule wurde seit der Antike mit der griechischen Göttin Athene in Verbindung gebracht, sie war ihr Emblem, das es sogar auf die Münzen im alten Athen schaffte – stolz und unverwechselbar prangte der Steinkauz auf den Geldstücken. Aber was hatte der Steinkauz mit Athene zu tun? Johannes Lydos, ein Gelehrter aus dem 6. Jahrhundert, stellte die These auf, dass die Griechen im Verhalten des Steinkauzes Weisheit und Besonnenheit erkannten und ihn deshalb mit der klugen Athene assoziierten.

Die Charakterisierung der Eule durch die Griechen schien mir passend, nachdem ich sowohl einen Steinkauz in freier Wildbahn als auch ein Exemplar in Gefangenschaft beobachtet hatte. Flitwick, die freche Steinkauzdame in meiner örtlichen Eulenauffangstation, hielt sich instinktiv die meiste Zeit versteckt, obwohl sie genug Platz hatte, um herumzufliegen. Aber sie war auch keck – zum Beispiel ließ sie sich gern auf dem Zeigefinger von einem von uns Menschen nieder und forderte ein, dass man sie fütterte. Wenn man versuchte, sie mit dem Fingerrücken zu streicheln, pickte sie nach einem: Sie war kein Wesen, das liebkost werden wollte – beim Streicheln besteht die Gefahr, dass man wertvolle Öle aus dem Federkleid der

Eule entfernt. Der Steinkauz möchte respektiert werden, trotz seiner kleinen Statur. Steinkäuze gelten zwar als besonnen, in freier Wildbahn lassen sie sich aber trotzdem oft auf Kämpfe mit Raubvögeln wie Bussarden und Schleiereulen ein, die im Vergleich zu ihnen Giganten sind. Insbesondere wenn es um die Verteidigung ihrer Jungen geht, kämpfen sie notfalls bis zum Tod. Leider verlieren sie dabei oft gegen körperlich überlegene Feinde.

Meine Recherche offenbarte, dass es sich bei dem Steinkauz, den ich gesehen hatte, nicht um eine einheimische Eulenart handelte. Obwohl er hier in Großbritannien das Licht der Welt erblickt hatte und der Vogel schon seit Generationen in diesen Gefilden zu Hause war, wurde er noch immer als Import betrachtet. Die in Kontinentaleuropa beheimatete *Athene noctua* ist die am häufigsten gesichtete Eule in vielen süd- und osteuropäischen Ländern, was vielleicht darauf zurückzuführen ist, dass sie am Tag und in der Dämmerung jagt. Mittlerweile gehört sie in Europa leider zu den vom Aussterben bedrohten Arten. In Polen beispielsweise sind ihre Bestände rapide zurückgegangen, möglicherweise wegen Veränderungen in der Landwirtschaft, und als Reaktion darauf wurden im Rahmen von Artenschutzbemühungen zahlreiche Nistkästen aufgestellt. In einigen polnischen Städten führte das zum Erfolg, die Zahlen brütender Steinkäuze stiegen wieder.

Der Steinkauz fühlt sich in warmen, trockenen Ländern wie Griechenland zu Hause, und da er besonders gern von hohen Aussichtspunkten wie Dächern, Pfosten und Mauern hinunterspäht, muss der reich mit Säulen ausgestattete Parthenon – errichtet zu Ehren der Göttin Athene – mit seinen zahlreichen Vorsprüngen und Simsen und den vielen schattigen Hohlräumen auf die Eulen extrem attraktiv gewirkt haben. Ist der Steinkauz deshalb zum Symbol der Athene geworden? Der wahre Grund lässt sich heute wahrscheinlich nicht mehr nachvollziehen, er ist mit der Geschichte verloren gegangen. Einige Mythologen glauben, dass die Assoziation des Steinkauzes mit Athene ihren Ursprung noch weiter in der Vergangenheit haben könnte und eventuell auf eine minoische Palastgöttin zurückgeht, die mit Vögeln in Verbindung gebracht wurde, oder sogar auf eine alte europäische Vogel-Schlangen-Göttin.

Lange nachdem die alten Griechen von der Bildfläche verschwunden waren, tummelten sich die Steinkäuze weiterhin in den Ruinen des Parthenon, und so kam es, dass der Weg des Vogels sich mit dem einer jüngeren historischen Figur kreuzte. Im Jahr 1850 besuchte eine junge Frau den Parthenon. Ein leises Geräusch erregte ihre Aufmerksamkeit, und als sie sich umdrehte, sah sie einen Steinkauz, der aus seinem Nest fiel und inmitten der Trümmer landete. Er war zu klein zum Fliegen und wurde sofort von einer Bande unbarmherziger Kinder angegriffen, die dem Eulenjungen zum Spaß hinterherjagten. Die junge Frau war empört und verscheuchte die Kinder. Erschöpft und unter Schock stehend, saß das zerzauste Eulchen zu ihren Füßen. Sie nahm es in ihre Hände und verstaute es sicher in ihrer Tasche. Der Steinkauz, der nichts von seinem Glück ahnte, war von Miss Florence Nightingale höchstpersönlich gerettet worden.

Florence nahm die kleine Eule mit nach Hause, pflegte sie, bis sie sich erholt hatte, und zog sie auf. Die beiden waren unzertrennlich und tauchten nirgendwo ohneeinander auf. Die kleine Steinkauzdame Athena hatte nichts gegen ihr Dasein als gefangene Eule einzuwenden, auch wenn sie jeden mit ihrem scharfen Schnabel pickte, der versuchte, sie zu streicheln. Fünf glückliche Jahre lang waren Athena und Florence als Zweiergespann unterwegs. Die Krankenschwester war überzeugt, dass Tiere den Menschen bei der Genesung helfen können, und Athena begleitete ihr Frauchen bei Hausbesuchen und brachte die Patienten mit ihren Possen dazu, ihre Schmerzen für einen Moment zu vergessen. Zu Hause hockte Athena auf dem Kaminsims zwischen Statuetten von Theseus und Merkur und bediente sich an einem Teller voller Leckereien. Einmal, als Florences Schwester den Raum betrat und eine neue Baumwollhaube trug, flog Athena auf sie zu, riss die Kopfbedeckung ab und versuchte, sie zu zerfetzen. Die unglückliche Baumwollhaube wurde nie wieder getragen. Jeder liebte die kleine Eule Athena, und sie unterhielt ihre Bewunderer, indem sie sich auf Fliegen stürzte und imaginäre Mäuse durchs Zimmer jagte. Jedoch war die Freude nicht von Dauer.

Wie es bei wilden Haustieren oft der Fall ist, nahm es mit dem kleinen Steinkauz Athena ein schlimmes Ende. Als der Krieg auf der Krim ausbrach und Florence ins Ausland bestellt wurde, musste sie sich von Athena trennen, da diese sie unmöglich in ein Kriegsgebiet begleiten konnte. Florence ließ die Eule auf ihrem Dachboden zurück und wies ihre Familie an, sie bei Besuchen zu versorgen. Den Rest der Zeit, so hoffte sie, könnte der Vogel sich von den Mäusen ernähren, die unter dem Dach des Hauses lebten. Aber Athena war zu zahm, um ihr eigenes Futter zu jagen, und die Insekten, die sie fing, konnten sie unmöglich ernähren. Sie vermisste ihre Gefährtin und war von Einsamkeit zerfressen, sodass sie schließlich verhungerte. Florence war untröstlich und beauftragte einen Tierpräparator, der Athena für die Nachwelt am Leben hielt.

Viele Jahre lang wurde der Körper der kleinen Eule in ihrer charakteristischen Pose in einer Glasvitrine im Haus der Familie aufbewahrt, bis sie schließlich vom Florence Nightingale Museum in London erworben wurde. Von ihrem Ast in der Nightingale-Sammlung aus funkeln die lebendigen Augen der kleinen Athena noch immer den neugierigen Menschen entgegen, die sie durch die Scheibe bewundern.

***

Der Steinkauz, der hierzulande zwar mittlerweile als eingebürgert, wenn auch nicht als heimisch gilt, ist mit 23 bis 25 Zentimetern

Länge und einem Durchschnittsgewicht von 150 bis 170 Gramm die kleinste Eule Großbritanniens, die jedoch auf eine lange Geschichte seit ihrer Ankunft an der englischen Küste zurückblicken kann. Der Steinkauz wurde in den 1880er-Jahren von dem Vogelsammler und vierten Baron von Lilford, Thomas Powys, nach Großbritannien gebracht. Er hatte das Ziel, mit einem Vogelpaar aus Holland die britische Avifauna zu bereichern, da es in dieser Zeit in Großbritannien nur Schleiereulen, Waldkäuze sowie Wald- und Sumpfohreulen gab, nicht zu vergessen die Schnee-Eule, die sich gelegentlich in die schottischen Highlands verirrte. Anfangs wurde der Steinkauz mit offenen Armen empfangen und zur Schädlingsbekämpfung eingesetzt, da er sich hauptsächlich von Maikäfern und anderem Krabbelgetier sowie kleinen Nagetieren ernährt. Das erste brütende Paar wurde 1891 in Rutland registriert, und innerhalb von fünfzig Jahren hatte sich die neue Art weit über das britische Festland ausgebreitet, obwohl sie eigentlich eher in flachen Gebieten zu Hause ist. Bis jetzt sieht es nicht so aus, als wäre die Eule bis nach Schottland vorgedrungen, vielleicht wegen des ungemütlichen, nassen Wetters dort, für das der Steinkauz nicht gerüstet ist.

Das Vorkommen einer nicht einheimischen Eulenart wurde lange Zeit als eine harmlose ästhetische »Aufwertung« der britischen Umwelt angesehen, jedoch kann eine solche »zufällige« Einführung einer fremden Art für die einheimische Tierwelt verheerende Folgen haben. Nordamerikanische Nerze haben die britische Wühlmauspopulation fast ausgerottet, der Japanische Staudenknöterich ist dabei, die heimische Ufervegetation zu überwuchern, und aus Amerika importierte Grauhörnchen haben eine Pockenart mitgebracht, die das Überleben unseres wehrlosen roten Eichhörnchens bedroht. Wie also wirkte sich das plötzliche Auftauchen des Steinkauzes auf die in Großbritannien heimischen Eulen aus?

Es stellte sich heraus, dass der Steinkauz sich gut in die britische Eulenpopulation einfügte. Weil er sich hauptsächlich von wirbellosen Tieren ernährt, von denen es hierzulande reichlich gibt, stellte er für andere Raubvögel keine Konkurrenz dar und fand seinen Platz in unserem Ökosystem ohne erkennbare Auswirkungen auf die bereits vorhandenen Arten. Gelegentlich vergriff er sich an der gleichen Beute wie Schleiereulen und Bussarde, aber die wiederum konnten den Steinkauz jagen, wenn seine Art überhandnahm. Jedoch standen viele Wildhüter, die immer ein Auge auf die wachsende Raubtierpopulation haben, dem Steinkauz lange Zeit sehr misstrauisch gegenüber, was dazu führte, dass er in der ersten Hälfte des letzten Jahrhunderts auf vielen Landbesitzen gejagt wurde, weil man annahm, er würde eine Bedrohung für die wertvollen Fasane darstellen. In den 1930er-Jahren beauftragte der British Trust for Ornithology die Forscherin Alice Hibbert-Ware damit, eine genaue Analyse der Beutetiere des Steinkauzes vorzunehmen. Die Verfolgung der Eule ließ erst nach, als 1938 die Ergebnisse dieser Studie veröffentlicht wurden, die den Steinkauz entlasteten.

Während der Steinkauz erst relativ spät seinen Weg nach Großbritannien fand, ist er auf dem europäischen Festland schon lange heimisch. Als ich in jenem Sommer nach Frankreich in den Urlaub fuhr, wartete er dort bereits auf mich. Der Plan war, in ein Dorf in der Nähe von Paris zu fahren, um dort der standesamtlichen Trauung meiner Freundinnen Christine und Marianne beizuwohnen. Jenny freute sich riesig, war diese Zeremonie doch eine Steigerung des örtlichen Pride-Marsches, an dem wir jedes Jahr teilnahmen. Zusammen mit meiner Mutter bildeten wir ein Dreiergespann und packten unsere Taschen, wie wir es für eine queere französische Hochzeit angemessen hielten. Das Ganze war ziemlich aufregend, der einzige Wermutstropfen war, dass wir weit weg von der Wildnis sein würden. Wahrscheinlich würde ich in Frankreich überhaupt keine Eule zu Gesicht bekommen.

Es stellte sich heraus, dass meine Sorge unbegründet war. Gleich nachdem wir den Pariser Flughafen verließen und uns auf den Weg in die Stadt machten, starrte mir ein riesiges Paar Augen entgegen: Auf einem drei Meter hohen Plakat war in leuchtenden Blau- und Violetttönen das Gesicht einer Eule abgebildet, die uns grimmig anblickte. Die Leinwand bewarb das Angebot einer Versicherungsfirma und hing direkt am Eingang zur Métro.

Als wir kurze Zeit später wieder aus dem Untergrund auf- und in die Straßen der Pariser Innenstadt eintauchten, wurden wir von einer Kakofonie laut hupender Taxis, Busse und Motorräder begrüßt. Die spätsommerliche Sonne wurde von den Blättern der ordentlich gestutzten Stadtbäume reflektiert und strahlte uns in die Augen. In unsere Nasen stieg der Geruch von französischem Streetfood – Crêpes, Pommes und himmlisch duftende Waffeln –, und über der Kathedrale Notre-Dame flatterten und kreischten zahlreiche Tauben und Dohlen. Entlang der hohen Mauern, die das sorgfältig angelegte Ufer der schlammbraunen Seine abgrenzten, säumten zwischen Platanen und Schmuckverkäufern Tische mit Kunstdrucken die Bürgersteige. Meine Augen leuchteten auf, als ich das prächtige Porträt eines Waldkauzpaars aus dem 19. Jahrhundert entdeckte.

Vielleicht lag es daran, dass meine Sinne nach der langen Reise gereizt waren, oder vielleicht war ich auch einfach nur darauf getrimmt, überall nach Eulen zu suchen, aber ich begann, mich von den Kreaturen verfolgt zu fühlen. Die Eulen ließen mich einfach nicht in Ruhe. Nachdem ich das Gemälde studiert hatte, fiel mein Blick auf die Schaufensterauslage eines Buchladens drei Türen weiter: Die komplette rechte Seite des Fensters war mit einer Sammlung von Eulenbüchern für Kinder dekoriert. Ich betrat den Laden und suchte mir mit viel Sorgfalt ein in bunten Farben gestaltetes Buch aus, *Le Bonheur des Chouettes* (*Eulenglück*). Auf dem matt laminierten Cover schmiegen sich zwei rundliche Eulen aneinander. Nachdem wir in unser Hotel eingecheckt hatten, musste ich sofort mehr über das Glücksgeheimnis der französischen Eulen erfahren und verschlang das Buch innerhalb weniger Minuten. In der bezaubernden Geschichte stellen sich alle anderen Vögel dieselbe Frage: Warum versteht sich das glückliche Eulenpaar nach so vielen Jahren Ehe immer noch so gut, anstatt sich zu zanken, wie es alle anderen Tierpaare tun? Großzügig enthüllen die beiden weisen Eulen das Geheimnis ihrer Liebe: »Wir lieben es, zusammen den Wechsel der Jahreszeiten in der Natur zu beobachten: den sanften Einzug des Frühlings, den üppigen Sommer, den farbenprächtigen Herbst und den verschneiten Winter, in dem wir uns aneinanderkuscheln und gegenseitig wärmen.« Die anderen Tiere sind mit der Antwort nicht zufrieden und kehren zu ihrem Gezänk zurück.

Für den nächsten Tag, nach einem ausgedehnten Frühstück, bestehend aus frischen Croissants, hatten wir eine Sightseeingtour geplant – und auch hier ließen die Eulen mich nicht in Ruhe. Wir machten uns zu Fuß auf zum Picasso-Museum im Marais-Viertel und liefen dabei die von Bäumen gesäumte Rue Bonaparte entlang. In den Fenstern der Galerien in Richtung der École des Beaux-Arts reihte sich eine Eulenskulptur an die nächste. Jenny hielt vor einem Geschäft mit dem Namen Le Chat Huant an und fragte mich nach der Übersetzung des Begriffs – es heißt wörtlich übertragen »die heulende Katze«, was im Mittelalter ein Name für die Eule war, der sich wahrscheinlich von der Tatsache ableitete, dass Eulen ein wenig wie Katzen aussehen und klingen können. Besonders Eulen mit Federbüscheln an den Ohren können im Sitzen einen katzenähnlichen Umriss annehmen. Das ist kein Zufall: Die Eule hat diese

Ohrbüschel entwickelt, damit sie einem Raubsäugetier ähnelt und so andere Räuber und Konkurrenten abschrecken kann, darunter auch andere Eulen. Der nächtliche Ruf der Eule wiederum kann eine beunruhigende Ähnlichkeit mit den Geräuschen aufweisen, die Katzen bei amourösen Begegnungen und in Revierkämpfen von sich geben. Diese Wesensverwandtschaft zwischen Eule und Katze ist vielen Völkern und Kulturen nicht entgangen: Ein gebräuchlicher Name für Eulen in Finnland lautet *kissapöllö,* was wörtlich übersetzt »Katzen-Eule« bedeutet. Und in Costa Rica wird die Eule auch *cara del gato* genannt – »Katzengesicht«.

Aus dem Schaufenster von Le Chat Huant leuchteten uns aufwendig bemalte, fingernagelgroße Eulenfiguren aus Keramik entgegen. Wir widerstanden der Shoppingversuchung, überquerten den Fluss (wieder vorbei am Steinkauz-Porträt) und steuerten das Marais-Viertel an. In der Rue des Archives wurde meine Aufmerksamkeit vom Musée de la Chasse et de la Nature gefesselt. Ich trennte mich von Jenny und meiner Mutter Shirley, die beide ein zweites Frühstück brauchten und es sich in einem kleinen Café gemütlich machten, und bezahlte die acht Euro Eintrittsgeld, die mir Zugang zu einem der seltsamsten Interieurs verschafften, die ich je gesehen hatte. Mehrere holzgetäfelte Räume beherbergten eine Unmenge an tierischen Exponaten – von mit Tieren bedruckten Tapeten über ausgestopfte Wölfe und Wildschweine bis hin zu Bronzegeweihen, die von der Decke hingen. Und: Es gab auch einen Eulensaal! Der Raum wurde vom imposanten Gesicht einer gelbäugigen Schnee-Eule bewacht, oder besser: mehreren Gesichtern. Die dunkle, mit tiefgrünen Seidenbahnen ausgekleidete Installation war eine Hommage an die Göttin Diana, die Beschützerin der Nacht und der Jagd. Sie erstreckte sich über die gesamte Decke des Raumes und war von sechs gespenstischen, in Federn eingebetteten Eulenköpfen durchsetzt. Das Ganze hatte den Effekt, dass das Kunstwerk den

Betrachter quasi von oben erdrückte – ein riesiger gefiederter Eulenkörper mit mehreren Gesichtern, die auf einen hinabstarrten, in den menschlich wirkenden Porzellanaugen ein verstörender Glanz.

Wie ich erfuhr, waren kürzlich auf mysteriöse Art und Weise Federn aus der Ausstellung verschwunden. Der flämische Künstler Jan Fabre musste zurückgeholt werden, um die nackten Stellen auszubessern. Es war unmöglich, dass ein Mensch sich an den Federn bedient hatte, denn das Kunstwerk war viel zu weit vom Boden entfernt, erklärte mir der Kurator. Am Ende stellte sich heraus, dass es sich um *acariens des plumes* handelte: Federmilben! Das Rätsel war gelöst. Die Installation musste von ihrem Erschaffer sorgfältig repariert werden, wobei er chemisch vorbehandelte Federn verwendete, die weniger anfällig für die Angriffe der Milben waren.

Später, im ersten Raum des Picasso-Museums in der Rue de Thorigny, wurde mir klar, dass Pablo Picasso neben seiner Faszination für Frauen, Ziegen und Stiere auch eine intensive Beziehung zu Eulen hatte. Sie waren überall in seinen Kunstwerken zu finden. 1947 hatte Michel Sima ein beeindruckendes Schwarz-Weiß-Foto von Picasso geschossen, auf dem er einen kleinen Kauz in seiner Hand hält. Ich hatte früher einmal in Frankreich gelebt und war regelmäßig in diesen Museen gewesen; wie hatte ich dieses Detail vergessen können? Die Eule, die Picasso auf dem Bild liebevoll in seiner Hand hält, heißt Ubu, und es war sein Haustier. Stolz streckt er den kleinen Kauz in die Kamera, in seinen braunen Augen liegt ein zärtlicher Blick, der ihn selbst beinahe eulenähnlich wirken lässt.

Es heißt, dass Picasso Ubu fand, nachdem dieser sich im Museum Grimaldi ein Bein gebrochen hatte. Glücklicherweise wusste der praktisch veranlagte Picasso genau, wie er das Vogelbein zu schienen hatte, und nachdem sich die Eule erholt hatte, hielt der Künstler sie in einem Käfig in seiner Küche. Sie ernährte sich von Hausmäusen und wurde zu einer Art Muse für Picasso, dem der Kauz als Vorlage für allerlei Eulenkeramik, Töpferkrüge, Teller und Vasen, Fotografien und Gemälde diente. Ein Steinkauzpaar starrte mir von einer Messingvase entgegen, und auch sonst lugten aus jeder Ecke der Galerie Eulengesichter hervor - sie bewachten Türen, thronten über Torbögen und verströmten mit ihrer alles anderen als niedlichen, sondern eher bedrohlichen Ausstrahlung eine düstere Atmosphäre, so als würden sie die Stimmung des Künstlers einfangen. Gleichzeitig fing Picasso das Wesen der Eulen ein: Er porträtierte ihren Mythos, ihre Unnahbarkeit, ihre Gleichgültigkeit gegenüber fast allem außer einer Sache: dem Jagen und Erlegen von Beute.

Ich ging zurück und studierte das Foto von Ubu genauer. Das Bild wurde von drei monochromen Formen bestimmt, die umgedrehten Tränen glichen: Die zentrale Figur, die kleine Eule Ubu, war dicht an Picassos Gesicht auf der rechten Seite gepresst und lenkte die Aufmerksamkeit auf die frappierende Ähnlichkeit der Augen zwischen den beiden. Dann war da noch ein dritter Umriss: Ein Stück weiter links war im Hintergrund der unscharfe Schatten eines Selbstporträts des Künstlers zu sehen, in dem er sich als Eule mit stechendem Blick dargestellt hatte. Es wirkte fast so, als könnte man in Picassos Geist vordringen; die symbolische Eule drückte eine innere und eine äußere Weisheit aus, ihr scharfäugiger, aber dennoch vertrauter Blick lugte unter dunklen Brauen. In einem anderen Gemälde, *Le Hibou de la Mort* aus dem Jahr 1952, hat Picasso sogar seinen Namen in das Bild integriert, indem er das verschnörkelte »P« im Flügel einer Eule versteckte.

Am Tag vor der Hochzeit besuchten wir Christine und Marianne in ihrem Haus in einem Dorf außerhalb von Paris. Direkt im Eingangsbereich hatte jemand auf der Anrichte die Schwungfeder einer Eule liegen lassen. Sie fiel mir sofort ins Auge, als ich hereinkam, und ich nahm sie aufgeregt in die Hand, um sie zu begutachten.

»Une chevêche«, sagte Christine zu mir. Ein Steinkauz.

Ich konnte meinen Blick nicht von der Feder lösen – mittlerweile verblüffte mich gar nichts mehr. Christine erzählte mir, dass sie das Eulenpaar oft nachts auf dem Dach gegenüber auf der anderen Seite der Straße hocken sah. In jener Nacht in unserem Hotel tief auf dem französischen Land träumte ich lebhaft davon, mich allein in einem Haus mit einem zahmen Steinkauz aufzuhalten. Der Vogel hockte in der Küche, badete in einer Schale mit Wasser und rief hungrig nach Futter.

Am nächsten Tag war die Hochzeit. Christine und Marianne standen nebeneinander und sahen einfach umwerfend aus. An ihren dunkelbraunen Locken konnte ich sehen, dass Christine zitterte. Ich leistete meine Unterschrift als Trauzeugin, und wir alle sahen zu, wie unsere alten Freundinnen schüchtern ihre Liebe bekundeten. Nach all den Jahren endlich Zeugen dieser Verbindung zu werden und sie öffentlich zu feiern, rührte uns zutiefst. Wir applaudierten, während im Hintergrund die Beatles ihr *All You Need Is Love* schmetterten. Ich wollte, dass der Moment niemals zu Ende ging. In mir war alles ganz warm, und plötzlich war ich mir bewusst, dass wir mit Christine und Marianne eine neue Familie dazugewonnen hatten. Im gleichen Moment bückte ich mich und hob eine weitere dunkel gefärbte Schwungfeder vom Boden auf. Ich steckte sie in die Karte, mit der ich zur Hochzeit eingeladen worden war, und verstaute sie in meiner Tasche. Sie würde mit mir nach England zurückkehren und mich für immer an diesen Moment erinnern.

»Können wir eine Eule haben?«, fragte mich Benji erneut, als wir wieder zu Hause waren und ich ihm meine Bilder von Ubu, Picassos Eule, zeigte.

»Ich glaube wirklich nicht, dass Eulen sich als Haustiere eignen«, gab ich zurück.

Gemeinsam besuchten wir Flitwick, die gerettete Steinkauzdame, die in der Tierauffangstation nicht weit von uns lebte. Pete, der in der Rettungsstation arbeitete, präsentierte uns Lady Jane Grey, seinen Bartkauz. Der Größenunterschied zwischen den beiden Arten war riesig. Der Bartkauz war siebzig Zentimeter groß, der Steinkauz etwa zwanzig Zentimeter. Lady Jane blinzelte, während sie irgendwo tief in ihrem Muskelmagen Knochen und Schädel zermahlte. Sie hätte Flitwick wie eine reife Brombeere zerquetschen können. Eulen sind eben nicht besonders ladylike. Flitwick sah uns gleichgültig an. Sie schien keine Ahnung davon zu haben, wie winzig sie mit ihrer Singvogelgröße war.

Benji verbrachte die meiste Zeit damit, Flitwick mit der Rückseite seines Zeigefingers zu streicheln. Die Eule ließ ihn großzügig gewähren und schloss ihre Augen. Ob sie die Berührung genoss? Die zusammengedrückten Augen könnten ein Instinkt sein, die Eule könnte Angst haben oder auf Nahrung hoffen. Ihre geschlossenen Augenlider waren weich und gefiedert.

»Du solltest dem Eulenklub beitreten«, sagte Pete zu Benji. »Vielleicht hast du irgendwann deine eigene Eule.«

Benjis Augen leuchteten auf.

»Eulen sind wilde Tiere«, ermahnte ich ihn noch mal, als wir auf dem Heimweg waren. »Wir können keine haben.«

Dennoch hatte unser Besuch bei Flitwick Benji in seinen Bann gezogen, so als hätte er eine Verbindung zwischen sich und diesem fremden, unnahbaren Tier gefühlt. Und selbst wenn die Eule einfach nur resigniert hatte – für Benji fühlte es sich wie ein Privileg an, dass eine Kreatur, die so perfekt und so gut entwickelt war, ihm erlaubt hatte, sie zu streicheln. Vielleicht ist das der Effekt, den nur wilde Tiere auf uns haben können. Diese Wesen brauchen uns nicht, sie wollen uns nicht; wenn sie uns also bewusst oder unbewusst in ihre Nähe lassen, fühlt sich das für uns bedeutsam und aufregend an. Es bringt uns in die Gegenwart, präsentiert uns einen perfekten Moment, der außerhalb der Zeit zu liegen scheint und in dem wir gemeinsam mit diesen wilden Tieren einfach sein können. Eulen können das am besten. Man muss sich nur mal anschauen, wie die Gesichter der Menschen aufleuchten, wenn sie sich einer Eule nähern, ob in Gefangenschaft oder draußen in der Wildnis. Der Effekt ist bezaubernd.

In der alten Apfelplantage in der Nähe unseres Hauses hatte ich den Ruf eines Steinkauzes vernommen. Zumindest vermutete ich, dass es ein Steinkauz war. Eines Abends blieben wir auf unserem Spaziergang stehen, um dem dunklen Schrei zu lauschen. Unser Hund schaute neugierig zu uns auf. Ein unheimlicher, abgehackter Ruf, tiefer als der eines Waldkauzweibchens, schallte durch die Apfelbäume und endete mit einer fragenden, melancholischen Note. Die Rufe von Waldkäuzen sind mit ihrem typischen »Ki-wick« und »Huh-huu« unverwechselbar, dies hier war also eindeutig eine andere Eule. »Kiii-auh«, sagte sie. »Kiii-auh.« Ich spitzte meine Ohren und lauschte dem anklagenden Ruf. Er schwebte in der Luft und wiederholte sich wie eine Frage, die in die Dämmerung geschleudert wurde.

Als ich online nach einer Steinkauzexpertin suchte, wurde ich sofort fündig: Dr. Emily Joáchim hatte gerade ihre Doktorarbeit über Steinkäuze abgeschlossen und auf Twitter unter @UKLittleOwls das UK Little Owl Project ins Leben gerufen. In den letzten 25 Jahren ist die Steinkauzpopulation in Großbritannien um 65 Prozent zurückgegangen, und es gibt noch so viel, was wir über diese aussterbende Art nicht wissen. Um die Eulen zu erforschen und ihre Art zu erhalten, lädt Emily die britische Bevölkerung dazu ein, ihre Sichtungen der Vögel als Teil ihres Projekts aufzuzeichnen. Das UK Little Owl Project ist ein inspirierendes Beispiel, das die breite Öffentlichkeit und die akademische Forschung mit dem gemeinsamen Ziel, eine Art zu erhalten, zusammenbringt. Ohne die landesweite Sammlung an Informationen, die Emily generieren konnte, würden wir dem Aussterben dieser wunderbaren Eule vielleicht nie auf den Grund gehen können.

»Die Eulen verschwinden, und wir wissen nicht, warum«, erzählte die Forscherin mir. »Es könnte am Klimawandel liegen oder an etwas anderem - wir wissen es noch nicht -, aber wahrscheinlich ist es ein Zusammenspiel verschiedener Gründe, wie zum Beispiel Veränderungen des Lebensraums, der vermehrte Einsatz von Insektiziden und mehr Konkurrenz um Nistplätze und Nahrung.«

Seit 2008 hat Emily die Brutbiologie von Steinkäuzen erforscht (ich hatte herausgefunden, dass die Vögel die Angewohnheit hatten, an ungewöhnlichen Orten zu nisten: Kaninchenhöhlen, Schutthaufen, Steinmauern, verlassene Gebäude). Die Eulenexpertin hat das Ausbreitungsverhalten sowie die Ernährungs- und Jagdgewohnheiten der Vögel studiert und zahlreiche Nistkastenkameras aufgestellt. Jahr für Jahr arbeitet sie mit wechselnden Experten zusammen, um mehr über das Verhalten des Steinkauzes zu erfahren. Indem sie umfangreiche Datensätze studiert und einzelne Eulenpaare über Jahre hinweg beobachtet, weiß sie vielleicht bald mehr über dieses kleine Raubtier als jeder andere hierzulande.

Steinkäuze, so scheint es, werden oft von Reiterhöfen und Pferdeställen angezogen. Das gemischte Weideland, alte Bäume, viele Hecken und der Pferdemist bieten den Vögeln einen guten Lebensraum mit reichlich Nahrung. Emilys Studie über Steinkäuze hat sich bislang auf den Süden von Wiltshire konzentriert, zum Beispiel hat sie in Tytherington, südlich der Salisbury-Ebene, einige Paare beim Nisten beobachtet. Man geht davon aus, dass das Verschwinden von gemischtem Ackerland mit Hecken und verschiedenen Gräsern sowie der starke Rückgang der Insektenpopulationen durch den Einsatz von Pestiziden das Verschwinden des Steinkauzes beschleunigt haben. Aber hier in Wiltshire, wo es eine ausgewogene Mischung aus Weideflächen, Hecken und alten Bäumen gibt sowie lange Zäune mit vielen Pfosten und jede Menge Stallmist, bin ich mir sicher, dass ich mit großer Wahrscheinlichkeit einem Steinkauz begegnen werde.

»2017 hatten wir nur noch zehn Brutpaare in unseren Kästen, im Jahr 2000 waren es noch 23«, informierte mich Emily mit einiger Sorge. »Wir arbeiten mit vielen Experten und Nistkastenprojekten in anderen Grafschaften zusammen, um den Steinkauz zu erhalten. Und auch viele der örtlichen Bauern haben sich unserem Vorhaben angeschlossen und Hunderte von Nistkästen auf ihrem Land angebracht. Man kann diese Kästen nicht einfach irgendwo aufstellen«, erklärte sie. »Genauso wie Schleiereulen sind Steinkäuze Gewohnheitstiere und extrem standorttreu. Man muss den Nistkasten dort anbringen, wo man bereits von der Existenz eines Steinkauzes weiß, ansonsten ist es für alle Beteiligten Zeitverschwendung.«

Zu wissen, wo sich die Steinkäuze aufhalten, ist allerdings gar nicht so einfach. Da sie hauptsächlich nachtaktiv sind, bleiben sie oft im Verborgenen. Laut Emily zählt aber auch schon das Vernehmen eines Steinkauzrufs als Sichtung, und so konnte ich meine Begegnung mit dem rufenden Kauz, den ich gehört hatte, in die Datenbank auf ihrer Website eintragen. Im Westen Englands werden immer weniger Steinkäuze gesichtet, mein Beitrag war also wichtig, um diese zurückgehenden Zahlen weiter zu untersuchen. Mir wurde klar, dass es genauso wichtig ist, eine Eule zu hören, wie sie zu sehen, denn immerhin verlassen sich auch die Eulen bei ihren nächtlichen Streifzügen auf ihr Gehör, um ihre Beute zu finden.

Ich konnte nicht glauben, dass diese kleine Eule vom Verschwinden bedroht war, wo Menschen wie Emily sich doch unermüdlich für ihre Rettung einsetzten. »Jede Begegnung mit ihnen ist aufregend«, schwärmte sie mir vor. »Ihr wundervoller Gesichtsausdruck mit der gerunzelten Stirn und ihr schrulliges Verhalten – vor allem die Art, wie sie herumlaufen und zu Fuß jagen wie kleiner Menschen – machen es zu einer absoluten Freude, sie zu beobachten, egal ob beim Sonnenbaden an einem warmen Sommernachmittag oder bei der lautlosen Jagd in der Abenddämmerung.«

Im Interesse des Naturschutzes hatte Emily den gesamten Brutzyklus dieser Eule beobachtet und die intimsten Szenen mithilfe von Nestkameras aufgezeichnet. Von der Paarung über das Legen der Eier und das Schlüpfen bis hin zum Ausfliegen der Jungen – Emily wusste über jeden Schritt Bescheid.

»Mitte bis Ende April beginnen die Eulen zu brüten«, erzählte sie mir. »Ich bin immer wieder erstaunt, wie fleißig die Eltern sind und wie viel Mut sie beweisen, während sie ihre Jungen aufziehen. Die Mutter bebrütet die Schlüpflinge in den ersten fünf Tagen fast ununterbrochen. Zu diesem Zeitpunkt sind sie mit weißen Daunen bedeckt und ihre Augen sind geschlossen. Sie können ihre eigene Körpertemperatur nicht regulieren und sind darauf angewiesen, dass ihre Mutter sie warmhält. Muss sie doch mal das Nest verlassen, kuscheln die Jungen sich zusammen, bis sie wieder da ist. In diesem Stadium übernimmt der Eulenvater den größten Teil der Jagd. Er jagt hauptsächlich während der Dämmerung und in der Nacht, morgens kommt er dann langsam zum Ende. Steinkäuze kümmern sich rührend um ihren Nachwuchs: Das Männchen bringt die Beutestücke zum Brutkasten und fliegt dann wieder los, die Mutter übernimmt die Fütterung der Kleinen.«

Als ich Emily zum ersten Mal traf, hielt sie gerade einen Vortrag vor einer Gruppe von Eulenenthusiasten und zeigte ihnen Bilder und Videomaterial von den Nistkästen. Steinkäuze nisten gern in diesen speziell hierfür entworfenen Kästen, diese müssen jedoch hoch genug angebracht werden und die Nestöffnung muss klein genug sein, damit keine Raubtiere eindringen können. Das Weibchen legt die fast kugelförmigen weißen Eier an aufeinanderfolgenden Tagen; es können pro Brutsaison bis zu sechs oder sieben Stück sein, der Durchschnitt liegt allerdings bei drei oder vier Eiern. Schon wenige Tage nach dem Schlüpfen kann man beobachten, wie die Eulenjungen versuchen, auf ihren Füßen zu stehen, aber in diesem Alter sind sie noch sehr wacklig auf den Beinen und können nur ein paar Schritte gehen. Wenn die Jungvögel sieben Tage alt sind, färbt sich ihr Flaum von weiß zu blassgrau und sie beginnen, wie richtige Eulen auszusehen. Ihre Zehen und Tarsen (Knöchel) entwickeln sich stetig weiter, und sie stehen jetzt etwas sicherer auf ihren Beinen. Die Mutter muss mehr jagen, um mit dem steigenden Nahrungsbedarf ihrer Jungen Schritt halten zu können; zu ihren Beutetieren gehören Motten, Amphibien, Würmer, kleine Säugetiere und kleine Vögel wie Spatzen und andere Finken. Einige glauben, dass Steinkäuze sich auch von Aas ernähren, obwohl das eher selten beobachtet werden kann. Was sie dafür häufig vertilgen, sind Laufkäfer – als ich während meiner Arbeit mit The Barn Owl Trust den Nistkasten eines Steinkauzpärchens inspizierte, fand ich auf dessen Boden Hunderte von Käferhüllen.

Um zu verdeutlichen, wie gefährlich das Leben der Steinkäuze ist, spielte Emily der Gruppe ein dramatisches Video vor. Eine Nestkamera zeigte ein Weibchen in ihrem Nest mit vier weißen Eiern. Plötzlich quetschte sich durch den schmalen, tunnelförmigen Eingang zu dem Kasten eine Schleiereule bis in sein Inneres vor. Die in die Enge getriebene Steinkauzmutter erhob sich und kämpfte aufs Schärfste, um ihre Eier zu verteidigen, bis sich die größere Eule (die mindestens dreimal so groß aussah wie der brütende

Kauz) schließlich zurückzog. Emilys Publikum schauderte vor Erleichterung. Aber das war noch nicht das Ende: Eine Woche später, als die Jungen gerade geschlüpft waren, kehrte die Schleiereule zurück. Wieder verteidigte das Steinkauzweibchen seine Jungen tapfer gegen den Angriff des viel größeren Raubvogels, aber leider schnappte sich die angreifende Eule diesmal ein Küken und verletzte außerdem ein weiteres. Emily erzählte dem verblüfften Publikum, dass wie durch ein Wunder zwei Küken überlebt hatten und schließlich flügge wurden – ein Beweis für die Tapferkeit und den robusten Erziehungsstil dieser winzigen Eule.

Mark Avery, Schriftsteller, Umweltschützer und ehemaliger Naturschutzdirektor bei der Royal Society for the Protection of Birds (RSPB), hat darauf hingewiesen, dass Steinkäuze, weil sie keine heimische Art sind, bei NGOs nicht unbedingt beliebt sind und auch nicht auf den grünen, gelben oder roten Listen der International Union for the Conservation of Nature (IUCN) stehen, die den Erhaltungsstatus von Arten kategorisieren. Wären sie es, so erklärt Avery in einem Blogpost, würden sie auf der gelben Liste (rückläufig) stehen und möglicherweise stark auf die Rote Liste (bedroht) zusteuern. Als Reaktion auf den Blogeintrag merkten einige Eulenliebhaber an, dass der Steinkauz an Orten wie South Leicestershire und in den Niedermooren von Huntingdonshire häufiger vorkomme als angenommen. »Es mag zwar Hotspots geben, aber wir brauchen mehr Informationen«, sagte Emily dazu. Sie wies mich darauf hin, dass die Steinkauzpopulation in Großbritannien vom British Trust for Ornithology (BTO) offiziell als »rapide abnehmend« eingestuft worden war.

Als Ackervögel sind Steinkäuze genauso anfällig für die Veränderungen in der landwirtschaftlichen Praxis und den Einsatz von Pestiziden sowie Rodentiziden wie jeder andere Vogel auch. Ein ernstes Problem könnte außerdem der Verlust von Nistplätzen sein, zum Beispiel wenn alte Bäume absterben und dafür keine neuen gepflanzt werden. Ebenso gehen viele Nistplätze in alten Farmgebäuden verloren und werden nicht durch neue Brutplätze ersetzt. Um in diesem Bereich Abhilfe zu schaffen, haben The Barn Owl Trust und Nicholas Watts von der Vine House Farm in South Lincolnshire Pionierarbeit beim Bau von »Vogelhäusern« geleistet. Bei diesen Behausungen handelt es sich um hohe Türme, die für Feldsperlinge, Fledermäuse und andere Wildtiere geeignet sind, aber auch ausreichend große Nisthöhlen für Schleiereulen, Steinkäuze, Hohltauben und Turmfalken bieten. Man kann nur hoffen, dass sich diese wildtierfreundlichen Behausungen in der Zukunft durchsetzen werden – so hätten einige der bedrohten Vogelarten und anderen Wildtiere, die auf unserem Ackerland ums Überleben kämpfen, vielleicht eine größere Chance und würden sich eventuell wieder vermehren.

***

Ich erzähle Benji, dass wir bald Besuch von jemand Besonderem bekommen würden.

»Ist es eine Eule? Es ist eine Eule, oder?!«, rief er aufgeregt.

Ich hatte seine volle Aufmerksamkeit. Es war tatsächlich eine Eule, die bald bei uns einziehen würde. Bis jetzt hatte ich mich kritisch gezeigt, wenn es um die Pflege von Vögeln in Gefangenschaft ging. Für mich war die Eule der Inbegriff von Wildheit. Was blieb von ihr übrig, wenn man sie domestizierte? Zahm – oder eben so zahm, wie Eulen werden können –, darauf trainiert, zum Vergnügen von uns Menschen aufzutreten, ihre Knöchel von Fesseln umschlossen, ihre Muskulatur geschwächt, kamen mir die stolzen Vögel so traurig vor wie in Gefangenschaft gehaltene Delfine, die in kleine Becken gepfercht und zur Unterhaltung eingesetzt wurden. Benji kannte meine Meinung dazu, und wir hatten oft darüber gesprochen. Wie konnte ein zahmer Vogel auch nur annähernd einem wilden Exemplar gleichkommen, und was könnte ich durch das Studium einer in Gefangenschaft lebenden Eule überhaupt über diese geheimnisvolle Tierart lernen?

Vielleicht ging es ja gerade darum, diese Frage zu beantworten. Selbst wenn ich dabei nur in meiner Meinung bestätigt wurde. Ich sah Benjis Aufregung als ein Indiz dafür, dass ich meinen Geist nicht verschließen sollte; seine kindliche Begeisterung lehrte mich, trotz meiner Bedenken neugierig zu sein. Und um Neugierde ging es ja schließlich bei dieser ganzen Sache.

All diese Gedanken schwirrten mir noch im Kopf herum, als wir den nächsten Vormittag mit Putzen und Aufräumen verbrachten. Nicht dass ein blitzblank geputztes Haus der Eule wichtig gewesen wäre – das Innere einer menschlichen Behausung ergab für sie wahrscheinlich eh keinen Sinn –, aber wir konnten einfach beide nicht still sitzen.

Unser Besucher hieß Murray und war ein in Gefangenschaft gehaltener Kaninchenkauz. Das mag eher nach einem schlechten Scherz als nach einer echten Eulenart klingen, aber tatsächlich handelt es sich bei *Athene cunicularia* um eine in Amerika beheimatete Art, die unserem europäischen Steinkauz sehr ähnlich ist. Mein Freund Mike Toms, Eulenexperte beim British Trust for Ornithology, half mir dabei zu verstehen, wie die Ähnlichkeit zwischen diesen beiden Arten zustande gekommen ist. Geduldig erklärte er mir, dass nach neueren taxonomischen Untersuchungen der Steinkauz und der Kaninchenkauz, obwohl sie an entgegengesetzten Ufern des Atlantiks zu Hause sind, mittlerweile derselben Gattung zugerechnet werden – und zwar weil sie beide einen (relativ) jungen gemeinsamen Vorfahren haben. Je nachdem, auf welche Quelle man sich beruft, geht die Wissenschaft heute von vier bis sieben Arten in dieser Gattung aus, eventuell sind es sogar noch mehr. Ihre Ähnlichkeit beruht also darauf, dass sie eng miteinander verwandt sind, und ist nicht durch eine konvergente Evolution (bei der zwei nicht miteinander verwandte Arten am Ende ähnlich aussehen, weil sie durch den gleichen evolutionären Druck geformt wurden, nur an unterschiedlichen Orten) zu erklären. Irgendwann vor langer Zeit trennte die Kontinentaldrift die Spezies und brachte schließlich mehrere verschiedene *Athene* hervor. Wann genau dies geschehen ist, liegt in den Tiefen der Vergangenheit verborgen – wir Menschen wissen nur, dass die Kontinentaltrennung irgendwann vor zweihundert bis hundert Millionen Jahren stattfand.

Ich befragte meine fotografische Bibel, das *Handbuch Eulen der Welt* von Heimo Mikkola. Obwohl die Taxonomie der Eulen noch nicht abgeschlossen ist und immer noch neue Arten identifiziert werden (der Mongolische Steinkauz und der Graubauchkauz wurden erst 1988 entdeckt), schien es, als ob in dem Buch alle *Athene*, die uns so weit bekannt sind, abgebildet waren. Seite um Seite prangten sie auf dem Papier und starrten mir böse entgegen: der Kaninchenkauz, *Athene cunicularia*, aus Amerika; *Athene noctua*, der Steinkauz aus Eurasien (»Möglicherweise gibt es über zehn Unterarten allein innerhalb der Gattung *Athene noctua!*«, hatte Emily mir aufgeregt erzählt); der wunderschöne Lilith-Kauz, *Athene lilith*, dessen Verbreitungsgebiet von der Südtürkei über Zypern und Israel bis zur Sinaihalbinsel und zur Arabischen Halbinsel reicht; der Äthiopien-Kauz, *Athene spilogastra*, der nur an der Westküste des Roten Meeres vom Ostsudan bis nach Nordsomalia vorkommt; der Graubauchkauz, *Athene poikilis*, der bisher nur in der westlichen Provinz Sichuan in China gesichtet wurde; der Mongolische Steinkauz, *Athene plumipes*, beheimatet im russischen Altai, in der Mongolei sowie in Teilen Chinas; und zuletzt *Athene brama,* der Brahma-Kauz oder auch die »gefleckte Eule«, die in Indien und Südostasien vorkommt und deren erdbrauner Scheitel mit so vielen weißen Sprenkeln übersät ist, dass es so aussieht, als trüge sie ein mit winzigen Sternen besetztes, glitzerndes Toupet. In seinem Buch betont Mikkola, dass es von einigen dieser Arten mehrere Unterarten gibt und dass die gesamte Gruppe der *Athene* noch weiterer taxonomischer Untersuchungen bedarf. Also: Falls jemand ein spannendes Thema für seine Doktorarbeit oder seine Postdoc-Forschung mit Reisemöglichkeiten in der ganzen Welt sucht, nichts wie ran! Wie jedes Mal, wenn ich dieses wunderbare Buch aufschlage, war ich auch dieses Mal versucht, mich selbst diesem Projekt zu widmen, aber wahrscheinlich war irgendwo schon jemand damit beschäftigt, während ich das hier schrieb.

Das Verbreitungsgebiet des Kaninchenkauzes erstreckt sich vom Süden bis zum Norden des gesamten amerikanischen Kontinents, wobei die Eule vor allem in Wüsten und Savannen, in Kiefernbüschen der Pampa und im Flachland zu finden ist, von der Tierra del Fuego und dem äußersten Süden Argentiniens bis hin zu einigen Gebieten im Westen der USA. Es gibt sogar eine isolierte Population in Florida. In Europa oder irgendwo anders außerhalb Amerikas kommt die Eule nicht vor, zumindest nicht in freier Wildbahn. In unseren Gefilden gibt es nur den Steinkauz, und die beiden entfernten Verwandten trennt ein riesiger Streifen Atlantik.

Ohne sich all dessen bewusst zu sein, wurde Murray, der Kaninchenkauz, in einem speziellen Eulenzuchtzentrum in Cheshire von zwei in Gefangenschaft lebenden Elterntieren großgezogen. Wie die taxonomische Bezeichnung schon andeutet, ist *Athene cunicularia* die Eulenart, die sich am häufigsten auf dem Grund aufhält. Genau wie der Steinkauz läuft auch der Kaninchenkauz seiner Beute oft zu

Fuß auf seinen athletischen Beinchen hinterher. Aber es gibt einen entscheidenden Unterschied zwischen den beiden Arten. Der Kaninchenkauz baut sein Nest nicht wie der Steinkauz auf dem Boden zwischen Wurzeln oder Baumstümpfen; er nistet *unter* der Erde. *Cunicularia* leitet sich vom lateinischen *cunicularius* ab, was so viel wie »Bergmann« oder »Minenarbeiter« bedeutet. Dieser clevere Kauz kann ganz allein Höhlen graben, aus Bequemlichkeit okkupiert er aber normalerweise leere Kammern in bereits bestehenden Höhlen, die von Säugetieren wie Präriehunden oder Kaninchen angelegt wurden.

In den USA hat sich der Kaninchenkauz angesichts der immer weiter in sein Territorium vordringenden Menschenpopulation für den pragmatischen Weg entschieden und sich einem urbaneren Lebensstil angepasst: Er lebt auf Golfplätzen, Friedhöfen, Flughäfen, Weide- und Agrarflächen und nistet in städtischen Parks, in den Einfahrten von Menschen und sogar in deren Garagen. Er ist anpassungs- und widerstandsfähig, hält auf Erdhügeln Ausschau und ähnelt dem europäischen Steinkauz fast bis ins letzte Detail, nur sieht er etwas aufgeweckter und langgestreckter aus. Im Normalfall ist er 19 bis 25 Zentimeter groß, hat eine Flügelspannweite von fünfzig bis sechzig Zentimetern und wiegt etwa 140 Gramm (wobei die Weibchen deutlich schwerer sein können als die Männchen, manchmal bis zu 250 Gramm). Seine Verhaltensweisen sind fast deckungsgleich mit denen des Steinkauzes.

Ein Blick auf die Eigenschaften des Kaninchenkauzes zeigt, warum er von Taxonomen in dieselbe Gruppe wie *Athene noctua* kategorisiert wurde. Dennoch gibt es einige subtile Unterschiede zwischen den zwei Arten. Der Kaninchenkauz hat etwas längere, schlaksigere Beine, die außerdem spärlicher befiedert sind. Seine aufrechte Haltung hat sich vielleicht entwickelt, damit er besser Ausschau nach verstohlenen Bedrohungen auf dem Grund halten konnte, wie zum Beispiel der Eier und Küken verspeisenden Klapperschlange. Auf sandigen Untergründen erinnert der kleine Kauz an ein aufmerksam um sich blickendes Erdmännchen. Seine Augen leuchten jedoch so zitronengelb wie die unseres heimischen Steinkauzes, und sie schauen unter genauso dicken, ernsthaft gerunzelten weißen Brauen hervor, die sich zweifellos entwickelt haben, um wilde Raubtiere abzuschrecken.

Murrays helle Augen waren gerade wahrscheinlich geschlossen; er befand sich in diesem Moment in seiner abgedunkelten Reisebox an Bord des Virgin-Zuges, der uns entgegen in Richtung Süden raste. Für Murray war nur das Beste gut genug: Um die anderen Passagiere so wenig wie möglich zu stören und auch um dem Schock durch eventuelle laute Geräusche zu entgehen, reiste er immer erster Klasse.

Am Telefon fragte ich seine Pflegerin Anita Morris, ob Hühnerauflauf zum Abendessen in Ordnung sei.

»Das klingt super, wir essen beide Huhn«, antwortete sie.

Ich versuchte, mich mental vorzubereiten. Würde Murray frei herumfliegen, während wir aßen? Vielleicht würde er auf der Rückenlehne eines Stuhles mit uns zusammen am Tisch sitzen. Benji fand vor lauter Aufregung keine Worte.

Im Inneren seiner Kiste lagen neben Murray einige Stücke eines Eintagskükens, nur für den Fall, dass er hungrig aufwachen sollte. Die Reisebox war extra für ihn angefertigt worden, denn Murray war eine Arbeitseule und als solche viel unterwegs. Genauer gesagt war der Kaninchenkauz eine Therapie-Eule. Er und Anita arbeiteten als Zweiergespann und sensibilisierten gemeinsam die Bevölkerung für das Schicksal der Eulen, außerdem statteten sie kranken Menschen Hausbesuche ab und klärten die Jugend rund ums Thema Eule auf. Heute kam der Kaninchenkauz den ganzen Weg von Widnes in Cheshire bis zu uns nach Hause, begleitet von

Anita. Ich fühlte mich geehrt, und sowohl Benji als auch ich liefen zapplig hin und her, so als ob wir eine Berühmtheit oder einen Filmstar erwarteten.

Allerdings *ist* Murray eine Berühmtheit. Er hat seinen eigenen Handle auf Twitter und veröffentlicht regelmäßig Tweets als Murray the Owl. Darüber hinaus wurde über ihn ein Kinderbuch mit dem Titel *The Smallest Owl* geschrieben. Anita hatte mir ein Exemplar davon zugeschickt. Ohne zu viel verraten zu wollen, geht es in dem Buch darum, wie man sich als sehr kleine Person in einer Welt voller großer, lauter, kluger und kompetenter Menschen manchmal fühlen kann. In der Geschichte spielt Murray sich selbst (die Fotos sind herrlich!) und geht der Frage nach, welchen Nutzen eine kleine Eule wie er seinen großen, starken Mitmenschen bringen kann. Dieses Gefühl kennen wir wahrscheinlich alle.

»Das Buch soll Kindern dabei helfen, ihr Selbstwertgefühl zu stärken«, erklärte mir Murrays Pflegerin Anita. Indem sie sich mit dem kleinen Murray und seinen Selbstzweifeln identifizieren, werden junge Menschen dazu ermutigt, sich ihrer eigenen Talente und Fähigkeiten bewusst zu werden und Selbstvertrauen aufzubauen, egal wie klein sie sich auch fühlen mögen. Es geht um Mitgefühl – mit anderen und sich selbst. Es ist die Art von emotionaler Intelligenz, die wir in der heutigen Zeit so dringend brauchen. Als ich das Buch Jenny vorlas, merkte ich, wie sich ihre Augen vor stummer Anerkennung weiteten. Ich glaube, das Buch wird ein richtiger Hit werden. Es erinnert uns an unsere Menschlichkeit. Nicht nur Kinder sollten es lesen, sondern auch Erwachsene.

Anita ist Psychologin und Direktorin von Hack Back CIC, einem innovativen sozialen Unternehmen, das sich die Förderung der psychischen Gesundheit und des Wohlbefindens von Menschen aus unterschiedlichen Altersgruppen und mit verschiedenen Hintergründen zum Ziel gemacht hat – und zwar mit der Hilfe von

Greifvögeln! Nach ihrer Ausbildung zur Psychologin und jahrelanger Forschung zum Thema emotionale Intelligenz in der Unternehmensführung machte Anita sich als Life-Coach selbstständig, allerdings als Life-Coach der etwas anderen Art. Sie und Murray arbeiten in Schulen, Pflegeheimen, Hospizen und psychiatrischen Einrichtungen. Sie leisten nicht nur psychologische Unterstützung, sondern sind auch als Botschafter unterwegs, die mit ihrer Pionierarbeit das Bewusstsein für die Vorteile der Kombination von klassischen Therapien und dem Einsatz von Greifvögeln schärfen. Dieser Bereich der Psychologie ist neu: Steinadler können in Führungs- und Managementtrainings eingesetzt werden, die Falknerei kann autistischen Jugendlichen dabei helfen, aus sich herauszukommen, und Anita setzt Eulen ein, um die emotionale Intelligenz von Menschen zu trainieren. Die eigene Angst dem Tier gegenüber zu überwinden, sein Vertrauen zu gewinnen und es in seinem tierischen Anderssein zu respektieren, sind alles Dinge, die das Wohlbefinden, die Kreativität, die Fähigkeit zur Empathie und das Glück von uns Menschen fördern können.

Im Moment hatten Anita und ich folgenden Plan: Gemeinsam mit Murray würden wir einige Zeit in Plymouth verbringen und dort zusammen mit Eloise Malone, der Kreativdirektorin des sozialen Unternehmens Effervescent, und einer Gruppe von Kindern an einem kreativen Projekt arbeiten. Der Schauplatz hierfür würde die Radiant Gallery sein, ein künstlerischer Ort, der Ausstellungen mit Kindern organisiert. Ich war ganz gespannt darauf, Anita und Murray bei ihrer Arbeit mit den Kindern zu beobachten. Ich fragte mich, wie die Kinder auf den kleinen Kauz reagieren würden: ob sie etwas aus der Zeit mit ihm lernen könnten, ob sie von dem Zusammentreffen profitieren könnten und was das Ergebnis davon sein würde.

Bevor wir mit unserer Arbeit beginnen konnten, mussten Benji und ich jedoch erst mal Anitas und Murrays Schlafzimmer für ihre

Ankunft vorbereiten und vor allem dafür sorgen, dass unsere räuberische Katze Malinki in der Küche eingesperrt wurde.

Nicht viel später saßen wir alle gemeinsam um unseren Esstisch herum, der Hühnerauflauf war fast verspeist, die Weinflasche vor uns so gut wie leer. Murray hockte auf der Lehne eines Stuhles, als die Tür zur Küche plötzlich laut knarrte und Malinki in den Raum spaziert kam, der Schwanz erhoben, der Blick unschuldig. Murray, der nicht größer als eine Teetasse war, blies sich in Sekundenschnelle zu einem gefiederten Luftballon auf, der wütend schnatterte und der Katze böse Blicke zuwarf. Malinki erstarrte vor lauter Überraschung, und ich nutzte die Chance, um sie aufzuheben und schnell in die Küche zurückzubringen. Nach dem Essen unterhielten wir uns lange, und Benji zog sich einen Handschuh über und hielt den kleinen Murray fest. Während Anita und ich unser Gespräch fortführten, sah ich aus dem Augenwinkel, wie Benji sein Gesicht ganz nah an das der Eule legte. Er kratzte den Vogel ganz sanft an seinem Schnabel, und Murray neigte seinen Kopf zur Seite und schloss die Augen.

»Wow, ich hatte keine Ahnung, dass er das mag«, sagte Anita. Sie sah gerührt und begeistert zugleich aus.

Es war nicht das erste Mal, dass ich feststellte, dass Benji ein Händchen für Tiere hatte. Wenn ein Frosch gerettet, eine Spinne vertrieben, ein verirrtes Huhn von einem hohen Ast in den Hühnerstall zurückgebracht oder ein nervöses Pferd beruhigt werden musste, war Benji meist derjenige, der sich der Aufgabe annahm.

Und tatsächlich: Benji und Murray entwickelten schnell ein enges Verhältnis zueinander, und das, obwohl der Naturforscher Tony Angell in seinem Buch *The House of Owls* über sein Leben mit verschiedenen Eulen behauptete, dass es sich beim Kaninchenkauz um die Eulenart handle, die am wenigsten für das Zusammenleben mit dem Menschen geeignet sei. Einmal wurde ein Exemplar gerettet und zu ihm gebracht, und er beschrieb den

Kauz als einen »verrückten Gnom«, der sich trotz regelmäßiger Fütterung und Pflege nie an ihn gewöhnte. Der Kaninchenkauz, schlussfolgerte er, sei an das raue Wüstenleben gewöhnt und daran, sich sein Territorium mit Klapperschlangen, Dachsen und Kojoten zu teilen; ein Mensch war in diesem Lebensraum keine gern gesehene Kreatur. Als der gerettete Kaninchenkauz einmal davonlief und sich in einer dunklen Ecke hinter dem Bücherregal versteckte, machte Angell den Fehler und streckte seinen Arm in den dunklen Hohlraum aus – nur um dort dem überzeugend echten Imitat einer Klapperschlange zu begegnen. Die Eule produzierte ein zischendes Geräusch, das so naturgetreu klang, dass der Naturforscher instinktiv seinen Arm wieder herauszog und Angst hatte, es noch einmal zu versuchen.

In der Radiant Gallery, umringt von einem Kreis neugieriger Kinder, holte Anita Murray aus seiner Box. Ein kollektives Raunen ertönte. Die Freude und das Erstaunen waren groß, als der kleine Kauz erschien und langsam seinen Kopf drehte, um jeden Einzelnen von uns genau zu begutachten.

Draußen, in der gewöhnlichen Welt, rumpelten Busse und Taxis vorbei, Fußgänger schlurften die Straße entlang, aber hier drinnen war alles voller Magie. Eben noch hatte da eine schwarze Box mit geheimnisvollen Luftlöchern gestanden, die undurchdringbar war, im nächsten Moment knarrte die kleine Tür und heraus kletterte, wie ein kleiner Star, Murray der Kaninchenkauz.

Zu unserer aller Entzückung drehte der braun-weiß gescheckte Murray direkt in unserer Mitte ein paar Runden auf seinen knochigen Beinchen, die scharfen Krallen klackten auf dem polierten Holzboden. Die Kinder hielten vor Bewunderung den Atem an.

Der winzige Kaninchenkauz füllte den gesamten Raum aus. Seine Aura hielt uns gefangen, sie flößte uns Ehrfurcht ein. Dann, ganz leise – man hatte die Kinder gewarnt, dass Murrays Gehör sehr empfindlich war –, begann ein Murmeln die Stille zu füllen. Viele kleine Ausrufe, darüber, wie klein der Kauz war, wie schön und perfekt, und wie grimmig er gleichzeitig dreinschaute. Diese Augen! Nichts entging ihnen. Und in seinen empfindlichen Ohren musste jedes Geräusch, jede winzige Bewegung und jedes Rascheln in den großen hallenden Räumen der Galerie wie ein Feuerwerk krachen. Wir alle wollten unsere Hand ausstrecken und Murray berühren, aber wir wussten von Anita, dass er wahrscheinlich nicht gestreichelt werden wollte, und das mussten wir respektieren. In der Haltung der kleinen Eule lag ein gewisser Trotz, vielleicht ein Überbleibsel der tief sitzenden Wildheit, die Angell in seinem geretteten Kaninchenkauz beobachtet hatte, als dieser ihn wie eine Klapperschlange anfauchte.

Murray stand stramm, und wir starrten ihn an. Vielleicht fühlten wir uns in diesem Moment alle irgendwie mit ihm verbunden: Auch er war fremd hier, ein Außenseiter. Vielleicht war er genauso nervös wie wir. Deshalb durften wir ihm keine Angst einjagen. Wir mussten ihn leise willkommen heißen, ihm dabei helfen, sich sicher und gut aufgehoben zu fühlen.

Anita brachte den Kindern bei, wie sie sich in der Nähe von Murray verhalten mussten. Sie mussten ihr Verlangen, ihn hochzuheben und zu streicheln, zügeln und stattdessen langsam und sachte vorgehen. Einer nach dem anderen durften wir abwechselnd den Falknerhandschuh überziehen, auf den Murray trainiert wurde, und Kontakt zu der kleinen Eule aufnehmen. Die Gesichter der Kinder leuchteten auf, wenn Murray jedem Einzelnen von ihnen entgegenflog. Dieser kleinen, gefiederten Kreatur so nah zu sein, weckte unsere Neugierde.

Was fiel uns an Murray auf? Er war sehr klein und leicht, er könnte nervös sein.

»Wie ich!«, verkündete ein Kind namens Lee plötzlich lächelnd. »Er ist wie ich!«

Eins nach dem anderen hatten die Kinder kleine Aha-Erlebnisse. Murray, der kleine, jähzornig dreinblickende Kauz, half uns allen dabei, etwas über uns selbst zu erfahren.

»Wie können wir Murray dabei helfen, sich zu entspannen?«, fragte Anita.

»Wir können leise mit ihm reden!«

»Und was können wir ihm sagen, damit er sich sicher fühlt?«, fragte sie weiter.

»Guter Junge!«

»Gut gemacht, Murray, du bist sehr mutig.«

»Er kann zwar nicht verstehen, was wir sagen, aber wir fühlen uns gut dabei, so mit ihm zu reden«, erklärte Anita. »Und er weiß, dass er nachher eine Belohnung bekommt.«

»Er kann meinen Herzschlag hören. Er weiß, wie ich mich fühle«, warf Jessica ein.

»Wie können wir Murray dazu bringen, uns zu vertrauen?«, fragte Anita als Nächstes.

Wir spielten ein Spiel, bei dem Murray eine kleine Stoffmaus aufheben und in einer Box ablegen musste. Dabei bekam er jedes Mal, wenn er es richtig machte, eine Belohnung. Wurden die Kinder beim Zuschauen zu aufgeregt, sagte Anita: »Wir geben der Eule jetzt etwas Zeit, sich zu beruhigen, weil sie ein bisschen überfordert ist.«

Dann verzog sich Murray für eine Weile zurück in seine Box. Wir alle lernten auf diese Weise etwas über Empathie und darüber, wie man eine Verbindung zu einem anderen Wesen herstellt. Wir lernten, die Verletzlichkeit der Eule und ihr Bedürfnis nach Raum und Verständnis zu respektieren. Und damit lernten wir auch, uns selbst und unseren Bedürfnissen mehr Akzeptanz entgegenzubringen. Das

Zusammentreffen mit Murray brachte uns in einen intimen Dialog mit uns selbst; zusammen mit unserem tierischen Freund bildeten wir eine Gemeinschaft.

Nach dem Mittagessen las Anita den Kindern eine Eulengeschichte vor, und eine Weile lang rekelten sie sich verträumt auf ihren Kissen. Die Geschichte war gespickt mit Fakten über Eulen, und die Kinder hörten entspannt, aber aufmerksam zu. Danach fragten wir sie, woran sie sich erinnern konnten:

»Eulen müssen ihren Kopf ganz weit im Kreis drehen, deshalb haben sie zusätzliche Wirbel und Blutgefäße, die ihnen dabei helfen.«

Alle hatten gut aufgepasst. »Aber nicht *ganz* im Kreis!«

»Es gibt einen Horrorfilm, in dem ein Mädchen das macht – ihr Kopf dreht sich ganz oft.«

»Und sie spuckt überall hin!«

»Das ist ein ganz gruseliger Film namens *Der Exorzist*. Den habt ihr aber nicht gesehen, oder?«

»Nein, aber davon gehört!«

Später, als Murrays Schicht zu Ende war und er wieder in seiner Box saß, war es Zeit für den Heimweg. Immer noch knisterte die Luft vor Freude und Aufregung. Nach diesem Zusammentreffen schien die Welt auf einmal voller Möglichkeiten. Die Kinder würden jetzt nach Hause gehen, und am nächsten Tag würden sie in die Welt hinaustreten und die Weisheit, die ihnen der kleine Kaninchenkauz anvertraut hatte, in ihrem Leben anwenden. Vielleicht konnte man von einer in Gefangenschaft lebenden Eule ja doch etwas lernen. Murray lebte zwar nicht das Leben seiner wilden Artgenossen, aber er verfügte über andere Talente und war zu einem Botschafter geworden, der Kindern beim Erlernen von Empathie half. Durch das Überschreiten der Grenze, die zwischen unseren Arten verläuft, hatte der Kaninchenkauz die Position eines

Gesandten eingenommen, der uns dazu inspirierte, über Gleichheit und Fairness nachzudenken. Die kleine Eule hatte es sich zur Aufgabe gemacht, uns Menschen Rücksichtnahme zu lehren und uns beizubringen, wie wir eine Gemeinschaft pflegen und uns gegenseitig respektieren können. In diesem Sinne war Murray ein kleiner Apostel der Zukunft.

Asio otus

DIE WALDOHREULE

Wenn man an einem ruhigen Sommerabend im Wald unterwegs ist, vernimmt man manchmal das geheimnisvolle »Huuuh« der Waldohreule. Im Woodwalton Fen, einem Naturschutzgebiet in Cambridgeshire, wusste man lange Zeit nur über zwei brütende Paare Bescheid, bis man eines Jahres im Frühjahr plötzlich mehrere Männchen rufen hörte. Schnell wurde erkannt, dass es nicht genug Nistplätze für die Vögel gab. Waldohreulen bauen nicht gern ihre eigenen Nester, sondern übernehmen lieber die von anderen Vögeln – normalerweise Krähen und Elstern, aber auch Sperber und Ringeltauben finden in ihren Nestern manchmal eine Waldohreule vor, und sogar Eichhörnchenkobel wurden schon okkupiert. Von 1981 bis 1996 wurde eine Studie durchgeführt, deren Ziel es war, mehr Waldohreulenpaare zum Brüten anzulocken. Für die einsamen Männchen wurden Weidenkörbe aufgestellt, die auf dem europäischen Festland schon länger erfolgreich als künstliche Nester für die Vögel verwendet wurden. In Woodwalton sparte man ein wenig Geld und funktionierte stattdessen alte Obstpflücker- und Hundekörbe um.

Die fertigen Nester wurden dort positioniert, wo man die Männchen hatte rufen hören – und es funktionierte: Die Eulen besetzten die neuen Nester. Es gab nur ein Problem: Weil die Ränder der Körbe so hoch waren, war es fast unmöglich, die Paare beim Nisten zu beobachten. Man versuchte es zuerst mit ausziehbaren Stangen, an denen Spiegel angebracht waren, aber da Waldohreulen besonders empfindlich sind, war das langfristig keine Option. Schließlich wurde eine Lösung gefunden: Man entwarf extra für die Waldohreule neue Körbe, deren Ränder nur 15 Zentimeter hoch waren, sodass man die Ohrbüschel der nistenden Vögel über die Korbränder lugen sehen konnte. Das ist es, was ich an der Ornithologie so liebe: Sie verlangt nach Improvisation und funktioniert oft nach dem Trial-and-Error-Verfahren, aber alle Experimente lassen auf ein großes Herz bei den Eulenschützern schließen.

Die neuen Nester wurden regelmäßig kontrolliert und unerwünschte Untermieter wie zum Beispiel Grauhörnchen aus ihnen vertrieben. Jedes Jahr wurden den Eulen zwischen drei und 23 Nistkörbe zur Verfügung gestellt, wovon einige aus den Bäumen fielen oder weggeweht wurden. Im ersten Jahr wurden neun Nester als besetzt registriert, 15 Jahre später hatte sich die Zahl auf 77 Nester erhöht. Etwa fünfzig Prozent der registrierten Schlüpflinge wurden flügge, was als Erfolg gewertet werden kann. Dennoch bekommt man die scheue Waldohreule in Großbritannien nur extrem selten zu Gesicht.

Bergsteiger haben ein Bewertungssystem für die Schwierigkeit eines Aufstiegs – ich denke, ein solches System könnte auch für die Beobachtung von Eulen von Nutzen sein. Beim Klettern kann man mit Übung von einem »ziemlich schwierig« zu einem »schwierig« (»D« für französisch *difficile*) aufsteigen. Das Erspähen einer Waldohreule in Großbritannien könnte in die schwierigste Kategorie eingeordnet werden, also »ED« wie *extrêmement difficile.* Auf diese Analogie kam ich, als ich mich auf die Suche nach der Waldohreule machte, aber sie einfach nicht finden konnte.

Das könnte daran liegen, dass Waldohreulen nicht auf menschliche Lebensräume angewiesen sind – und selbst wenn sie sich an künstlichen Nistplätzen niederlassen, sieht man oft nur die Spitzen ihrer Ohrbüschel. Am ehesten kann man einen Blick auf dieses scheue Gespenst mit den langen Flügeln erhaschen, wenn man ihm im Wald auflauert oder in der Abenddämmerung den Himmel über dem Moor beobachtet. Hat man Glück und erspäht tatsächlich eine Waldohreule, erkennt man sie an ihren runden, fein gezeichneten Flügelspitzen, der ockergelben Färbung der Schwungfedern und ihrer Musterung in Schokoladenbraun- und Cremetönen. Der blasse

Bauch der Eule ist von braunen Streifen durchzogen, ihr Rücken von feinen Sprenkeln übersät, und ihr Gesichtsschleier hat einen leichten Apricot-Stich. Lässt der Vogel sich auf einem Ast oder Pfahl nieder, können seine Ohrbüschel alarmiert in die Höhe zucken, und seine verblüffenden orangefarbenen Augen funkeln wie Juwelen, wenn er den Kopf dreht, um einen anzustarren. Die Chance, all dies zu beobachten, ist jedoch extrem klein, denn mit ihrer chamäleonartigen Zeichnung in den verschiedensten Brauntönen verschmilzt die Waldohreule, wenn sie sich im Ruhezustand befindet, perfekt mit ihrer waldigen Umgebung. Da sie sich ihren Lebensraum mit dem Waldkauz teilt und sich beide Arten von der gleichen Beute ernähren, kommt es zwischen ihnen oft zu Streitigkeiten. Der etwas größere, schwerere Waldkauz ist der effektivste Konkurrent der Waldohreule – das könnte auch der Grund dafür sein, warum sie junge Wälder bevorzugt, in denen es viele Nadelbäume gibt, da der Waldkauz, der gern in den Höhlen alter Laubbäume nistet, in jungen Wäldern seltener vorkommt.

Da es schwer ist, die Waldohreule in ihrer natürlichen Umgebung zu beobachten, ist sie nicht so umfassend untersucht worden wie viele andere Greifvögel. Die Organisationen, die sich mit der Art beschäftigt haben, wie zum Beispiel der Hawk and Owl Trust und der BTO, schätzen, dass im Sommer zwischen zweitausend und dreitausendfünfhundert Paare in Großbritannien leben. Die Art ist damit hierzulande rückläufig und macht nur etwa ein Prozent der gesamten europäischen Population aus, die irgendwo zwischen zweihundertfünfzigtausend und vierhunderttausend Paaren liegt.

Im Herbst und Winter kommen manchmal Eulen vom europäischen Festland nach Großbritannien, um hier nach Nahrung zu suchen, insbesondere wenn das Angebot an Wühlmäusen an ihrem vorigen Aufenthaltsort knapp war. Von einigen Vögeln weiß man, dass sie von Skandinavien aus an die Nordostküste Englands ziehen. Die

Neuankömmlinge kann man hin und wieder in kleinen Gruppen am Himmel erspähen, oder man sieht sie tagsüber müde und unachtsam im Freien hocken.

Im Sitzen sieht das Gesicht der Waldohreule oft kantig und ein wenig katzenartig aus. Das liegt daran, dass sie, wenn sie sehr wachsam ist, ihre großen Ohrbüschel nach oben reckt. Diese Büschel sind fast immer sichtbar, außer wenn der Raubvogel sie im Flug flach anlegt oder er so entspannt ist, dass er sie sanft nach unten fallen lässt. Die Waldohreule kann ihre Gesichtsform drastisch verändern, um sich besser an ihren Hintergrund anzupassen. Dabei können ihre gezackten Ohrbüschel zusammen mit der Zeichnung ihres Federkleids die raue Oberfläche einer Schwarzkiefer nachahmen. Im Flug können ihre Flügel scheinbar alle Farben annehmen – sie passen sich nahtlos an das gesprenkelte Geflecht von umgeknickten Grashalmen im Winter, bleich gefärbte Federschwingel und die Rasenbinse auf dem Moor an. Wird die Eule an ihrem Schlafplatz erschreckt, kann sie steif wie ein Ast werden und mit den Konturen des Baumes verschmelzen. Hinzu kommt, dass ihr Flug genauso lautlos ist wie der anderer Eulen und sie daher oft nur als ein Schatten registriert wird, der an Farben vorbeihuscht, die ihrem eigenen Federkleid so ähnlich sind, dass sie genauso gut hätte transparent sein können. Da sie außerhalb der Brutzeit keine Laute von sich gibt, ist es darüber hinaus beinahe unmöglich, sie akustisch zu orten.

Vielleicht hätte ich länger neben ihrem bekannten Winterquartier in Norfolk auf der Lauer liegen können, oder ich hätte intensiver nach ihnen am Waldrand in Dorset Ausschau halten können. Aber ich war des ergebnislosen Herumpirschens in nassen, kalten Winternächten müde und wollte die Sichtung der Waldohreule nicht mehr länger dem Zufall überlassen. Deshalb folgte ich einem Hinweis und entschied, an einer organisierten Eulenbeobachtungsreise teilzunehmen.

»Serbien?«, fragte Rick.

Ich konnte sehen, wie sich vor seinem geistigen Auge Bilder von bewaffneten Polizeikräften, Gangs und Landminen auftaten.

Ich war mir sicher, dass das alles nicht mehr der aktuellen Lage entsprach. »Es ist okay«, sagte ich. »Man kann dort seit Jahrzehnten sicher Urlaub machen. Und ich gehe nicht allein hin. Ich bin mit einer Gruppe unterwegs.«

Jenny bereitete sich mental schon mal darauf vor, zwei Wochen lang nicht von mir zur Schule gefahren zu werden, und aus Sorge, dass sie auf dem Schulweg nass werden würde, kaufte ich ihr einen extrastarken Regenschirm und ein Paar neuer Handschuhe. Benji schaute mich voller Zustimmung an und malte sich aus, wie mir Unmengen an Waldohreulen um die Ohren fliegen würden; seine Vorstellung würde sich als prophetisch erweisen.

Benji während seiner Krankheit sicher bei uns zu Hause zu wissen, hatte sowohl auf ihn als auch auf mich eine beruhigende Wirkung. Ich konnte ein Auge auf ihn haben, ihn auf meine Touren mitnehmen oder meine Pläne vorher mit ihm besprechen. Oft beratschlagte ich mich mit ihm darüber, wo ich als Nächstes nach den Eulen suchen sollte, und jedes Mal sprach er mir ermutigend zu. Vielleicht hoffte er insgeheim immer noch, dass ich mit einem Eulenküken unter meinem Mantel nach Hause kommen würde – trotz der Tatsache, dass gerade keine Brutsaison war und selbst Murray meine Meinung zur Haltung wilder Eulen in Gefangenschaft nicht hatte ändern können.

Benji hatte mittlerweile die Diagnose »nichtepileptische Krampfanfälle« erhalten. Es war eine psychiatrische Diagnose, und eine Phase der Behandlung hatte in Form von gut strukturierten Therapiesitzungen stattgefunden. Jedoch waren wir, nachdem diese Therapie vorbei war, auch nicht schlauer. Man könnte es mit Medikamenten gegen Angstzustände oder mit Antidepressiva versuchen, schlug der

Arzt vor. Aber Benji kam mir nicht depressiv vor. Im Gegenteil: Es schien ihm mental gut zu gehen, obwohl er krank war und keine Arbeit hatte. Während die meisten seiner Freunde ihr Elternhaus verlassen hatten und aufs College gingen, war er gern zu Hause und wirkte seiner Isolation entgegen, indem er sich ein Support-Netzwerk auf den Social Media aufbaute. Er war einer Online-Selbsthilfegruppe beigetreten und chattete oft mit seiner Online-Gaming-Community, die ihm Unterstützung und Gesellschaft bot und uns sogar telefonisch kontaktierte, wenn Benji mal wieder verschwand, weil er unerwartet einen Anfall erlitten hatte. Es fühlte sich nicht richtig an, ihn mit Medikamenten zu betäuben. Erst mussten wir mehr darüber herausfinden, was seine Zusammenbrüche auslöste. Wir wollten wissen, was hinter seiner Krankheit steckte – abgesehen davon, was die Ärzte »psychologische« und »stressbedingte« Ursachen genannt hatten.

Ich wollte ihn gern mitnehmen, um mit mir gemeinsam die Waldohreulen zu sehen, aber dieser Ausflug war in seinem gegenwärtigen Zustand zu gefährlich für ihn. Wir wollten auf Nummer sicher gehen, und so blieb Benji zu Hause bei Rick.

Was die Waldohreule anging, hatte ich das Gefühl, dass ich nun endlich auf der richtigen Spur war. Mein Freund und Vogelexperte David Lindo würde die Expedition leiten – eine Reise an einen Ort, von dem ich selbst nie auf die Idee gekommen wäre, ihn in meine Suche einzubeziehen. In der Presse hat man früher nicht besonders viel Gutes über Serbien gehört, aber David versicherte mir, dass man das Land bedenkenlos bereisen könne: Die Menschen seien freundlich und begrüßten den Ökotourismus in ihrem Land. Davids Kontakt vor Ort, Milan Ružić, der Präsident des serbischen Vogelschutzvereins, versuchte, Reisen wie die unsere zu fördern, um damit die kränkelnde Wirtschaft anzukurbeln und der serbischen Tierwelt zu größerer Bekanntheit zu verhelfen. Wir taten mit dieser Expedition etwas Gutes – und die Sichtung von Eulen war garantiert. Denn David würde uns zur größten Zusammenkunft von Waldohreulen bringen, die der Welt bekannt war. Eventuell könnten wir Hunderte auf einmal sehen!

Warum sich die Eulen an diesem Ort so zahlreich versammelten, musste ich erst noch in Erfahrung bringen. Warum sollten sich diese normalerweise eher einzelgängerischen Raubvögel mit so vielen Konkurrenten auf einem Haufen zusammenrotten? Die Reise würde Ende November stattfinden, also kurz vor dem großen Kälteeinbruch in Serbien. Kamen die Eulen zusammen, um sich gegenseitig zu wärmen? Hatten sie eine Gemeinschaft mit einer bestimmten Hackordnung gebildet, oder gruppierten sie sich wie Pinguine, die regelmäßig ihre Konstellation verändern, damit jeder mal in der geschützten, warmen Mitte des Haufens stehen darf? Um das herauszufinden, müsste ich dieses spektakuläre Ereignis mit eigenen Augen sehen.

Ich recherchierte ein wenig im Internet und fand heraus, dass in einem Jahr an die achthundert Eulen in einer einzigen Stadt in Serbien gezählt worden waren. Vor lauter Aufregung konnte ich kaum mehr still sitzen. Auf Davids Website waren zahlreiche Nahaufnahmen von Eulen zu sehen, die in Gruppen zusammen in den Bäumen saßen. Ich stellte mir vor, wie ich unter den Eulen stehen würde, die über mir wie Obststräuße angeordnet waren – wie bei einem Eulenherbstfest. Mit ein paar Klicks buchte ich die Reise. In weniger als einer Woche würde ich in die Eulenhauptstadt der Welt fahren, in eine serbische Stadt namens Kikinda.

Nur wenige Tage später saß ich in einem Flugzeug von Air Serbia und wurde von meinem gesprächigen britischen Nachbarn über mein Fernglas ausgefragt. Als ich ihm aufgeregt von den Eulen erzählte, schaute er gelangweilt. Seine Frau hingegen lächelte mir zu;

sie entpuppte sich als Serbin und hatte viele Fragen an mich. Wo würde ich meine Eulenexpedition beginnen? Wusste ich von dem Seengebiet in Nordserbien, wo sich jedes Jahr unzählige Kraniche auf ihrem Weg gen Süden versammelten? Sie empfahl mir, auf jeden Fall die Spezialität *riblja čorba* zu probieren, eine paprikarote Fischsuppe. Es gebe in Serbien außerdem auch viele andere wilde Tiere zu sehen, wie zum Beispiel Wildkatzen und Blutspechte. Der Ehemann ertrug unsere Unterhaltung mit gelangweiltem Gesichtsausdruck, bis sie schließlich von einer wilden Gruppe junger Männer unterbrochen wurde, die sich auf der anderen Seite des Flugzeugs lautstark über die Entenjagd und ihre verschiedenen Gewehre unterhielten. Ich hoffte inständig, dass sie nicht die gleichen Orte wie David und wir ansteuern würden.

Am Flughafen in Belgrad erkannten wir David schon von Weitem daran, dass er ein großes Stativ und ein Teleskop herumtrug. Insgesamt waren wir eine bunt gemischte Gruppe von Eulenenthusiasten, die aus sechs Personen bestand: Wing Lok und Lee, die den ganzen weiten Weg aus Hongkong angereist waren, Janet, die wie ich allein an der Reise teilnahm, sowie Nigel und Margaret, die beide vor Vorfreude nur so strotzten und Kameraobjektive von beeindruckendem Umfang mit sich herumtrugen. Nur wenig später wurden wir von Milan empfangen, der David herzlich begrüßte und dann Janet und mich am Arm nahm, um uns zu zeigen, wo wir unsere britischen Pfund in serbische Dinar umtauschen konnten. (»Nein, nicht so viel, das brauchst du hier nicht, alles ist sehr billig!«, lachte er, als er sah, wie ich einen Hundertpfundschein aus dem Portemonnaie zog.) Wie billig hier tatsächlich alles war, überraschte mich in den nächsten Tagen immer wieder. Essen kostete so gut wie nichts, Getränke und Kleidung noch weniger, und in einem Kunsthandwerksladen ergatterte ich eine warme, handgestrickte Mütze mit Eulenohren und Quasten für schlappe 95 Pence.

Unser Fahrer fuhr uns in einem komfortablen Minibus durch die Dunkelheit zum Hotel Kaštel Ečka, einem Herrenhaus im englischen Stil aus der Mitte des 19. Jahrhunderts, das von hohen Kiefern und einer Parklandschaft umgeben war. Die Zimmer waren einladend und warm und hatten, wie man uns mitteilte, schon so illustre Gäste wie den österreichisch-ungarischen Erzherzog Franz Ferdinand, den Komponisten und Geiger Franz Liszt und den serbischen Prinzen Aleksandar Karađorđević beherbergt. In einem majestätischen Ballsaal wurde uns ein riesiges Drei-Gänge-Menü serviert, dazu gab es reichlich Wein und erlesene Biere. Serbien hätte nicht einladender sein können.

Am nächsten Morgen, gut ausgeruht nach der ersten Nacht in unseren geräumigen Zimmern, genossen wir ein opulentes Frühstück, das aus Omeletts, die aus vier Eiern gemacht wurden, dampfendem Kaffee und herzhaftem Schinken-Käse-Gebäck bestand. Danach wurden wir in die Regeln unserer Eulenexpedition eingeführt. Davon gab es nur zwei. Einmal Davids Regel: »Immer nach oben schauen!« Und Milans Regel: »Die Eulen nicht erschrecken.« Nachdem wir bestätigt hatten, dass wir die Regeln verstanden hatten und sie befolgen würden, stiegen wir in das Eulenmobil und fuhren los.

In Großbritannien sind Waldohreulen oft in ländlichen Gegenden zu Hause, im Heideland, in Wäldern usw. Viele Meilen entfernt von der nächsten Straßenlaterne, dem menschlichen Auge verborgen, jagen sie in windgepeitschten Mooren und rasten an stillen Plätzen in Kiefernwäldern. Nur wenige Menschen bekommen diese Eule jemals zu Gesicht, und noch weniger wissen, was das Raubtier zum Überleben braucht; die Waldohreule ist eine sehr private Art und bleibt den meisten von uns ein Rätsel. Nicht so in Serbien.

Auf der Fahrt erklärte uns Milan, dass in Mittel- und Osteuropa, insbesondere in Ungarn und anderen osteuropäischen Ländern, Eulen und eine ganze Reihe anderer Wildtiere in den vielen Gebieten, die landwirtschaftlich noch nicht erschlossen waren, prächtig gediehen. Die Artenvielfalt auf diesem Flecken Erde – von den Wirbellosen bis hin zu großen Fleischfressern – übertraf die Fülle der nordeuropäischen Fauna bei Weitem. Von Grashüpfern über Spechte und Würger bis hin zu Hasen und Wildkatzen waren hier alle Tierarten zu finden – Braunbären, Luchse, Biber, Wölfe, Habichts- und Sperlingskäuze und mehr Orthopteren (das sind Heuschrecken- und Grillenarten), als wir uns jemals erträumen könnten. Während wir aus den Fenstern blickten, erzählte uns Milan, dass diese Wildnis zwar gerade im Blühen begriffen sei, die Zukunft aber zunehmend von der Bedrohung durch die immer intensiver werdende Landwirtschaft überschattet werde.

Wir fuhren durch die flachste Landschaft, die ich je gesehen hatte: die Pannonische Tiefebene. Dieses riesige, tief liegende Gebiet war einst ein Binnenmeer gewesen: das Pannonische Meer. Als der Wasserspiegel sank, blieb ein baumloses Feuchtgebiet mit salzhaltigen Seen und Sümpfen voller Schilf übrig, das für viele Wildtiere der perfekte Lebensraum war. Mittlerweile war das Gebiet jedoch weitgehend trockengelegt worden, um das Grasland für die schnell wachsende Landwirtschaft nutzbar zu machen.

Winterlicher Nebel hing über den schlammigen Zuckerrübenfeldern, und auf die kahlen Obstgärten und skeletthaft in den Himmel rankenden Weinreben fiel ein wässriges Licht. Der Himmel hing tief und grau über dem Horizont, der nur hin und wieder von vereinzelten Kraftwerken und den vielen Holzmasten durchbrochen wurde, die sich endlos über kahle Felder erstreckten. Die erste Frage, die sich mir stellte, war: Warum gibt es in der serbischen Landschaft keine Bäume? »Alle Bäume wurden für Brennholz gefällt«, erklärte uns Milan unverblümt. »Nach dem Krieg und den verhängten Sanktionen waren die Menschen hier sehr arm. Sie brauchten Brennmaterial.« Ich blickte die Straße entlang, die sich vor mir ausbreitete, und fühlte einen Stich in meinem Herzen, als ich sie mir als eine schattige, von Bäumen gesäumte Allee vorstellte, die sich in die Ferne schlängelte. Kein einziger Baum war hier stehen geblieben. Jedoch hatten die Menschen in den umliegenden Städten überall schnell wachsende Nadelbäume gepflanzt. Sie dienten zur Dekoration, zum Schutz und wurden als Brennmaterial verwendet – und es waren Kiefern und Fichten, also genau die Baumarten, die die Waldohreule bevorzugte.

Die Eulen, die sich in Serbien versammelten, kamen aus Osteuropa und Skandinavien. Sie wurden durch die Anwesenheit anderer Eulen hierhergelockt, ein sicheres Zeichen dafür, dass dies hier ein sicherer, vor Raubtieren geschützter Ort und ein guter Platz zum Jagen war. Von Jahr zu Jahr wuchs ihre Zahl. Die Eulen fanden hier leicht geeignete Rückzugsorte. Die vielen altmodischen, kleinen Bauernhöfe lagerten ihr Getreide und ihren Mais traditionell offen, sodass Kleinsäuger sich leicht daran bedienen konnten; die Nagetiere fraßen sich ungehindert dick und boten so eine perfekte Futterquelle für die Eulen. Die spärlichen Nadelbaumbestände, das offene Grasland und das schützende Gestrüpp, das die Häuser und Gehöfte umgab, bildeten einen sicheren Lebensraum für die wachsende Zahl der Eulen, die ihren Weg hierher fanden. Heute geht man davon aus, dass in Serbien bis zu dreißigtausend Eulen leben. In einigen Dörfern, so erzählte uns Milan, gibt es mehr Eulen als Menschen. Aber mit Temperaturen, die im Winter bis zu dreißig Grad unter den Gefrierpunkt sanken, war Serbien doch bestimmt kein guter Zwischenstopp für überwinternde Vögel? War es nicht zu kalt? Ich hatte viele Fragen. Tatsächlich, so erklärte Milan, war es möglicherweise die Klimaerwärmung und das damit einhergehende Wetterchaos, das die Vögel hierherbrachte. Früher war dieses Binnenland in den Wintermonaten von Schnee und Eis bedeckt gewesen, aber in den letzten Jahren herrschten hier die gleichen Temperaturen wie in Großbritannien und Frankreich. Angelockt von der Kombination von immer wärmer werdenden Wintern und einer Fülle von Nadelbäumen und Unterschlupfmöglichkeiten, siedelten die Eulen aus den ländlichen Gebieten in die Städte über und blieben nicht selten den ganzen Winter lang. Vielleicht wären sie in früheren Jahren an einen anderen Ort weitergezogen, aber da es in den serbischen Städten mittlerweile warm und sicher war, hatten sie sie kurzerhand zu ihrem Winterquartier ernannt.

Ich hinterfragte alles, was ich bisher über diese Eule gewusst hatte. Das hier war nicht die Art wilder Landschaft, die ich als ihr bevorzugtes Revier vermutet hätte. Am grauen Horizont zeichneten sich gelegentlich die vertikalen Linien eines gigantischen Schornsteins ab, aus dem Dampf aufstieg, und spärliche Ansammlungen spindeldürrer Birken reflektierten das schwache Winterlicht, die schlanken Baumstämme heller als der düstere Himmel. Natürlich legten die Eulen keinen Wert auf Ästhetik. Dieser karge Ort kam ihnen gerade recht. Ich fragte mich, wie diese Landschaft wohl im tiefen Winter aussehen würde, wenn der schneebedeckte Boden und der weiße Himmel miteinander verschmelzen würden.

Milan erklärte mir, dass die Eulen in den Wintermonaten, wenn die Zahl der kleinen Säugetiere auf den Feldern abnahm und es schwieriger war, Beute zu finden, zum Schlafen in die Stadt kamen. Hier war es windgeschützt und wärmer als im Umland, außerdem gab es reichlich Ratten zu fressen. In den Linden, Weißpappeln und vor allem in den vielen Nadelbäumen nisteten darüber hinaus viele kleine Vögel wie Hohltauben und Blaumeisen, die leichte Beute für die Eulen waren. Und noch besser: In der Stadt gab es keine Bussarde oder Habichte, die von Eulen am meisten gefürchteten Raubtiere – diese Raubvögel hielten sich normalerweise in Wäldern auf, weshalb es für die Eulen hier viel sicherer war als in ihrem üblichen Lebensraum. Die Eulen blieben normalerweise nur ein paar Monate hier, so lang, bis ihnen die Nahrung ausging. Im Internet hatte ich gelesen, dass die Raubvögel in nur fünf Monaten über eine halbe Million Nagetiere vertilgen konnten. Im Frühjahr machten sie sich dann wieder auf den Weg und zerstreuten sich in verschiedene Richtungen. Einige zogen zurück gen Norden, um dort zu brüten.

Es schien, als ob die Armut und die »rückständige« Landwirtschaft in Serbien für die Wildtiere von Vorteil wären. Die Menschen konnten es sich nicht leisten, in große Maschinen zu investieren, und durch die traditionellen Methoden der Agrarwirtschaft war hier ein vielfältiger Lebensraum für die Vögel entstanden: Windschutzstreifen mit vielen Nadelbäumen, Unmengen an frischem Gras, kostenloses Futter für Mäuse und viele Spalten und Höhlen, in denen sich Nagetiere verstecken konnten. Ein Himmel für Eulen. Außerdem wurden hier, im Gegensatz zu Großbritannien, wo der Einsatz von Rodentiziden zur Routine gehörte, keine Gifte ausgelegt. Ich fragte mich, wie viele Eulen es wohl noch in Großbritannien gäbe, wenn die Landwirtschaft sich durch den Fortschritt nicht so verändert hätte. In meiner Heimat definierten wir die Eulen über ihr seltenes Vorkommen oder gar ihre Abwesenheit – hier hingegen schien es mehr Eulen als Menschen zu geben.

Wir hielten in einem Dorf an und parkten neben einer Schule, aus der gerade einige Kinder stürmten und sich auf den Nachhauseweg machten. Sie trugen rosafarbene, scharlachrote und grüne Pufferjacken und hatten klassische Schultaschen auf den Rücken. Während Milan auf Schwärme von Spatzen und Blaumeisen am Himmel zeigte, blieben die Kinder stehen und grinsten uns an.

»Laubsänger kommen hier häufig vor«, sagte Milan. Er zeigte auf einen Würger und rief: »Schaut! Ein paar Blutspechte! Sie sieht man in den Städten hier oft. Im Frühjahr erklingt in der Dämmerung ein gewaltiger Chor.« Dann, auf einem Friedhof zwischen einigen Wacholderbäumen, blieb Milan stehen und bedeutete uns mit einer Geste, still zu sein.

Als Allererstes fielen mir ihre Ohrbüschel ins Auge, dann machte ich den Rest der schmalen rindenfarbenen Waldohreule aus. Aus ihren leuchtend orangefarbenen Augen schaute sie auf uns herab. Endlich! Genau deswegen waren wir hergekommen. Wir standen ganz nah unter den Bäumen und schauten gespannt nach oben. Die Eule saß friedlich da, und als ich meinen Kopf drehte, entdeckte ich zu meinem Erstaunen ein weiteres Exemplar, das sich nicht weit entfernt auf einem Ast niedergelassen hatte und mit aufgeplustertem Federkleid entspannt vor sich hindöste. Ich richtete mein Fernglas wieder auf die erste Eule, um ihre Musterung besser erkennen zu können. Die Streifen auf der Brust dienten der Tarnung, insbesondere wenn die Vögel schliefen; die weiche beigefarbene Vorderseite war von kleinen schokoladenfarbenen Sprenkeln durchsetzt, die sich wie winzige Kiefernzweige überkreuzten. Der Rücken wies eine feine aschfarbene Zeichnung auf, und die Flügel waren von vertikalen Markierungen durchzogen – ein Muster, das ich auch bei Waldkäuzen beobachtet hatte. Die Füße der Waldohreule waren fast nicht zu sehen, sie waren verborgen hinter blassem Flaum, der so weich aussah, als hätte man ihn gebürstet.

Der weiße Gesichtsschleier, die hellen, senkrecht ausgerichteten Augenbrauen, die hochgestellten Ohrbüschel und die schlanke, aufrechte Haltung verliehen der Eule ein erschreckendes Aussehen. Gleichzeitig war ihr Gesicht vor dem Hintergrund der Bäume so gut wie unsichtbar. Im Gegensatz zu ihrem völlig entspannt wirkenden Nachbarn saß sie ganz starr da, bewegte sich keinen Millimeter; die helle Iris ihrer Augen war zu zwei glühenden Schlitzen verengt. Die schlafende Eule mit ihrem aufgeplusterten Federkleid sah neben ihr rund wie ein Ball aus. Doch das war eine Illusion: Unter ihrem Gefieder war sie zweifellos so rank und schlank wie ihr wacher Freund. Vielleicht war die etwas alarmiert wirkende Eule ein Neuankömmling; wie viele der Tiere war sie möglicherweise aus großer Entfernung hierhergeflogen und gerade erst angekommen, weshalb sie vorsichtiger war als ihr unbekümmert schnarchender Nachbar. Wenn ich genau hinschaute, konnte ich die beiden schwarzen Krallen erkennen, die sich um die raue Rinde des Astes wanden, auf dem die Eule saß. Wären ihre Beine unter ihrem Körper sichtbar gewesen, hätte ich außerdem sehen können, dass sie von cremefarbenen isolierenden Daunenfedern bedeckt waren, die sich speziell für die nächtliche Kälte entwickelt hatten. Die Eule sah zwar niedlich aus, wie sie so im Baum saß, aber ihre scharfen Krallen enttarnten sie als erbarmungslosen Killer.

»Was glaubt ihr, wie viele Eulen in diesem Baum sitzen?«, fragte Milan herausfordernd. »Sechs? Neun?«

Wir versuchten, die Tiere zu zählen, kniffen die Augen zusammen und starrten auf die Äste. Irgendwann gaben wir auf.

»27«, sagte Milan. »Nein! 28 ... 29! Auf einem einzigen Baum!«

Mehrere scharfe Atemzüge ertönten. Sie signalisierten Erstaunen darüber, wie unsichtbar diese Vögel waren, wenn sie schliefen. Die Wacholderbäume waren nicht übermäßig groß, aber mit ihren immergrünen Nadeln und den üppigen herabhängenden Ästen schafften sie viele kleine, dunkle Unterschlupfmöglichkeiten für die Eulen. Die Bäume schaukelten sanft im Wind und wiegten ihre stillen Bewohner hin und her.

Wir starrten die Eulen an, einige starrten zu uns zurück. In jeder Ecke des Baumes saßen zwei, fünf, manchmal bis zu neun Eulen – manche hatten einen Ast für sich, andere teilten sich großzügig ihren Sitzplatz. Einige dösten, andere wandten ihr Gesicht von uns ab, wieder andere zeigten eine ganze Palette verschiedener Emotionen: neugierig, alarmiert, bedroht, irritiert – jede Eule verfügte über ihre eigene Mimik, jedes Individuum trug einen anderen Ausdruck auf seinem Gesicht. Auch ihr Gefieder variierte, je nach Geschlecht und Alter. Einige Ohren waren nach unten gerichtet, andere standen aufrecht – die Ohrbüschel der Waldohreule können nach Belieben gefaltet und sogar fast komplett flach angelegt werden, ein wenig wie bei einer defensiven Katze. Die Gesichtsschleier der Eulen waren in einem sanften Rostbraun gefärbt; bei den Weibchen zog sich diese Färbung bis ins Brustgefieder hinab, während die Federn der Männchen an dieser Stelle eher in einem blassen Beige leuchteten. Jede Eule war anders.

Während wir wie besessen die Eulen zählten, wuselten Kinder um uns herum. Für die Einheimischen sind die Eulen ein ganz normaler Anblick, sie waren schon immer da. Früher haben die Leute aus Langeweile auf sie geschossen und darüber gelacht, wie sich über einem Baum nach einem abgefeuerten Schuss plötzlich eine Wolke herumwirbelnder Eulen bildete. All das hat ein Ende gefunden, seit Milan und seine Kollegen mit ihrer Forschung begonnen und eine Eulen-PR-Kampagne gestartet haben. »Weil Serbien früher ein sozialistisches Land war, glauben die Leute auch heute noch, was sie im Fernsehen sehen«, erzählte Milan. »Es war leicht, die Menschen zum Zuhören zu bringen und ihr Verhalten zu ändern, weil sie daran gewöhnt sind, den Medien zu vertrauen und das zu tun, was ihnen gesagt wird. Heute tut niemand mehr den Eulen etwas zuleide; so langsam sind die Serben sogar stolz auf sie.« Die Bevölkerung verstand, dass die Eulen unter Schutz standen, auch wenn einigen noch nicht ganz klar war, warum. Es gab hier einfach so viele davon.

»Dieser Baum ist das Mutterschiff der Eulen in diesem Dorf«, erklärte Milan. Ringsherum standen andere, kleinere Bäume, deren Äste ebenfalls mit nervös dreinblickenden Eulen gespickt waren. »Das sind die neueren Eulen. Obwohl es unter Eulen keine Hackordnung gibt, fühlen sie sich noch etwas unsicher. Sie kommen an und hocken sich erst mal auf die kleineren Bäume, bis sie sich irgendwann sicher genug fühlen, um sich den anderen anzuschließen.«

Ich habe gelernt, dass man, wenn man die verschiedenen Eulenarten kennenlernen will, erst mal ihren Lebensraum verstehen muss. Die Waldohreule ist in dieser Hinsicht ziemlich speziell, da sie sowohl dichte Baumbestände als auch offenes, weites Grasland benötigt. Das macht diese Eulenart zu einem Grenzgänger. Die Waldohreule lebt an den Rändern zweier sehr unterschiedlicher Lebensräume: Zwischen den Nadelbäumen versteckt sie sich vor Raubtieren, im offenen Grasland macht sie Jagd auf kleine Säugetiere. In Großbritannien kommt diese Kombination aus Wald und Wiesen nicht oft vor, was zumindest zum Teil erklären könnte, warum die Zahl der Waldohreulen bei uns so niedrig ist.

Im Wald besetzt die Eule gern alte Krähennester. Oft, so erklärte uns Milan, sind diese Nester jedoch nicht die zuverlässigsten, und viele Brutversuche der serbischen Waldohreule scheiterten daran, dass ihre Nistplätze langsam zerbröckelten. Milan und seine Freunde von der Bird Protection and Study Society of Serbia haben deshalb ein Nistkastenprogramm ins Leben gerufen, das warme, trockene und stabile Holzboxen bereitstellt, in denen die Eulen ihre Jungen sicher aufziehen können. Die Brutproduktivität habe sich dadurch im Durchschnitt um 1,5 Küken pro Brut erhöht, erzählte uns Milan stolz.

Ich befand mich in der Gegenwart eines Menschen, der diese Kreaturen seit Jahren studiert hatte und der mehr über das Verhalten der Waldohreulen und vieler anderer serbischer Tierarten wusste als irgendjemand sonst. Er zählte uns die Raubtiere auf, die zu den Feinden der Eule gehörten und vor denen sie sich in den Wäldern versteckte: Habichte, Habichtskäuze und Bussarde, aber auch Säugetiere wie der Luchs, der Baummarder und die Wildkatze.

Ich bewunderte Milans Wissen – wie viele Jahre macht er das wohl schon? »Schon immer«, lachte er. »Seit ich ein kleiner Junge bin!« Er hatte sein Leben dieser Arbeit gewidmet.

Wir ließen die lächelnden Schulkinder und die Bäume mit ihren von Eulen beschwerten Ästen hinter uns und nahmen Kurs auf Kikinda. Als wir in der Stadt ankamen, stieg unsere Aufregung weiter an. Ende Oktober fand in Kikinda jedes Jahr ein Eulenfest statt. Die Stadtbewohner waren stolz auf die Eulen und wollten diesem Gefühl Ausdruck verleihen. Soweit bekannt war, handelte es sich bei dem jährlichen Zusammentreffen der Tiere in der serbischen Stadt weltweit um die größte Ansammlung von Eulen dieser Art. Im Rahmen des Eulenfestes wurden Schulkinder über die Eulen aufgeklärt, sie machten Eulenkunst und sangen Eulenlieder. Die Menschen musizierten und tanzten. Eulengedichte wurden vorgetragen, Eulenkekse gebacken und Eulenposter aufgehängt. Die Leute erzählten Eulengeschichten. So langsam hatte sich die Neuigkeit über das Fest herumgesprochen, und Gruppen von Eulenfans kamen zu Besuch. Sie brachten ihre langen Objektive, ihre Notizbücher und Ferngläser mit und kurbelten die lokale Wirtschaft an.

Als wir angekommen waren, setzte sich Milan mit einem breiten Lächeln eine beneidenswert alberne Eulenmütze auf. Mit dem markanten Schnabel und den handgeflochtenen orangefarbenen, weißen und grauen Quasten sah er damit aus wie ein Rugbyspieler mit Wikingerzöpfen. Später würden wir uns auch eine kaufen können, versprach er, als er die Bewunderung für seine Kopfbedeckung in unseren Augen sah. Ein riesiges Schild mit dem Bild einer freundlichen Eule, geformt aus Keksen und Kuchen, begrüßte uns wie ein gutes Omen. Wir hielten in einer Straße mit detailreich dekorierten Häusern aus dem 18. Jahrhundert, die in Safrangelb und Lachsrosa gestrichen waren.

»In Kikinda«, verkündete Milan stolz, als wir das Schild passierten, »gibt es keinen Baum, der das Mutterschiff ist. Kikinda *ist* das Mutterschiff.«

Vor Vorfreude konnten wir uns kaum beherrschen. Es könnten sich bis zu achthundert Eulen in dieser kleinen Stadt aufhalten.

Als wir uns auf den Weg zum zentralen Platz in Kikinda machten, fiel mir auf, wie freundlich die Einheimischen waren. Sie hatten sich inzwischen an die auf die Bäume zeigenden Ausländer gewöhnt und schienen sich nicht an dieser seltsamen Invasion zu stören. Im Gegenteil, es wirkte so, als schätzten sie unsere Anwesenheit, mit der wir der kränkelnden serbischen Wirtschaft zu einem dringend benötigten Aufschwung verhalfen. Wahrscheinlich auch aus diesem Grund waren die Menschen hier sehr tolerant den Eulen gegenüber. Sie störten sich nicht an den Schichten von Gewöllen auf dem Boden und den weißen Spritzern auf Parkbänken, Gehwegen und Rasenflächen. Die Spuren der Eulen in der Stadt wurden mit einer Art resigniertem Respekt, guter Laune und viel Großzügigkeit betrachtet.

Ein lächelnder Mann in einem dicken Mantel, der ein kleines Kind an der Hand hielt, kam auf uns zu und sprach erst auf Serbisch, dann in gebrochenem Englisch mit uns. Er berührte mich am Arm und zeigte auf einen Baum. »Da drin, da drin! Mehr Eule«, sagte er begeistert und ergriff meine Hand. »Und hinter Kirche!« Seine Wärme sprang auf mich über.

Gehorsam machten wir uns auf die Suche; wir verteilten uns über den Rasen, zwischen den Bäumen auf dem Platz, um die zitronenfarbene Kirche herum und in Richtung der Grundschule, wo die Eulen sogar auf Augenhöhe saßen, versammelt in Gruppen von zehn, zwanzig, fünfzig Exemplaren. Wir reckten unsere Hälse, blickten nach oben, zählten.

In der Mitte des Platzes entdeckte ich eine Eule, die etwas Silberfarbenes am Flügel hatte – das war eine der Eulen, die Milan gefangen und beringt hatte. Er war ganz aufgeregt; das Tier war uns so nah, dass wir die Nummer ohne Fernglas erkennen konnten.

»A06!«, rief er. »Ja! Die habe ich erst letztes Jahr beringt!«

»Gehen dir jemals die Eulen zum Beringen aus?«, fragte ich.

»Manchmal. Einmal war uns langweilig, und wir haben eine ganze Ladung Blaumeisen beringt. Aber die sind bösartig! Den Eulen macht es nichts aus, aber die Blaumeisen – die drehen ihre Köpfe herum und beißen einen wie ein Vampir! Die tun alles, um an Blut zu kommen.«

Da mein Nacken eine Pause brauchte, wanderte ich weiter und stellte irgendwann fest, dass ich inmitten des größten, tiefsten Haufens von Speiballen und weißem Kot stand, den ich je gesehen hatte. Ich beschloss, einen der Ballen mit nach Hause zu nehmen. Ich war neugierig: Was genau fraßen die Eulen hier, mitten im Winter, in dieser unbekannten südeuropäischen Stadt nahe der ungarischen und rumänischen Grenze? Von was ernähren sie sich, wenn das Angebot an kleinen Nagetieren knapp wird?

»Von den verdammten Blaumeisen«, erklärte mir Milan lachend, als ich ihn fragte. »Nachdem wir damals alle Blaumeisen beringt hatten, was denkst du, was wir einen Monat später gefunden haben? Alle Ringe! In den Gewöllen der Eulen! Jeden einzelnen!«

Offensichtlich waren kleine Vögel die nächstbeste Nahrungsquelle, wenn den Eulen die kleinen Säugetiere ausgingen.

Ich ging weiter, bis ich direkt unter der hohen Kiefer vor mir stand. Ich wollte einen der Speiballen aufheben, oder nein, zuerst würde ich mit meiner kleinen Kamera ein Foto von diesem riesigen Haufen Eulenabfall machen. Rick hatte mir das Gerät mitgegeben. Es war rosa, winzig klein, und vor allem, entschied ich, passte es perfekt in meine Manteltasche. Nichtsahnend richte ich die Kamera auf den Grund vor mir. Der Auslöser klickte, ganz leise. Eine kleine Verzögerung, und dann … der Blitz!

Der Baum explodierte geradezu. Gefiederte Wesen erhoben sich lautlos in alle Richtungen, ihr leiser Flugwind schüttelte die Nadeln von den Ästen. Ich stolperte aus dem geschützten Schatten des Baumes hinaus in die Dämmerung und sah den Rest meiner Gruppe fassungslos dastehen. Hundert Eulen, die sich alle gleichzeitig in die Luft erhoben hatten, schwirrten wie Geister über unseren Köpfen herum, flogen Schleifen, blinzelten verwirrt aus ihren orangefarbenen Augen und verschmolzen dann langsam, ein Tier nach dem anderen, wieder mit den Bäumen um uns herum.

Das nächste Foto war ein zufälliges; es zeigte unscharf ein Stück Rasen, das ich vor die Linse bekam, als ich mit meinem selbst verursachten Eulentornado aus dem Schutz des Baumes stolperte. Selbst dieses Bild konnte jedoch nicht den emotionalen Aufruhr einfangen, in dem ich mich in diesem Moment befand. Genau aus diesem Grund würde ich nie wieder eine Kamera mit mir herumtragen. Ich hatte den ultimativen Verstoß begangen. Ich hatte vergessen, den Blitz auszuschalten. David, Margaret, Nigel, Janet, Wing Lok, Lee und Milan beobachteten das Debakel, das ich verursacht hatte, mit steinernen Mienen. Die zweite Regel des Eulentrips: Erschrecke die Eulen nicht. Mit vor Scham gebeugtem Kopf ging ich unter ihren missbilligenden Blicken zurück zu meinen Freunden.

Wenn man im November oder Dezember in Kikinda in das Geäst eines Baumes schaut, sieht man vielleicht sechs oder sieben, eventuell auch zehn Waldohreulen. Aber für jede, die man sehen könne, erklärte Milan uns (leider zu spät für mich), müsse man zehn weitere dazurechnen, die dem Auge verborgen geblieben waren. Er zeigte auf einen Baum: »Dieser hier hält den Weltrekord mit ganzen 165 Waldohreulen!«

Auf dem Rückweg zu unserem Hotel setzte die Eulenmüdigkeit ein. Wir hielten ein letztes Mal an.

»Eins muss ich euch noch zeigen«, sagte Milan voller Enthusiasmus.

»Nicht noch mehr Eulen«, stöhnten wir.

Milan verzog das Gesicht. »Nein, keine Eulen.«

Tatsächlich! Es war ein Restaurant. Unsere Mägen gluckten zustimmend im Angesicht der prächtigen alten Windmühle, die zu einem der Form einer Eule nachempfundenen Restaurant umgebaut worden war. Wir stürmten hinein, hungrig und leicht hysterisch. Jeder in der Gruppe bestellte ein Bier. Nachdem Milan sein erstes geleert hatte, beugte er sich zu mir herüber und flüsterte mir zu: »Wenn man wirklich Eulen anlocken will, muss man Spatzengeräusche machen, etwa so ...« Er spitzte die Lippen und formte seine Hände so vor seinem Mund, dass sich irgendwo im Raum die Schnäbel von hundert Spatzen öffneten und zu singen begannen. Ein paar Gäste schauten verwirrt nach oben, als würden sie einen Vogelschwarm suchen, der sich in den Raum verirrt hatte, und widmeten sich dann, als sie nichts entdecken konnten, wieder ihrem Essen.

»Es klingt nach Panik, als wäre ein Raubtier hinter ihnen her, und der Lärm von so vielen Spatzen lockt die Eulen an«, fügte Milan hinzu. Nach einem weiteren Bier ertappte ich mich dabei, wie ich ihn verdächtigte, geheime Kräfte zu besitzen. Nachdem die Spatzen so eingeschlagen hatten, forderten wir ihn heraus, noch weitere Tiere zu imitieren. Der Rabe war ebenfalls täuschend echt: Er klang kehlig, rau und, nun ja, wie ein echter Rabe eben. Ich schloss meine Augen und ein Schauer lief mir über den Rücken. Als uns die Vögel ausgingen, machte Milan, angestachelt von Wing Lok und Lee, die Bilder von Leoparden in der Runde herumzeigten, einen Jaguar nach. Das war schon fast zu viel. Jaguare, so stellte sich heraus, stoßen einen gruseligen Urschrei aus, der einen von der Fußsohle bis zum Scheitel erzittern lässt. Hitze stieg mir in die Wangen. Das war die Art von Geräusch, die man sich besser für die Privatsphäre des heimischen Schlafzimmers aufbewahrte.

Wenig später fiel ich in mein Bett, benebelt von den köstlichen serbischen Gerichten, die wir verputzt hatten: Puteneintopf und jede Menge Kuchen, heruntergespült mit einigen Gläsern Bier und Milans Tiergeräuschen. Der Soundtrack des Abends hallte noch in meinen Ohren nach, und jedes Mal wenn ich meine Augen schloss, erschienen Schwärme von Eulen vor meinem inneren Auge. Sie starrten mich an, die Ohren aufgerichtet, die Augen feurig leuchtend. Immer wieder wachte ich in dieser Nacht davon auf, dass ich mit meiner Bettdecke kämpfte; in meinen wirren Träumen wüteten Raubvögel und seltsame große Katzen.

Am nächsten Morgen wachte ich viel zu spät und mit verquollenen Augen auf. »Es ist acht Uhr – wir sind alle fertig und wollen gleich los«, flüsterte Janet leise, nachdem sie mich durch ein Klopfen an meiner Tür geweckt hatte. Während ich mich in meine Klamotten kämpfte, brachte sie mir eine Tasse Tee und ein Gebäckstück. Ich hätte sie küssen können. Sie arbeitete in einer Reiseagentur in Bristol und war solche Pannen gewöhnt.

Während wir durch die baumlose Pannonische Tiefebene fuhren, fand ich heraus, dass Janet schon auf der ganzen Welt an Reisen wie dieser teilgenommen hatte. Eine Langschläferin wie ich konnte sie nicht aus der Ruhe bringen. Ich wusste ihre Gesellschaft sehr zu schätzen: Während die Gruppe sonst nur aus Paaren bestand, plauderte sie gern mit mir, hatte aber auch nichts gegen Schweigen einzuwenden. Mir fiel auf, dass sie niemals über sich selbst sprach, außer ihr wurde eine Frage gestellt. Ich beobachtete sie dabei, wie sie aus dem Fenster schaute; in ihrem Blick lag etwas Vorsichtiges, Zurückhaltendes, so als hätte sie vor nicht allzu langer Zeit einen Verlust erlitten. Oder vielleicht war das einfach die beste Herangehensweise bei einer Gruppenreise. Ich fragte sie nicht danach, sondern genoss einfach ihre stille Präsenz, dankbar für unsere gemeinsame Faszination für die Eulen.

»Komisch, normalerweise bin ich Frühaufsteherin«, erzählte ich ihr später – ein Versuch, mein schlechtes Gewissen darüber zu mildern, die Gruppe aufgehalten zu haben.

»Vielleicht hat dich mein Wecker geweckt«, sagte sie großzügig. »Er hat wirklich früh geklingelt – vielleicht hast du ihn gehört und bist dann wieder eingeschlafen.«

Aber nicht nur ich war heute etwas neben der Spur – auch sonst hatte sich an diesem Morgen schon einiges ereignet. Als Wing Lok und Lee mit ihren riesigen Objektiven um sechs Uhr morgens verstohlen um das Hotel herumgestelzt waren, über ihren Köpfen fliegende Eulen, war eine davon lautstark gegen das Fenster eines Zimmers gekracht. Sie war unverletzt, aber als ich später an der Stelle vorbeiging, fand ich eine helle aschfarben gesprenkelte Feder auf dem Boden, die ich aufhob und vorsichtig zwischen die Seiten meines Notizbuches schob.

Später an diesem Tag, vor einer schönen, aber im Verfall begriffenen Kirche, fanden Milan und ich noch mehr Federn – diese hier, erklärte Milan, seien der Eule jedoch gewaltsam aus dem Gefieder gerupft worden. Es war ein Angriff durch ein anderes Raubtier. Ein Riss. Es könnte ein Habicht gewesen sein. Das sei ungewöhnlich in der Stadt, fügte er hinzu, aber nicht unmöglich. Waldohreulen hatten nicht viele Feinde, aber wenn Habichte in die Stadt flogen, stellten sie eine ernsthafte Bedrohung dar.

Wir überquerten die Donau, die mehr schlammbraun als blau war. Graue Spiegelungen wirbelten auf ihrer Oberfläche herum, wie schlammiges Badewasser, in dem die offene Weite dieses windgepeitschten Landes reflektiert wurde. Mit so wenigen Bäumen und einer klaren Sicht bis zum Horizont machten unsere acht Augenpaare leicht jeden ungewöhnlichen Vogel aus. Aufgeregt blieben wir stehen, um einen Raubwürger zu beobachten, der auf einem Drahtzaun saß und über das dahinterliegende Feld wachte. Ich bestaunte sein sauberes grauweißes Gefieder und seine cremefarbene Brust, die tiefschwarze Maske, den wolkengrauen Rücken und den langen Schwanz. Plötzlich sprang ein riesiger brauner Hase aus dem Unterholz und galoppierte davon.

»Gott, der ist so groß wie ein Cockerspaniel!«, rief Nigel. Milan erklärte, dass Hasen in Serbien sehr groß seien. Es gab genug gutes Gras für sie, aber die Wiesenflächen seien bedroht. Jahr für Jahr wurden mehr Wiesen illegal umgepflügt.

Zum Glück bekamen wir heute mehr Bäume zu Gesicht. Besonders an den Ufern der Flüsse fielen sie mir auf: Silberpappeln, Schwarzpappeln, Erlen und auf den Feldern kahle Pfirsich- und Walnussbäume. Die endlosen Zuckerrübenäcker wurden von kleinen Gehöften mit angegliederten Waldstreifen unterbrochen, doch all diese winzigen Refugien seien im Aussterben begriffen, sagte Milan. »Die großflächige Ausbeutung der Natur, wie wir sie aus dem Rest Europas kennen – das kommt auch auf uns zu«, sagte er traurig. »Für die Wildtiere wird das verheerende Folgen haben. Viele der winzigen Bauernhöfe hier sind Wochenendhäuser, wo die Menschen im Sommer hingehen, um Gemüse anzubauen und Holz zu hacken. Der Verlust dieser Gehöfte hat negative Auswirkungen auf die Tierwelt, darunter auch die Eulen.«

Die Armut und der Entwicklungsrückstand in diesem Gebiet führen im Moment noch dazu, dass viele Menschen auf dem Land alte Fahrräder, Pferde und Karren für den Transport nutzen. In Serbiens Dörfern sieht man scharenweise alte Männer und Frauen mit Einkaufskörben auf ihren Rädern hin und her wuseln. In einem kleinen Ort, wo wir uns bei einer Bäckerei etwas zum Mittagessen gekauft hatten, erwischte uns ein Bauer in Latzhose dabei, wie wir bewunderten, wie viele Kartoffelsäcke er in sein Auto gepackt hatte. Er hatte sie in drei Reihen auf sein Dach gestapelt und den Kofferraum sowie den gesamten Innenraum gefüllt. Das Auto war so schwer, dass es aussah, als könnte es an einer Bodenwelle hängen bleiben, aber die abgearbeiteten Hände und die ledrige Haut des Bauern zeigten, dass er jahrelange Erfahrung mit dieser Technik haben musste. Wir konnten kein Serbisch, er kein Englisch – tatsächlich sprechen viele Menschen hier nicht mal Serbisch, da durch die Nähe zu Ungarn und zu den anderen Balkanstaaten in manchen Dörfern bis zu sechs verschiedene Sprachen gesprochen werden –, aber er wollte sich trotzdem mit uns unterhalten. Als wir mit Gebäck beladen aus der Bäckerei kamen, demonstrierte er uns mit Händen und Füßen, wie hart er den ganzen Tag gearbeitet hatte. Er zeigte auf den Weg: zum Markt, dann die baumgesäumten Straßen hinauf, durch die Stadt, und wieder zurück, hin und her, das alles mit seinem alten, verbeulten osteuropäischen Auto. Wir lachten zusammen, während er mit leuchtenden Augen für uns den Entertainer spielte, und fotografierten sein Wunderauto, das Auto der tausend Kartoffeln. Herzlich schüttelten wir einander die Hände, bevor er davonfuhr, um seine schwankende Fracht an Knollen auf dem Markt zu verkaufen. Wir sprachen vielleicht nicht dieselbe Sprache, aber unser Lachen kannte keine Grenzen.

Politische, soziale und wirtschaftliche Entwicklungen mochten diesen Ort gezeichnet haben, aber die Tierwelt überdauerte bis jetzt unversehrt. Milan erzählte uns, dass jedes Jahr schätzungsweise ein paar Tausend Hektar Grund illegal umgepflügt wurden, jedoch zeigte die Vogelwelt eine beachtliche Widerstandsfähigkeit. Weiterhin passierten Zugvögel diesen Ort, genauso wie Menschen. Die Grenzen wurden geöffnet und dann wieder geschlossen, aber all das interessierte die Vögel nicht. Das geschäftige Treiben der Menschen, das hier herrschte, kam vielen Tier- und Vogelarten zugute – zum Beispiel den Störchen, deren Nester auf den hohen Schornsteinen und

Türmen thronten, den Waldohreulen, die wegen der Nadelbäume in den Städten hierherkamen, und den Kranichen, die auf den vielen Seen und Grasflächen überwinterten.

Es wurde dunkel, und das Land war wieder in Mondlicht getaucht. Da wir nicht viel sehen konnten, mussten wir unsere Ohren benutzen. »Hört zu«, ermahnte uns Milan. »Hört zu.« Er erzählte uns, dass die Waldohreulen bis zu acht verschiedene Rufe hatten: einen tiefen Ruf, der anzeigte, dass sie »satt und glücklich« waren, einen rauchigen Territorialruf, leise Rufe zur Kommunikation zwischen Partnern und laute, bellende Rufe, die bei Alarm eingesetzt wurden. Die Männchen klatschten mit den Flügeln, und auch die Weibchen nutzten diese Technik manchmal beim Nestbau, daneben gab es noch kleine Quietscher zur Ablenkung, Schnabelklackern und ein durchdringendes Zischen. Jetzt, zu dieser Jahreszeit, erklärte Milan, riefen die Eulen allerdings kaum, sodass wir nur sehr wenig hören würden. Außerhalb der Brutzeit gab es für die Vögel nicht besonders viel zu sagen, jedoch machten sie immer noch einen Laut: eine Art leises Gezänk, so als ob sie miteinander diskutieren würden. Normalerweise machten sie dieses Geräusch, so Milan, wenn eine andere Eule zu nahe an ihnen vorbeiflog. Wir standen neben den Fichten, in denen unzählige Eulengestalten hockten, schlossen die Augen und lauschten den leisen Gesprächen zwischen den Vögeln. Aus den Ästen rundherum drang ein leises, pfeifendes Geschnatter. Was wollten uns die Eulen mit ihren sanften Stimmen sagen? Es schien, als sprächen sie vom Aufbrechen von Grenzen, von Toleranz und Akzeptanz.

Als es schließlich zu dunkel war, um noch irgendetwas zu erkennen, und unsere Finger und Zehen taub vor Kälte waren, trotteten wir zurück in das Restaurant vom Vorabend und gönnten uns ein heißes Getränk. Als wir am Tisch saßen, unsere Hände um die Tassen mit dampfendem Schwarztee gelegt, erklärte Milan uns seine Theorie über den Einsatz von Waldohreulen zur Schädlingsbekämpfung, die mit meinem Wissen über die Schleiereule übereinstimmte. »Wenn ein Waldohreulenpaar jedes Jahr zwei Kilo Nagetiere frisst, wird dadurch das Getreide eingespart, das die Mäuse normalerweise fressen würden, womit genug zusätzliches Einkommen entsteht, um zwei weitere Rinder zu kaufen. Diese könnten den Milchertrag der Bauern um achttausend Euro pro Jahr erhöhen. Wenn das kein Grund ist, einen Nistkasten aufzustellen!«

So wie es Milan mit seinem angenehm klingenden slawischen Akzent vortrug, klang es wie ein Kinderspiel. Landwirte sollten Eulen lieben und wertschätzen. Vielleicht taten das auch schon viele. Meine Erfahrungen, die ich zu Hause in England mit den Schleiereulen gemacht hatte, bestätigten, dass viele Bauern ihre Eulen mit einer erstaunlichen Intensität ins Herz geschlossen hatten. Sie beschützten sie und waren manchmal sogar besitzergreifend. Hin und wieder lehnte jemand das Angebot ab, die Tiere beringen zu lassen – nicht weil die Landbesitzer unkooperativ waren, sondern weil sie nicht wollten, dass jemand ihre schönen Eulen störte.

Auf dem Weg zurück zum Minibus erleichterte Milan mein schlechtes Gewissen wegen des Speiballenfotos: »Wenn du die Eulen wirklich erschrecken willst, stell dich an den Fuß des Baumes, schau nach oben, nimm Blickkontakt zu ihnen auf und mach kleine, kratzende Geräusche wie ein Raubtier – eine Katze oder ein Marder. Davor haben sie wirklich Angst.« Er lachte, und ich fühlte mich sofort besser. »Wenn wir die Nistkästen kontrollieren oder die Küken beringen wollen, stellen wir immer eine Leiter an den Baum, aber die Eulen schöpfen keinen Verdacht, weil sie kein Kratzen hören.«

In diesem Gebiet Serbiens, das Vojvodina heißt, waren es besonders die weiten Grasflächen, die den Eulen als Lebensraum dienten. Die örtlichen Jagdgesellschaften (es gibt eine in jedem Dorf) hatten einige dieser Flächen aufgekauft, um sie vor der Bedrohung durch eine immer intensivere landwirtschaftliche Nutzung zu schützen. Interessant, dachte ich, dass genau die Jäger, die ich im Flugzeug auf dem Weg hierher still verurteilt hatte, ihren Teil dafür taten, die Natur in diesem Land zu erhalten. Vielleicht trug dieser Aspekt der Wirtschaft, obwohl er so zerstörerisch wirkte, tatsächlich zum Schutz der Wildtiere bei. Das Thema Naturschutz ist nicht immer so schwarz-weiß, wie es auf den ersten Blick scheint.

Am nächsten Tag konnten wir das mit eigenen Augen beobachten: In Slano Kopovo, einem Jagd- und Naturschutzgebiet, das reich an Seen und Schilfgebieten war, hallten die Rufe von Tausenden Kranichen durch die Luft. Ihre Stimmen erfüllten den wässrig glitzernden Himmel, wie ich es noch nie zuvor gehört hatte. In manchen Momenten war der Himmel schwarz vor lauter Vögeln; die Kraniche füllten den gesamten Horizont aus, als sie sich in der Dämmerung auf dem flachen See zum Schlafen versammelten.

Wir hielten vor einer Hütte an, die für den Empfang von Besuchern umgebaut worden war, und ich sammelte ein paar Walnüsse vom Boden auf, um sie zu Mittag zu essen. »Die Pannonische Tiefebene hat eine erstaunliche Geschichte«, erklärte Milan. »In den vergangenen Jahrhunderten war sie ein riesiges Meer, dann ein Schilfgebiet, dann verwandelte sie sich in das Grasland, das heute noch großflächig vorhanden ist. Es ist ein Lebensraum für Kraniche, Kiebitze und Kornweihen.« Ich fragte mich, wie lange all diese Wildvögel noch hierherkommen könnten, wenn Serbien von der EU erst die Subventionen zur Entwicklung von Monokulturen erhielt. Dieser Ort hier musste geschützt werden! Die Kraniche waren auf ihrem Weg von Skandinavien hierhergekommen und hatten in diesem Flickenteppich aus karger Landschaft und altmodischem Agrargebiet einen lebenswichtigen Rastplatz gefunden, bevor sie ihre Reise über Bosnien, Kroatien und die Türkei bis hin nach Israel fortsetzen würden.

Wir blickten über die in ein sanftes, nebliges Licht gehüllte Ebene, die sich kilometerweit vor uns ausstreckte, und versuchten, sie uns so vorzustellen, wie sie einmal ausgesehen hatte, nur Wasser, Schilf und Vögel, ohne Schornsteine und Gehöfte. »Die Beringungsdaten verraten uns«, sagte Milan, »dass die schwedischen Kraniche bis nach Spanien fliegen, während es die finnischen Kraniche eher in den Balkan zieht.« Sie fluteten den Himmel mit ihren ausladenden V-Formationen und brachten eine Trompetenmusik mit, die sich seit Tausenden, wenn nicht seit Millionen von Jahren nicht verändert hatte.

Ich fragte mich, was die Zukunft wohl für Orte wie diesen bereithalten würde. Sie wirkten auf mich wie eine Erinnerung an das wilde Europa alter Zeiten mit ihren abgelagerten Schichten aus Moos, Torf und Wasser und den sich endlos erstreckenden schilfbewachsenen Sumpfgebieten. Für den Moment schienen sie mir ein Zeichen der Hoffnung zu sein.

Asio flammeus

DIE SUMPFOHREULE

Die Dämmerung war hereingebrochen. Milan hatte uns zu einer Burg gefahren, von der er wusste, dass Sumpfohreulen sie als Rastplatz auf ihrem Weg gen Süden benutzten. Die untergehende Sonne warf ihr scharlachrotes Licht auf die bröckelnden Mauern; es war die Farbe von Torfmoos und Gagelstrauch, die uns aus der weiten, nassen Tundra hierher zu verfolgen schien. Milan machte den Ruf einer Maus in Not nach. Erst passierte nichts, dann schwebte aus den hohen Ästen einer Kiefer ein goldgelber Schatten herab. Es folgte ein weiterer, aus demselben Baum. Wir hatten gute Sicht auf die langen, blassen Flügel der Eule, die weniger einheitlich und ein bisschen heller waren als die der Waldohreule. Sumpfohreulen haben schwarze Unterhanddecken – das sind die sichelförmigen Stellen an der Unterseite der Flügel, die sich um das »Handgelenk« herum befinden –, die sich deutlich vom Rest ihres hellen Gefieders abheben. Milan wies uns darauf hin, dass die Flügel dieser Eulenart geringfügig länger waren als die der Waldohreule, jedoch war ihr Flug ähnlich: schnelle Flügelschläge, die in einen Gleitflug übergingen. Die Tiere huschten und wirbelten unruhig umher, als sie uns erblickten, in ihren blassen Gesichtern spiegelte sich Verwirrung.

»Sie haben Angst«, sagte Milan, während er die Eulen genau beobachtete. »Schaut euch an, wie desorientiert sie sind. Sie sind den ganzen Weg aus der Tundra hierhergeflogen, vielleicht tausend Meilen, und möglicherweise haben sie noch nie zuvor Menschen und eine Stadt gesehen.« Viele Sumpfohreulen ziehen im Winter in den Süden, und diese beiden hier waren vielleicht von so weit weg wie Skandinavien oder Russland gekommen. In der kalten Jahreszeit sucht die Sumpfohreule Schutz und Nahrung in diesem Gebiet, und obwohl sie nicht so gesellig ist wie die Waldohreule, kann man sie in diesen Monaten trotzdem öfter in kleinen Gruppen sehen, die über das Grasland fliegen oder sich in einem Baum zum Schlafen versammeln. Die zwei Eulen vor uns waren ebenfalls Teil einer Gruppe, denn weiter oben im Baum entdeckten wir noch zwei weitere Tiere. Sumpfohreulen sind eine der wenigen Arten, die man in Europa auch bei Tageslicht zu Gesicht bekommt, und wir hatten hier das besondere Vergnügen, gleich mehrere der Vögel in einem Baum zu sehen. Sie wirkten ängstlich, unsicher. »Das Wichtigste ist«, ermahnte Milan uns, »dass wir Abstand halten und keinen Blickkontakt mit den Eulen aufnehmen. Sie denken sonst, dass wir einen Angriff planen.«

Während wir die Eulen bewunderten, schlich sich Margaret davon, um mit ihrem großen Objektiv ein Foto zu machen. Sie war wahnsinnig leise und die Einzige von uns, die auf dieser Reise noch keine Eule erschreckt hatte. Ich beobachtete sie dabei, wie sie in aller Ruhe ihre Kamera einstellte. Sie war eine erfahrene Fotografin und in ihrer Tarnkleidung aus geschmeidigem Fleece so unauffällig und lautlos wie die Eulen selbst. Es war schwer, in dieser Umgebung ein gutes Foto von diesen scheuen Vögeln zu machen, denn das wenige Licht, das es hier gab, fiel hinter ihnen durch die Kiefern. Margaret schickte mir später einige ihrer Aufnahmen – eine großzügige Geste, zumal ich nach dem Kameradebakel in Kikinda den Mut verloren und keine eigenen Fotos mehr gemacht hatte.

Kurz bevor das letzte Licht der Dämmerung verschwand, fixierte ich mit meinem Fernglas eine Sumpfohreule, die hoch oben auf einem Ast in einer Silberfichte hockte. Ihre schwarze Augenmaske sah ein wenig aus wie ein seltsames Grufti-Make-up und bildete einen verblüffenden Kontrast zu dem ansonsten blassen, rundlichen Gesicht und den leuchtend gelben Augen. Die Eule war eindeutig verwirrt über unsere Anwesenheit. Wie wirkten wir Menschen auf diese Gruppe Eulen, die direkt aus der Tundra kam? Wir, diese seltsamen flügellosen Wesen, die wie Bienen inmitten dieser alten, widerhallenden Mauern herumschlichen? In diesem Moment wurde mir meine unbeholfene Menschlichkeit schmerzhaft bewusst, und ich trat einen Schritt zurück – ich wollte nicht mehr so neugierig sein, ich wollte die Eulen nicht mehr verfolgen.

»Es kommt selten vor, dass man eine Sumpfohreule so wie hier am Rande eines Dorfes entdeckt«, sagte Milan leise. Ich folgte seinem Blick mit meinem Fernglas. »Sieh dir an, wie sie fliegt – man erkennt diese Eulenart daran, dass sie immer im Kreis herumflattert. Sie will nicht weg, sie will zurück auf den Ast, den sie bereits kennt. Sumpfohreulen sind sparsam mit ihrer Energie. Haben sie einmal einen Platz gefunden, der ihnen gefällt, bleiben sie dabei und kehren immer wieder dorthin zurück.«

Ich dachte darüber nach, wie erschöpft diese Sumpfohreulen sein mussten. Vielleicht war es für einige von ihnen der erste Winter, den sie an einem fremden Ort verbrachten. Möglicherweise waren sie den ganzen Weg aus der Arktis bis hierher geflogen, um nicht zu verhungern und in dem milderen Klima Serbiens Schutz zu finden. Was würden sie tun, wenn es auch hier im Januar richtig kalt werden würde?

Milan erklärte uns mittlerweile mehr über das Verhalten der Vögel: »Schaut euch an, wie sie herumfliegen, wenn sie sich erschrecken«, sagte er und lenkte unseren Blick sanft nach oben. Die Sumpfohreule über uns schwebte auf ihren langen, schwarz gesäumten Flügeln im Kreis, so als befände sie sich in einem Zwiespalt, ob sie zu ihrem Ast zurückfliegen sollte oder nicht. Sie war offensichtlich nervös. Wahrscheinlich würde jeder Neuankömmling sich so verhalten – unsicher, unbeholfen, der Landessprache nicht fähig, überwältigt von der neuen Umgebung, fixiert auf jede Kleinigkeit, die sich vertraut anfühlte. Für Zugvögel war die Welt auf das Wesentliche reduziert: Boden, Himmel, Baum; Wasser, Nahrung, Unterkunft.

Trotz ihres Namens sind es nicht die Ohren der Sumpfohreule, die sich als ihr auffälligstes Merkmal erweisen, sondern ihre Augen.

Linnaeus entgingen der feurige Blick und die schwarze Augenmaske des Raubvogels nicht, und er benannte ihn entsprechend: *Asio flammeus,* die Eule mit den Flammenaugen. Viele Eulen haben gelbe Augen; es ist in der Regel ein Zeichen dafür, dass sie bei Tageslicht jagen. Eulen mit bernstein- und orangefarbenen Augen bevorzugen das schwache Licht der Abend- und Morgendämmerung, während Eulen mit dunklen braunen Augen fast ausschließlich in der Nacht jagen. Es sind aber nicht nur die Augen der Sumpfohreule, die feurig glänzen – auch die Art und Weise, wie ihr Gefieder das Licht reflektiert und auf den Betrachter zurückwirft, lässt sie »flammend« erscheinen.

Die sogenannten Ohren dieser Eule sind, genau wie bei den anderen Arten, keine echten Ohren, sondern hübsche Federbüschel, die hauptsächlich zur Kommunikation genutzt werden. Besonders verwirrend ist, dass diese kleinen Büschel normalerweise nicht sichtbar sind, sodass die Eule aus weiter Entfernung, bei schlechten Lichtverhältnissen oder in der Luft leicht mit einer Waldohreule (deren Ohrbüschel im Flug auf dieselbe Weise verschwinden) oder sogar mit einer Schleiereule verwechselt werden kann. Die wahren Ohren der Eule befinden sich versteckt in den Federn hinter dem Gesichtsschleier, wo sie wie bei allen anderen Eulen, denen wir auf dieser Reise bereits begegnet sind, asymmetrisch angeordnet sind. Wenn die Sumpfohreule auf einem Ast sitzt und aufmerksam ihrer Umgebung lauscht, stellt sie ihre Ohrbüschel regelmäßig auf, sodass sie aussehen wie kleine Teufelshörner. Schreckt die Eule auf, können die Büschel leicht nach vorn gerichtet sein, und fühlt sie sich bedroht, sind sie zu verschiedenen Graden aufgestellt.

Milan hatte die Vögel über Jahre hinweg genau beobachtet; er wusste, wie sie sich verhielten, wie sie flogen und sogar, wie ihre Flugbewegungen sich von denen der Waldohreule unterschieden. Uns erzählte er jetzt, dass die Sumpfohreule im Jagdflug mehr

Schlenker machte als die Waldohreule, und obwohl Erstere schwerer gebaut war, waren ihre Flügelschläge flacher und die Flügel spitzer, im Gleitflug legte der Raubvogel sie außerdem manchmal in Form eines V an den Körper an.

Im Flug sehen die Flügel der Sumpfohreule schlanker aus als die der Waldohreule, die Innenfahne ihrer Federn ist weiß, und die Flügel weisen ein gut sichtbares gestreiftes Muster auf, das in die charakteristischen schwarzen Federspitzen übergeht. Die obere Brust und der Hals des Vogels sind dunkel gezeichnet, sein Bauch hingegen ist blass, ganz im Gegensatz zu dem der Waldohreule, deren Markierungen sich bis über ihre Vorderseite ziehen.

Als das Licht komplett verschwunden war, stapften wir zurück zu unserem Eulenmobil – hungrig und müde, aber voll von den Eindrücken eines weiteren Tages im Eulenparadies. Die in der Dämmerung leuchtenden Flügel der Sumpfohreule hatten sich wie ein Negativbild auf unsere Netzhaut gebrannt; am nächsten Tag würde ich die Erinnerung an ihren flammenden Flügelschlag mit nach Hause nehmen.

Kaum war ich zurück in der Heimat, nahmen die Winterwinde an Stärke zu. Sie brausten von Westen und Norden heran und rüttelten an Bäumen und Dächern – Sturmtief Gertrude trieb ihr Unwesen. Erst Anfang Dezember waren wir Sturm Desmond zum Opfer gefallen, einem der zerstörerischsten Unwetter, die je den Nordwesten Englands heimgesucht hatten. Anschließend hatte Sturm Eva über Weihnachten noch mehr Verwüstungen angerichtet; darauf folgte Sturm Frank, der zu Neujahr eine neue Welle Elend über Englands Südwesten hinweg schickte. Die meisten Silvesterpartys fielen wortwörtlich ins Wasser, Straßen wurden überflutet, Reisepläne lösten sich in Nichts auf. Nun, da die tief hängenden Wolken am Himmel und die Wettervorhersage weitere unheilvolle Nachrichten ankündigten, kauerten wir uns zusammen und rechneten mit dem Schlimmsten. Sturm Gertrude hielt Einzug.

Regenwasser flutete durch unsere undichten Schlafzimmerfenster und hielt uns bis in die frühen Morgenstunden wach. Rick rannte mit einem Eimer hin und her, um wenigstens einen Teil der Nässe aufzufangen, aber unser Teppichboden war am nächsten Tag trotzdem ruiniert. Wir wischten alles auf, so gut wir konnten, und ich spielte mit dem Gedanken, nach draußen zu gehen. Ausflüge in die windumtosten Hochmoore waren für mich in diesem Winter zu einer Regelmäßigkeit geworden; ich wollte mit eigenen Augen sehen, was die frischen Winde ins Land geweht hatten. Im Flugzeug auf dem Weg zurück aus Serbien hatte ich mir das Bild der Sumpfohreule zurück ins Gedächtnis gerufen: ihr anmutiger Flug, die langen Flügel, die strenge Form ihres Gesichts. Nun wollte ich die majestätische Kreatur auch bei uns zu Hause im heimischen Moor aufspüren – ich wusste genau, dass sie dort irgendwo sein würde. Diese Eule jagt überwiegend tagsüber, sodass man sie in den Mooren, den küstennahen Sümpfen, auf den Dünen und an anderen schilfbedeckten Stellen, wo sie sich zu Hause fühlt, mit etwas Glück hin und wieder zu Gesicht bekommt. Die Eulen haben im Sitzen einen leichten Buckel, aber wenn sie zum Flug ansetzen, kann man nicht anders, als ihre schiere Anmut und Beweglichkeit zu bewundern. Sie stürzen sich in die Tiefe, machen einen Schlenker und gehen in den Gleitflug über, wobei ihr helles Gefieder, die weißen Unterschwingen und die glühenden Augen vom Boden aus deutlich zu sehen sind.

Im Südwesten Englands befindet sich die Eule normalerweise auf der Durchreise; sie muss weite Strecken zurücklegen, um ihre Lieblingsbeute, die Wühlmaus, zu finden. Beringte Vögel aus Großbritannien wurden schon in so weit entfernten Gebieten wie Russland, dem Mittelmeerraum und Nordafrika gefunden. Sobald eine

Sumpfohreule in Großbritannien angekommen ist und sich ordentlich vollgefressen hat, ändert sie ihren Kurs und gleitet gen Westen und Norden, über Moor, Berge und Meer, um ihre Frühjahrs- und Sommerbrutplätze zu erreichen, die oft auf weit entfernten Inseln im Westen wie Skomer Island, Skokholm und den Äußeren Hebriden liegen. Ich hatte gelesen, dass eine kleine Zahl der Eulen jedes Jahr nach Devon zog. Dies sollte meine bisher größte Herausforderung werden, was die Sichtung einer Eule betraf. Ich wusste, dass die Sumpfohreule hierzulande eine Seltenheit war, jedoch kam diese Seltenheit regelmäßig vor. Eventuell könnten sich ein, zwei oder sechs Exemplare hierher verirrt haben, oder vielleicht waren es sogar 16. Ich hoffte, meine Suche würde Früchte tragen.

Ich war überzeugt, dass ich nur hart genug suchen, lange genug warten und meinen Radius genug ausweiten müsste, bis der Winter eine Sumpfohreule in die Nähe meines Wohnorts bringen würde. Während ich auf Twitter aufmerksam die Tweets meiner Vogelfreunde verfolgte, machte ich regelmäßige Ausflüge in die Moore. Der Frühling stand vor der Tür; alle Sumpfohreulen, die sich gerade noch hier aufhielten, würden sich bald auf den Weg nach Norden in ihre Brutgebiete machen. Ich konsultierte meine Freunde vom British Trust for Ornithology, die mit der Hilfe von Freiwilligen in Schottland Erhebungen zu dieser Eulenart anstellten. Dabei erfuhr ich, dass es extrem schwierig war, die Sumpfohreule zu zählen, und der BTO einen Großteil seiner Untersuchungsergebnisse der Arbeit von begeisterten und engagierten Eulenliebhabern zu verdanken hatte. Gestaltete sich diese Arbeit so schwierig, weil die Sumpfohreule am Boden brütete, wo die Nester nicht immer gefunden und die Küken nicht so leicht gezählt werden konnten, da sie nicht an einen künstlichen Nistkasten gebunden waren? Das Wanderungsverhalten der Zugvögel, ihr extrem gut getarntes Gefieder und die Gewohnheit, in der Dämmerung zu jagen, trugen außerdem ihren Teil dazu bei, dass die Sumpfohreule den Statistiken nur allzu leicht entglitt. Darüber hinaus wurde in vielen Berichten eingeräumt, dass Individuen, die nicht erfolgreich nisteten, leicht unentdeckt bleiben konnten, was zu weiteren Ungenauigkeiten bei ihrer Zählung führte. In Großbritannien lag die zahlenmäßige Schätzung der Sumpfohreulen infolgedessen irgendwo zwischen 780 und 2.700 Brutpaaren – eine irritierend breite Spanne! Vorsichtigere Schätzungen gehen davon aus, dass die tatsächliche Anzahl der Eulen eher am unteren Ende dieser Kalkulation anzusiedeln ist. Fakt ist jedoch: Wir können uns nicht sicher sein, und es sind weitere Untersuchungen nötig.

Eine Möglichkeit, Eulen zu orten, sind ihre Rufe, jedoch sind die der Sumpfohreule recht leise. Da der Raubvogel tagaktiv ist und sich darauf verlassen kann, andere Eulen seiner Art mit seinen scharfen Augen auszumachen, kann er es sich im Gegensatz zu den Waldkäuzen mit ihren lauten und teilweise komplexen Rufen leisten, über ein eher einfaches Repertoire an leisen Lauten zu verfügen. Der Revierruf des Männchens ist ein tiefes »Buu-buu-buu-buu«, worauf das Weibchen mit einem tiefen, rauen »Rii-auu« oder »Kii-auu« antwortet. Daneben gibt es noch ein leises, gegrunztes »Wuuh«, auf das normalerweise ein Zischlaut, so ähnlich wie ein undichter Wasserhahn, folgt. Im Frühjahr beginnen die männlichen Sumpfohreulen mit ihren theatralischen Balztänzen, bei denen sie im Flug gelegentlich mit den Flügeln klatschen, jedoch wusste ich, dass ich diese Darbietung so weit im Süden nicht zu Gesicht bekommen würde, da die Eulen in dieser Gegend nicht brüteten.

Anfang März, als ein Großteil des Landes sich immer noch mit verheerenden Stürmen herumschlug, anstatt den Frühlingsanfang zu genießen, hatte ich meine Suche nach der Sumpfohreule schon fast aufgegeben. Im Süden Devons kündigte sich der Winter noch einmal an, was eine schlechte Nachricht für Brutvögel jeglicher

Art war. Schnee und Eis waren vorhergesagt. Ich blieb trotz allem hoffnungsvoll, dass dies gute Neuigkeiten für mich sein könnten: Kaltes Wetter, das aus Skandinavien hierherkam, kündigte oft auch die Ankunft von Sumpfohreulen an, da sie gen Süden flogen, um dem Schlimmsten zu entgehen und sich in einem milderen Klima zu erholen.

Weiter nördlich wurde eine Sumpfohreule, die in Richtung Süden unterwegs war, verletzt aufgefunden. Sie war in der Nähe von Lincoln von einem Auto angefahren und in ein Rettungszentrum gebracht worden, wo sie gesund gepflegt und wieder ausgewildert wurde. Die Empörung über ihre Gefangenschaft war ihr deutlich vom Gesicht abzulesen, als die Eule in einem Fernsehbericht über meinen Bildschirm flimmerte, und ich spielte mit dem Gedanken, in den Zug zu steigen und nach Norden zu fahren, um sie aus der Nähe betrachten zu können. Dann hörte ich, dass in den Mooren der Grafschaft Durham zwei Eulen von einem Spaziergänger tot aufgefunden worden waren. Die beiden Kadaver waren in einem Erdloch in der Nähe des Selset Reservoirs unweit von Middleton-in-Teesdale versteckt worden. Eine schnelle Recherche ergab, dass der Stausee in einem Naturschutzgebiet lag und damit das perfekte Revier für Sumpfohreulen darstellte: Mit vielen offenen Heide- und Torfmooren, Heuwiesen, Tälern, Wäldern und Flüssen war das Gebiet extrem reich an ihren Lieblingsbeutetieren: Wühlmäusen.

Aber warum würde jemand mitten in der Wildnis zwei Eulen töten und verstecken wollen? Waren sie zum Schutz von Wildvögeln geschossen worden? Eine Obduktion bestätigte, dass die Tiere tatsächlich durch Gewehrschüsse zu Tode gekommen waren. Zu der Vogelwelt in diesem Gebiet zählten neben den Eulen auch viele Moorschnee- sowie Birkhühner. War es möglich, dass die Sumpfohreulen von Wildhütern aus der Ferne mit dem größten Feind dieser Vögel, der Kornweihe, verwechselt worden waren? Wurden sie absichtlich abgeschossen, um sicherzustellen, dass sie sich nicht an den Moorhühnern vergehen würden? Unglücklicherweise ähnelt das Gefieder der Sumpfohreule dem der weiblichen Kornweihe – genau wie die Eule hat auch sie ein rundes Gesicht und eine ähnliche Zeichnung am Schwanz. Beide Vogelarten sind außerdem ungefähr gleich groß. Obwohl sowohl die Sumpfohreule als auch die Kornweihe unter Schutz standen und die Tötung eines dieser Vögel eine sechsmonatige Freiheitsstrafe nach sich ziehen konnte, wurden sie von Jägern manchmal dennoch geschossen. Die Polizei bat die Öffentlichkeit damals um ihre Mithilfe, um das Verbrechen an den Eulen aufzuklären, doch die Geschichte geriet schon bald in Vergessenheit, ohne dass je ein Täter überführt wurde.

An einem kalten Nachmittag wanderte ich schließlich hoch zum Rippon Tor, einem markanten Felsvorsprung im südlichen Dartmoor. Von dieser windigen Stelle aus hat man einen weiten Blick über die Moorlandschaft, die sich über weite Teile Devons bis zur trichterförmigen Mündung des glitzernden Teign-Flusses erstreckt. Ich saß im Windschatten des Granitfelsens in der Nähe der Hügelkuppe, lauschte dem Rauschen des Grases im Wind und blickte über die Felder, die zum Meer hin abfielen. Der Himmel war erfüllt von einer unheimlich niedrig hängenden grauen Wolkenschicht, durch die an einigen Stellen zitronengelbes Licht sickerte, das die Landschaft mit einer wässrigen Blässe überzog. In der Luft lag der Duft von Schnee, und ich saß eine lange Zeit einfach nur da und ließ mir die eisige Brise um die Nase wehen.

Dann plötzlich erregte ein Flackern meine Aufmerksamkeit. Endlich, nach all der Zeit des Wartens, erhob sich aus der golden glänzenden Wiese ein Paar langer Flügel, in denen die Gesamtheit aller Braun- und Ockertöne des Moores schimmerte, dazu die dunkle Farbe von Brombeeren und Winterfarnen und die

Sepiatönung der Gräser. Als der helle Schatten an mir vorbeiglitt und ich meinen Kopf drehte, um ihm mit meinen Augen zu folgen, sah ich, dass seine Flügel in einem V angeordnet waren. Das blasse Gesicht war nach unten gerichtet, auf die flachsblonden Gräser und das Gewirr aus Flechten und verwelktem Gestrüpp. Der leuchtende Umriss ließ sich senkrecht fallen und verschwand. Als er zu meiner Freude wenige Sekunden später wieder auftauchte, war ich mir hundertprozentig sicher, auch ohne Fernglas: Das hier war *Asio flammeus,* die Eule mit den Flammenaugen. Sie war nicht mehr als zwanzig Meter von mir entfernt, und als ein erneuter Luftzug aufkam, ließ sie sich von der unsichtbaren Brise, ohne ihre Flügel zu bewegen, weiter in meine Richtung wehen. Unbeeindruckt von meiner Anwesenheit schwebte sie durch die Luft und drehte kurz vor mir um, wobei ihre blassen Unterschwingen mit den schwarzen Flügelspitzen deutlich die dunkle Form einer Mondsichel preisgaben: die Unterhanddecken – so nah, dass ich sie fast berühren konnte!

Mein Magen verkrampfte sich. Die Eule schwang sich noch ein wenig höher in die Lüfte, driftete leicht bergab und ging immer mehr in den Sinkflug, während sie den Boden nach Beute absuchte. Die langen Beine waren vom Körper gestreckt und bereit zum Angriff. Ein schräg aus den Wolken fallender Lichtstrahl beleuchtete die weichen cremefarbenen Oberflügeldecken des Raubvogels, die gespickte Goldfärbung der Handschwingen und die weißen Spitzen seiner Schwungfedern, während er immer wieder im Kreis flog, hin und her, immer noch auf der Suche. Plötzlich drehte die Eule sich um und flog wieder den Abhang hinauf, direkt auf mich zu.

Was dann geschah, war so verblüffend, dass ich daran zweifelte, ob es real war. In meiner Sitzposition im Schneidersitz inmitten von Gras und Steinen musste ich wie ein Teil der Landschaft ausgesehen haben, denn die Eule kam immer näher und fixierte mich dabei mit ihren eindringlichen gelben Augen. Irgendwann war sie so nah, dass ich deutlich die schwarze Zeichnung um ihre Augen erkennen konnte – und sie machte keine Anstalten umzudrehen. Als Nächstes streckte sie ihre Beine aus, als wollte sie auf mir landen. Ich sah den beigen Flaum auf ihren Füßen, so weich, dass es mir nichts ausgemacht hätte, ihn zu berühren, wären da nur nicht die tödlich scharfen Krallen gewesen, die der Vogel nun spreizte und direkt auf meinen Kopf ausrichtete. In diesem Moment zuckte ich zusammen und stieß vor lauter Panik einen Schrei aus. Er war eine Warnung an die Eule, ein Reflex, mit dem Ziel, den Vogel von seinem Kurs abzubringen. Zu meinem Erstaunen kreischte die Eule zurück, genau in dem Moment, in dem ich mich duckte, um nicht von ihren ausgestreckten Krallen skalpiert zu werden. Nachdem sie ihren Irrtum bemerkt und realisiert hatte, dass ich in meiner braunen Tarnkleidung kein Teil der Landschaft war, wich sie in Sekundenschnelle aus, immer noch krächzend, ihr Ruf ein sicheres Zeichen ihres Ärgers.

Mit einem schnellen und nicht gerade würdevollen Schlenker änderte die Sumpfohreule die Richtung, schwebte tief über den Boden hinweg und verschmolz schließlich auf unheimliche Weise mit den leuchtenden Farben des Hügels. Sie flog davon, und ich sah sie nie wieder. Ich weiß nicht, wer von uns beiden überraschter war. Mit trockenem Mund und klopfendem Herzen blieb ich zurück, von der Kopfhaut bis zu den Zehennägeln befand sich mein gesamter Körper in Alarmbereitschaft; die Eule hatte mich ihrem Zauber unterworfen und in Schockstarre versetzt.

Meine – zugegeben nicht gerade umfangreiche – Erfahrung hat mich gelehrt, dass die wichtigsten Eigenschaften bei der Beobachtung von Vögeln Geduld und Ausdauer sind. Mein Freund Paul Riddle, der einen Blog über Eulen schreibt, erzählte mir, dass er erst kürzlich eine Reise nach North Uist unternommen hatte, wo er einen

Großteil seiner Zeit mit Warten verbracht hatte (und damit meinte er wohl eher Tage als Stunden, also weit mehr, als die meisten von uns bereit waren zu investieren). Neben Geduld ist auch die eigene Positionierung entscheidend: Wenn ich eines von erfolgreichen Naturbeobachtern gelernt habe, dann ist es, sich dem Tier direkt in den Weg zu stellen. Das heißt, dass man sich nicht einfach irgendwo niederlässt, sondern einen gut recherchierten Platz auswählt, den der Vogel höchstwahrscheinlich irgendwann aufsuchen wird. Dabei kommen seine Bedürfnisse ins Spiel: Die Kunst besteht darin, wie eine Eule zu denken und zu wissen, was sie braucht. Merke: Wenn eine Eule nicht gerade frisst, dann ruht sie sich aus. Und wo tut sie diese Dinge?

Paul erzählte mir, wie er sich an diesen Orten auf die Pirsch legte; er wählte hauptsächlich Beobachtungspunkte, wo er sein Auto an der Straße parken, sein langes Objektiv vor einem weiten Streifen nebliger Moorlandschaft aufstellen und sich selbst in Sichtweite einiger Zaunpfähle und Nadelbäume positionieren konnte. Der Wind blies ihm um die Ohren und jagte Nebelschwaden über den Horizont, Sprühregen setzte ein und hörte wieder auf, die Uhr im Auto lief weiter; und während all dieser Zeit wartete Paul und hielt Ausschau nach den Eulen, die hier vielleicht auf ihrem Jagdzug vorbei- oder auch nicht vorbeifliegen würden. Wenn man bedenkt, dass Eulen nur einen Bruchteil des Tages mit Jagen und Fressen beschäftigt sind, wird einem klar, wie lange Paul in der Tat gewartet haben musste.

In North Uist befinden sich viele Futterplätze der Sumpfohreulen, aber man muss sich auf das Wetter und auch auf die kargen Moorlandschaften einstellen. Die Insel liegt zwischen Harris und Benbecula, nur eine kurze Fahrt in Richtung Süden von der bekannteren Isle of Lewis entfernt. Wie die anderen Hebrideninseln ist auch North Uist ein Labyrinth aus tief liegenden, empfindlichen Feuchtgebieten, eine »ertrunkene Landschaft«, bestehend aus Torfmooren und Seen sowie ein paar sporadischen Dünen, geformt aus blendend weißem Sand. An ihren Rändern wird die Insel von langen, flachen Stränden gesäumt. Als ich Pauls Beschreibung lauschte, packte mich sofort die Lust, diesem Flecken Erde selbst einen Besuch abzustatten.

Während der gesamten drei Tage, die Paul mit seinem Freund Adey auf North Uist verbracht hatte, waren starke Winde und Schauer aus Richtung des Atlantiks über die Insel hinweggeweht. Als am letzten Tag endlich der Himmel aufklarte, hatten die beiden schon fast die Hoffnung aufgegeben. Bevor um drei Uhr ihre Fähre kommen würde, fuhren sie eine nicht eingezäunte Straße hinab und parkten ihr Auto an einer vielversprechenden Stelle. Obwohl es in North Uist meilenweit kristallklares Meer und weiße Strände voller Muscheln gibt, zog es die beiden Vogelbegeisterten ins Innere der Insel, wo die Landschaft flach, sumpfig und karg war. Aber für Eulenliebhaber und Naturforscher, die den verborgenen Reichtum und die subtile Schönheit dieses Ortes zu schätzen wussten, hatte diese Gegend mehr als genug zu bieten: »Überall herrschte Aktivität!«, erzählte Paul begeistert. »Es ist wirklich erstaunlich, was für einen Unterschied ein leichter Wetterumschwung macht.« Es ist nicht einfach, ein Fünfhundert-Millimeter-Objektiv aus einem Autofenster zu halten, um Fotos von Vögeln im Flug zu machen, aber Paul gelang es, einige Nahaufnahmen zu ergattern, da die Sumpfohreule, die ihm vor die Linse flog, nach drei Tagen Regen so auf die Jagd konzentriert war, dass sie sowohl das Auto als auch das Objektiv komplett ignorierte. Als die Eule gefressen hatte, kehrte sie in die Nähe von Pauls Auto zurück und setzte sich dort auf einen Zaunpfahl. Die Bilder, die mein Freund von ihr schoss, waren atemberaubend. Auf einem von ihnen sitzt die Eule auf ihrem Pfosten und schaut direkt in die Kameralinse; ihre winzigen Ohrbüschel sind nach oben gereckt, die schwarze Maske um ihre Augen betont die Wildheit, die in ihrem feurigen Blick liegt.

An diesem Tag bekam Paul auf North Uist nicht nur eine, sondern gleich sieben Sumpfohreulen zu Gesicht, was beweist, wie reichhaltig Inseln dieser Art sein können und wie wichtig es ist, sie für die Tierwelt als Lebensraum zu erhalten.

Der Juni brach an, Jennys Prüfungen waren vorbei, und gemeinsam entschieden wir, dass es Zeit für eine Reise war. Ich versuchte, ihr North Uist schmackhaft zu machen, aber meine Teenagertochter hatte andere Pläne: Sie wollte ein wenig weiter südlich bleiben und eine Woche lang die Isle of Mull erkunden. Übernachten würden wir auf Iona – einer Insel, von der wir beschlossen hatten, dass jeder Mensch sie mindestens einmal in seinem Leben bereisen musste. Wir packten unsere Taschen so leicht wie möglich, einschließlich Regenklamotten und Badekleidung, und stiegen in der schwülen Stadtluft der Euston Station in den Nachtzug gen Norden.

Als wir sicher in den Betten in unserem Abteil lagen, schlug ich mein Buch über schottische Mythen und Legenden auf. Ein Teil davon drehte sich um Eulen. Das Wort *cailleach* bedeutet auf Gälisch »alte Frau« oder »Hexe«, aber *cailleach oidhche* steht für »Eule«. In der keltischen Kultur wurden die Greifvögel oft mit alten Weibern in Verbindung gebracht – wörtlich bedeutet *cailleach* »die Verhüllte«. Dabei handelte es sich um eine magische alte Frau, die sich die elementaren Kräfte der Natur zu eigen machen und auf diese Weise Stürme beschwören kann. Die mystische Eulenfrau verkörperte sowohl Weisheit als auch das Böse: eine starke Kombination. Shakespeare griff diese Volksmythologie in seinem schottischen Stück *Macbeth* auf. Darin wird der »Eulenflügel« in das Gebräu gemischt, das die Hexen in der stürmischen Nacht zu Beginn des Werkes zubereiten, um damit Unheil und Zerstörung über die Menschen zu bringen.

Trotz der schaurigen Lektüre schliefen Jenny und ich tief und fest, sanft schaukelnd im Rhythmus des Zuges. Um sechs Uhr morgens wachten wir im verregneten Glasgower Morgengrauen auf. Je weiter wir nach Nordwesten vordrangen, desto nebliger wurde es; auf dem Weg nach Oban schafften die Berge es kein einziges Mal, sich aus dem düsteren Nebelschwaden herauszukämpfen. Jenny und ich drückten unsere Nasen ans Zugfenster, um vielleicht trotzdem einen Berggipfel zu erhaschen, aber schon bald nahmen die verlockenden Inseln all unsere Aufmerksamkeit gefangen. Auf der kurzen, aber spektakulären Überfahrt mit der Fähre erinnerte sich der Sommer an seine guten Qualitäten, und endlich brach die Wärme durch. Spätestens jetzt entglitt uns jeder Gedanke an die schaurige Eulenhexe. Als wir auf der Isle of Mull ankamen und uns in den Bus nach Fionnphort setzten, brannte die Sonne auf uns herab. Nach weiteren anderthalb Stunden Fahrt durch die feuchten Berge mit ihren vielen verschiedenen Braun- und Grüntönen – von Heide- über Farnkraut bis hin zu üppigen Kiefern – blitzte endlich unser Ziel vor uns auf: die winzige Insel Iona.

Am nächsten Morgen erwachten wir im St Columba Hotel von einem seltsamen Geräusch, das einfach nicht aufhören wollte. Weit entfernt vom Rhythmus winziger Wellen, die an den weißen Sandstrand plätscherten, und vom Gesang von Drosseln in den Hecken waren diese bizarr anmutenden Klänge so ganz und gar nicht der Soundtrack, den wir erwartet hatten. Zuerst dachten Jenny und ich, dass jemand mit einem Ratschenschrauber einen Zaun reparierte. Wir verschlangen unser Frühstück und hielten angestrengt Ausschau nach der Quelle des komischen, leicht nervigen Geräusches. Nachdem ich für jede von uns einen Muffin eingesteckt hatte (fluffige hausgemachte Teigkugeln mit Preiselbeeren und weißer Schokolade, von denen ich bezweifelte, dass sie bis zum Mittagessen überleben würden), huschten wir hinaus, um der Straße zu folgen, die am Kloster vorbei in den Norden der Insel führte. Der Ratschenschrauber tönte währenddessen weiter in unseren Ohren. Wir suchten das schwankende Gras am Straßenrand nach einer Person mit einer Werkzeugkiste ab, aber da war niemand, nur eine sanfte Brise, die über das Mädesüß, den Kleinen Klappertopf und die Wilde Möhre wehte. Da war es schon wieder, durchdringender als je zuvor: »Krk-krk-krk-krk-krk.« Dann fiel es mir ein: Wachtelkönige! Jenny schaute mich schief an. Unsere Verwirrtheit wich der Freude, als wir versuchten, diese scheuen, aber lauten kleinen Vögel im Gras zu entdecken. Doch egal wie leise wir uns auch anschlichen: Die Wachtelkönige blieben unsichtbar. Wir konnten sie zwar hören, und zwar praktisch direkt zu unseren Füßen, aber die Tiere schienen auf übernatürliche Weise in der Lage zu sein, mit dem Gras zu verschmelzen.

Die Hebrideninseln beherbergen eine seltene Population dieser faszinierenden, schwer fassbaren Rallenvögel, die dafür bekannt sind, dass sie dem menschlichen Auge normalerweise verborgen bleiben. Vor zwanzig Jahren hatte es auf dieser Insel kein einziges Exemplar dieser Tiere mehr gegeben, aber mittlerweile wurde die Population dank der sorgfältigen Bemühungen einiger lokaler Landwirte wieder aufgebaut. Etwa fünfzig Männchen flogen jedes Jahr im April aus Mosambik den ganzen Weg hierher, bis zur südwestlichen Spitze der Isle of Mull und noch ein kleines Stück weiter, bis zu diesem niedrig gelegenen, dem Atlantik zugewandten Fleckchen Erde – einer Insel vor einer Insel vor einer noch größeren Insel. Die ganze Woche lang beschallte der seltsame Ruf der Wachtelkönige Tag und Nacht unsere Ohren. Und Tag für Tag suchten wir unermüdlich nach dem Vogel, ohne ihn je zu Gesicht zu bekommen. In einer Vollmondnacht erschütterte ein heftiges Gewitter die Insel, und von dem Moment an, als der erste Blitz über die Meerenge zuckte, schlugen die Wachtelkönige Alarm und produzierten dabei mehr Lärm als der krachende Donner selbst. Niemand bekam ein Auge zu.

Die Ralle trägt in den verschiedenen Gebieten Großbritanniens unterschiedliche Namen. Ihr Ruf war einst von den feuchten Wiesen und dem saftigen Grasland der Britischen Inseln nicht wegzudenken. Die vielen verschiedenen Namen zeugen davon, aus wie vielen Lebensräumen der Vogel, der in den 1880er-Jahren sogar in Londons Tooting und Streatham Common zu hören war, mittlerweile verschwunden ist. Halb so groß wie ein Rebhuhn und deutlich schlanker, war dieser unauffällige Vogel in Cheshire als Graswachtel, in Aberdeen als Kornralle und in Yorkshire als Heuwachtel bekannt. Die Weibchen sitzen so verstohlen auf ihren Eiern, dass sie beinahe unsichtbar sind, und im letzten Jahrhundert passierte es oft, dass Bauern mit ihrer Sense beim Abernten des Feldes versehentlich einen der Vögel brutal aus seinem Nest beförderten.

Heutzutage, wo Felder nur noch mechanisch gemäht werden, sind die krächzenden Territorialrufe der Ralle in ganz Großbritannien verstummt. Hier auf den Inseln, wo die Felder zu klein für große Maschinen waren und erst spät im Jahr abgeerntet wurden, hatte der Wachtelkönig durchgehalten und sich wieder angesiedelt. Der Vogel hatte an diesem felsigen, abgelegenen Ort, wo Straßen und Gebäude nur spärlich vorhanden waren, einen sicheren Lebensraum gefunden, wo er in Ruhe nisten konnte, da die Heuernte erst nach der Brutsaison stattfand.

Während die Winde der Hebriden an den blaugrünen Irisblättern rüttelten, waren wir auf der Pirsch und warteten. Immer wieder ertönte der hartnäckige, monotone Ruf der Wachtelkönige, so als würde ein Kobold mit seinen Fingernägeln über einen scharfen Kamm fahren. Wir hielten die Augen offen – aber vergeblich. Der mysteriöse Vogel war bis September in dieser ungestörten Graslandschaft zu Hause, dann kehrte er allmählich in sein Winterquartier im Süden Afrikas zurück, und das Krächzen auf Iona verstummte.

Wir wagten uns hinunter über die tief liegende *machair* – das ist Gälisch für eine fruchtbare, grasbewachsene Ebene –, eine exponierte, windgepeitschte Dünenlandschaft, die eine sandige Grenze zwischen Land und Meer bildete. Diese weiten Flächen wurden vom Wind geformt und sind auf das Dünengras angewiesen, das den Grund befestigt. Diesen in Europa extrem selten vorkommenden Küstenlebensraum findet man besonders an den Rändern der Äußeren Hebriden, wo der feine schneeweiße Sand regelmäßig von Atlantikstürmen ins Landesinnere geblasen wird.

Der kalkreiche Boden mit seiner feinen Schicht aus weißem Muschelsand und der niedrig wachsenden, kräuterreichen Grasdecke ist das Ergebnis einer traditionellen Beackerung: Jahrhundertelang haben Kleinbauern hier den Boden bewirtschaftet und ihre Schafe weiden lassen. Die ständige Erosion durch die schleifenden Winde und erbarmungslosen Regenfälle aus allen Himmelsrichtungen bedeutet, dass das Land den größten Teil des Jahres unter Beschuss steht. Aber jetzt war Juni, es war warm, und der zart angeknabberte Grasteppich (der sowohl von Kaninchen als auch von Schafen getrimmt wurde) lud zum Barfußlaufen ein. Wir schlenderten ohne Schuhe über die Dünen und bestaunten die rund um uns verstreuten Farbtupfer von Gänseblümchen, Rotklee, Hahnenfuß, Augentrost und Hasenglöckchen. Lerchen stiegen aus dem vom Wind gekräuselten Strandhafer auf, die klagenden Stimmen der Austernfischer erfüllten die Luft, und wir schafften es endlich abzuschalten.

Große gelbe Hummeln und seltene Trockenrasen-Dickleibspanner waren hier zu Hause, und im Winter suchten Goldregenpfeifer Schutz in den Dünen. Draußen auf dem Meer sahen wir Brandgänse und Eistaucher. Weiter entlang der Küste, in der wundervollen Bay at the Back of the Ocean, brüteten im Frühjahr Eiderenten und schickten ihre frechen »Uuuh-uuuh«-Rufe über die Dünen. Schließlich kletterten wir zum Strand hinunter, der so glatt und weiß war, dass es in den

Augen wehtat. Wir setzten uns in den Schatten der Felsen und entdeckten vor uns einige deutlich erkennbare fünfzehige Otterabdrücke, die sich in der Flutlinie verloren.

Weiter draußen über dem Meer legten Basstölpel ihre langen Flügel an und stürzten sich in das Indigoblau des Wassers. Hinter ihnen ragten drei Gipfel aus dem Atlantik: die Paps of Jura, eine zerklüftete Insel am Horizont, die einsam aus dem Nebel ragte. George Orwell hatte sich einst selbst in diese windige, gebirgige Wildnis verbannt, wo es mehr Rehe als Menschen gibt, um dort den düstersten seiner düsteren Romane, *1984*, zu vollenden.

Die Reise, die einen an diesen spektakulären Ort führt, der zerklüftet und rau, aber unglaublich schön ist, ist in der Regel ein Akt der Hingabe. Hier, auf dieser schneeweißen Insel, mit meiner Tochter neben mir, spürte ich, dass Jenny sich bald von mir abwenden würde. Sie würde ihren Freunden folgen, auf in eine andere Welt, hin zu anderen Dingen. In diesem Moment jedoch, wo wir unsere nackten Zehen in das kalte Salzwasser vor uns streckten, der Wind unsere Haare zerzauste und alle Unterschiede für einen Moment vergessen waren, fühlte sich mein Herz zum Überlaufen voll an.

»Auf den Shetlandinseln nennt man sie *brown yogles*«, erzählte uns Rory, der örtliche Vogelexperte und Freund eines Freundes, als er einige Tage später von seinem Jeep aus die Moorlandschaft absuchte. »Schwer auszumachen! Ich habe sie in dieser Gegend aber schon gesehen, wie sie aus Richtung des Meeres auf die Insel fliegen ...«

Unsere Woche auf der Isle of Mull war fast zu Ende, jedoch hatte ich noch keine Sumpfohreule gesichtet. Ich war mir allerdings sicher, dass sich der Vogel hier irgendwo verstecken musste, also hatte ich ein paar Tweets geschrieben und ein paar Telefonate geführt. In

Craignure hatten Jenny und ich uns dann mit Rory getroffen. Überrascht, dass wir nicht auf der Suche nach Seeadlern oder Ottern waren, versprach er uns, dass er die Sumpfohreule für uns ausfindig machen würde.

»Bingo! Gefunden«, sagte Rory triumphierend.

»Wo?«, fragte Jenny und schaute auf genau die Stelle, die Rory mit seinem Fernglas visierte, ein paar Meter von uns entfernt, auf einem Zaun an der Straße. Die Eule war so gut getarnt, dass sie wie ein Teil der Holzkonstruktion wirkte, auf der sie saß. Sie hatte es dem Wachtelkönig nachgemacht und sich in Unsichtbarkeit gehüllt. Jenny und ich hatten Mühe, sie zu erkennen.

»Sie jagen an den Straßenrändern im hohen Gras«, sagte Rory. »Ich habe hier schon sechs oder sieben auf einmal gesehen. Aber man muss wissen, wonach man suchen muss. Sie fliegen tief und sind nicht leicht zu erkennen.«

Leise baute er sein Teleskop auf und stellte die Höhe so ein, dass wir die Eule genau sehen konnten. So einfach konnte es also sein. Durch das vergrößernde Objektiv konnten wir jedes Detail im Gesicht der Eule erkennen. Sie starrte uns direkt an, die Ohrbüschel alarmiert aufgestellt. Die furchteinflößenden Augen blitzten aus der tiefschwarzen Maske heraus – die Eule wirkte so nah, dass ich eine Gänsehaut auf meinen Armen spürte und sich mir die Nackenhaare aufstellten. Ich hatte so viele Monate mit der Suche nach diesem Vogel verbracht, dessen Abwesenheit sein charakteristischstes Merkmal zu sein schien, und Rory hatte ihn innerhalb weniger Minuten für mich gefunden. Vielleicht war es leichter, die Sumpfohreule zu erspähen, wenn sie sich in ihrem Brutgebiet aufhielt?

»Sie nisten immer auf dem Boden«, erzählte uns Rory. »In einer kleinen Mulde. Man muss genau wissen, wonach man suchen muss. Manchmal ist es nur ein Nest, manchmal auch mehrere, da sie gemeinschaftlich nisten können, aber erkennen kann man es trotzdem kaum. Sie fügen sich so gut in ihre Umgebung ein. Wusstet ihr, dass das Weibchen, wenn es auf seinen Eiern sitzt, die Augen die ganze Zeit über beinahe komplett geschlossen hat, damit man ihr leuchtend gelbes Strahlen nicht sieht? Die würden im Moor sonst wie Scheinwerfer aufleuchten! Das gilt eigentlich für alle Eulen, die gelbe oder orangefarbene Augen haben – sie müssen extrem aufpassen, damit sie nicht auffallen, wenn sie auf ihren Eiern sitzen. Aber selbst wenn sie zu lange auf einem Zaun oder einem einfachen Flecken Gras sitzen, kommen die Möwen angeflogen und triezen sie, oder Krähen kommen und stehlen ihre Eier, wenn sie nicht vorsichtig sind.«

Jenny war einen Moment lang still, während sie das Fernrohr für sich einstellte, dann atmete sie hörbar aus. Die detailreiche Schärfe des gespenstischen Eulengesichts ließ uns beide erschaudern. Der helle Gesichtsschleier war weiß umrandet und fast herzförmig, die weißen Brauen liefen zwischen den Augen zusammen, genau wie bei der Schleiereule. Dieses Detail war mir bei meiner letzten Sichtung im Süden des Dartmoors nicht aufgefallen; damals hatte sich die Eule so schnell genähert und war dann abgedreht, dass ich keinen genauen Blick erhaschen konnte. Diesmal, mit dem Vergrößerungsobjektiv, konnte ich all diese charakteristischen Merkmale im Detail studieren. Während die Eule auf jedes winzige Geräusch reagierte und ihr Gesicht drehte, bewunderten wir die dunklen Flecken auf ihrem Hals und der cremefarbenen Brust. Ihre Flügel waren leicht angewinkelt, so als wäre sie bereit, jeden Moment abzuheben. Als sie sich dann schließlich in die Lüfte schwang, wurde die Sonne wie gleißendes Messing von den langen Primärfedern reflektiert. Durch die Luft hallte ein scharfes

Geräusch; es klang so hell, als wären die Flügel der Eule aus Metall geschmiedet.

Meine Suche nach der Sumpfohreule hatte mich von Serbien ins heimatliche Dartmoor und dann bis auf diese abgelegene schottische Insel geführt. Mit dieser letzten Sichtung war meine Reise, das Unterfangen, allen Eulenarten in Großbritannien nachzuspüren, offiziell abgeschlossen.

Oder gab es da etwa noch mehr?

Bubo bubo

DER UHU

Ein einziger Blick auf diese Eule lässt jeden Gedanken an Niedlichkeit in den Flammen des Hades versinken. Möglicherweise handelt es sich bei ihr um die größte Eule der Welt; wenn auch nicht an der Flügelspannweite gemessen (der furchterregende Riesen-Fischuhu übertrumpft sie hier), könnte ihr dennoch ihr enormes Gewicht den Pokal sichern. Mit beeindruckenden Ohrbüscheln, schockierend orangefarbenen Augen mit zuckenden Lidern, einer braun gezeichneten Vorderseite inklusive eines leuchtend weißen Kehlflecks, üppig befiederten Beinen und extrem starken Klauen ist dieser große Kerl mit einem Arsenal an wahrhaft einschüchternden Waffen ausgestattet. Seine Krallen, die Halsschlagadern zerquetschen können, und sein Schnabel, der mühelos Fleisch zerreißt, scheinen aus Gusseisen geschmiedet zu sein und sind scharf wie Krummsäbel. Wie also kann es sein, dass diese bedrohliche Eule in Großbritannien zunehmend als Haustier gehalten wird?

Dieses Schwergewicht bringt zwischen 1.500 und 4.600 Gramm auf die Waage, wobei die Weibchen oft bis zu einem Kilo schwerer sind als die Männchen. Im Normalfall würde man sich diesem Vogel nicht ohne einen Schutzschild oder zumindest einen Motorradhelm nähern wollen. Doch bestimmt würde das Tier niemals einen Menschen angreifen oder verletzen? Doch, genau das passiert, wenn Eulen wie diese in Gefangenschaft gehalten und nicht mit äußerster Vorsicht behandelt werden.

Man muss dazusagen, dass der Uhu in Großbritannien nicht heimisch ist – einst, vor vielen Tausend Jahren, war er es aber mal. Man nimmt an, dass die letzten Exemplare vor zehntausend Jahren, ungefähr als die letzte Eiszeit zu Ende ging, von den Britischen Inseln verschwunden sind. Der letzte datierbare Nachweis eines einheimischen Exemplars in Großbritannien stammt aus einer Ansammlung einiger subfossiler Knochen, die in der Ossom-Höhle in Derbyshire entdeckt wurden, wo mesolithische menschliche

Jäger die Eule möglicherweise zu Nahrungszwecken nutzten. Der gefundene Knochen war ein zehntausend Jahre alter Tarsometatarsus – das Laufbein des Vogels. Ein späteres Vorkommen der Eule konnte hierzulande seit diesem Fund nicht mehr nachgewiesen werden. Bis vor Kurzem.

Eine geheime (wenngleich winzige) wilde Uhupopulation – möglicherweise entflogene oder inoffiziell aus der Gefangenschaft entlassene Tiere – brütet heutzutage still und erfolgreich wieder in freier Wildbahn in Großbritannien. Als die *One Show* und *Springwatch* auf der BBC im Jahr 2016 von den Vögeln berichteten (sie waren sehr sorgfältig beim Filmen gewesen, um unter keinen Umständen den genauen Ort zu verraten), waren die meisten Menschen überrascht von dieser Neuigkeit. Uhus mögen zwar groß sein, aber sie sind scheu, sehr gut getarnt und halten sich klugerweise bedeckt. Die meisten von uns würden diese Eule nicht einmal bemerken, wenn sie direkt vor uns in einem Baum sitzen würde. Gelegentlich kommt es jedoch vor, dass ein weniger gut angepasstes Individuum mehr Aufmerksamkeit auf sich zieht. Als im Frühjahr 2016 die verblüffende Nachricht die Runde machte, dass eine »Rieseneule« sich auf die Glatze eines kahlköpfigen Mannes im Stadtzentrum von Exeter gestürzt hatte, verkündeten die Moderatoren von *South West News,* Ian und Kylie, diese Neuigkeit mit einem verschmitzten Lächeln. Niemand nahm viel Notiz von dem Vorfall. Nur mir mit meinem Eulenradar entging sie nicht. Da der April gerade in den Startlöchern saß, hielten viele die Geschichte für einen Scherz. Jemand erstellte ein Twitterprofil für den Vogel, und im Internet verbreiteten sich Eulenwitze. In der Zwischenzeit berichteten immer mehr Menschen, dass sie von einer mysteriösen Eule, die sich von oben auf sie herabgestürzt hatte, angegriffen und verletzt worden waren. Die Opfer gaben an, zunächst einen »dröhnenden Schrei« vernommen zu haben, dann folgte ein durch die schlagenden Flügel verursachter Windzug. Wer sich an diesem Punkt noch nicht geduckt hatte, dem wurde heftig eins »übergebraten«, oder schlimmer noch, die Person wurde von einem Satz ausgestreckter Krallen zerkratzt.

Die lokalen Zeitungen und Nachrichtensender mussten schließlich einsehen, dass es sich um eine echte Eule handelte – und sie machte keine Anstalten, zu verschwinden. Je öfter von dem überdimensionalen Raubtier berichtet wurde, das auf mysteriöse Weise frei in Exeter herumflog, desto nervöser wurden die Leute. Mittlerweile mussten nicht mehr nur glatzköpfige Männer um ihr Wohlergehen bangen; auch andere unschuldige Passanten, Menschen mit einem dichten Haarschopf oder mit einem Hut auf dem Kopf, waren von dem furchterregenden Vogel überfallen worden. In den Lokalnachrichten wurden die Menschen davor gewarnt, sich der Eule zu nähern. Und auch einige weniger skrupellose überregionale Zeitungen übernahmen die kuriose Nachricht und schürten so die Ängste weiter: War die Killereule tatsächlich groß genug, um »Hunde zu fressen« und »Katzen zu entführen«? Die vertrauenswürdigeren Lokalnachrichten wandten sich schließlich an Experten, und der Devon Wildlife Trust kam zu dem Schluss, dass es sich höchstwahrscheinlich um eine in Gefangenschaft gezüchtete Eule handelte, die entkommen war, und nicht um ein wildes Exemplar. Sie betonten außerdem, dass es unwahrscheinlich sei, dass der Vogel sich an größeren Haustieren vergriff. Nach weiteren Untersuchungen gab es darüber hinaus eine weitere Neuigkeit: Bei der randalierenden Eule handelte es sich um *Bubo bubo,* den Uhu.

In Großbritannien kommt der Uhu in zwei Varianten vor: Es gibt einmal die harmlose, da versteckt lebende wilde Population, von der man weiß, dass sie seit mindestens 1996 existiert, und dann noch die in Gefangenschaft lebenden Tiere. Letztere sind bei falscher Handhabung weitaus gefährlicher als die wilden Exemplare. Soweit wir wissen, sind die in Gefangenschaft lebenden Uhus der wilden Population in Großbritannien außerdem zahlenmäßig weit überlegen. Seit den *Harry Potter*-Filmen mit ihren freundlichen Briefeulen hat sich der Beliebtheitsgrad des Uhus in Falknereiausstellungen extrem gesteigert, und der Raubvogel ist sogar als Haustier in Mode gekommen. In den letzten Jahren sind Eulenvereine hierzulande immer beliebter geworden, und es ist mittlerweile tatsächlich möglich, sich eine Eule und die gesamte erforderliche Ausrüstung zur Haltung des Tieres online zu kaufen. Wenn mein örtlicher »Eulenklub« einen verlässlichen Richtwert darstellt, könnte es allein im Südwesten Englands mehr als hundert in Gefangenschaft lebende Uhus geben. Konnte es sich bei dem Tier in Exeter um einen hungrigen Ausbrecher auf der Flucht handeln, oder war es womöglich ein wildes Exemplar?

Einige Vogelexperten glauben, dass der Uhu nie wirklich von den Britischen Inseln verschwunden ist. Sie gehen davon aus, dass die Eule die ganze Zeit über hier anzutreffen war; ihrer Meinung nach kam sie aus Skandinavien oder Kontinentaleuropa zu Besuch und brütete sogar in sehr geringer Zahl hier. War der Uhu also doch ein einheimischer Vogel, der sich die ganze Zeit über unauffällig in dichten Wäldern und trostlosen Moorgebieten versteckt hatte? Es gibt alte Wörter für die Eule auf Kornisch, Gälisch, Manx und Walisisch, was darauf hindeutet, dass sie ein seltener, aber jüngst existierender Teil der hiesigen Vogelwelt gewesen sein könnte.

Andere Experten sind der Meinung, dass der Uhu in Großbritannien etwa zu der Zeit ausstarb, als der Meeresspiegel nach der letzten Eiszeit anstieg und die Landbrücke zum europäischen Festland verloren ging. Folgt man dieser Theorie, ist es sehr unwahrscheinlich, dass der reviertreue Vogel, der sich normalerweise an ein relativ kleines Territorium von etwa 14 Quadratkilometern hält, es riskieren würde, seine Heimat auf dem Festland zu verlassen und die weite Strecke übers Wasser auf die Britischen Inseln zu fliegen. Tatsächlich ist der Uhu auf extrem wenigen Inseln zu Hause. Das Meer stellt für ihn eine zu große Barriere dar, und so lässt sich beispielsweise auf Korsika, den Balearen, Sizilien oder den griechischen Inseln kein einziges Exemplar dieser Eulenart nachweisen.

In den Listen der British Ornithologists' Union (BOU) tauchte *Bubo bubo* bis 1996 trotz allem als seltener oder gelegentlicher Besucher auf, bis er schließlich komplett aus dem Register gestrichen wurde. Zu viele Experten waren sich einig, dass diese Eulen eine gewagte Seeüberquerung nicht bewältigen könnten; ihre sperrige Größe würde ihnen für dieses Unterfangen zu viel Energie abverlangen, und die tollkühnen Exemplare, die es trotzdem versuchten, würden sehr wahrscheinlich ihr Ende in den Tiefen des Meeres finden.

In dem Jahr, in dem der Uhu als »Besucher« von den Listen der BOU gestrichen wurde, stellte der Verein ein umfangreiches Dossier zusammen, in dem er den Status der Eule untersuchte. Zwar war es unwahrscheinlich, dass der Vogel als Besucher nach Großbritannien kam, jedoch kam es immer wieder zu Sichtungen und Berichten über sein Vorkommen – lediglich seine Herkunft stellte die Menschen vor ein Rätsel. Es war nicht klar, ob die Eulen von Menschen eingeführt worden waren, aber viele fachkundige Naturschutzorganisationen wie die Royal Society for the Protection of Birds und der British Trust for Ornithology vermuteten, dass dies tatsächlich der Fall sein könnte. Insbesondere in jüngerer Zeit, zwischen 1994 und 2007, wurden viele Eulen als Haustiere registriert – und von den 440 registrierten Exemplaren in Großbritannien war fast ein Drittel als vermisst gemeldet.

Im Jahr 2016 erkannte die RSPB offiziell das Vorkommen einer kleinen Anzahl wild lebender Uhus in Großbritannien an, wiederholte aber, dass ihre Herkunft schwer zu bestimmen sei und dass »es keine Beweise dafür gibt, dass sich aus Gefangenschaft entkommene Vögel in jüngster Zeit in Großbritannien fortgepflanzt haben«. Um als einheimisch zu gelten, muss ein Tier über mehrere Generationen hinweg durchgehend in einem Gebiet vorkommen, ohne dass es zwischenzeitlich wieder eingeführt wird; es reicht also nicht, wenn ein ehemals in Gefangenschaft gehaltener Vogel sich ein einziges Mal erfolgreich in der Wildnis fortpflanzt. Im Gegenteil: Ist dies der Fall und die Population breitet sich in der Folge aus, könnte sie möglicherweise sogar als invasiv angesehen werden.

Was mich besonders faszinierte, als ich mit meiner Recherche über diesen außergewöhnlichen Greifvogel begann, war, wie wenig die Menschen über ihn wussten. Der Uhu kommt in Kontinentaleuropa und in Asien vor; in Skandinavien, wo er häufig verfolgt wird, sind seine Zahlen extrem im Rückgang begriffen. Bis zum Auftauchen der Exeter-Eule war der Uhu in Großbritannien überhaupt nicht zu Hause – oder zumindest hielt er sich gut versteckt. Handelte es sich bei dem kecken Stadtuhu um ein wildes Exemplar?

Ein Teil von mir wollte, dass die Antwort auf diese Frage »Ja« lautete. Ich wollte an die Unverwüstlichkeit und Überlebensfähigkeit dieses großartigen wilden Geschöpfs glauben. In anderen Teilen Europas lebt der Uhu schließlich auch in freier Wildbahn, oft in der Nähe oder sogar innerhalb von Städten. Er befindet sich in einer seltsamen Grauzone: Zwar ist er ein riesiges Raubtier, dennoch wird er selten gesehen. Natürlich gibt es Eulenschutzgebiete, in denen wir der wilden Kreatur nahekommen und etwas über sie lernen können. Aber hier scheinen die Eulen eher faszinierende Marionetten zu sein, die einmal in der Woche in Flugvorführungen auftreten – ihre Wildheit ist ihnen abhandengekommen.

Andererseits kann auch das Zusammentreffen mit domestizierten Eulen wundersame Reaktionen in uns Menschen hervorrufen. Im Jahr 2014 unterstützte ein Uhu Polly Weston dabei, den Tod ihrer Schwester im jungen Alter von 22 Jahren zu verarbeiten. Inmitten des Schockes und der Trauer über den Verlust war es für die junge Frau unmöglich geworden, ihr Haus zu verlassen. Jedoch hatte Pollys Schwester kurz vor ihrem Tod einen Besuch in einer Falknerei gewonnen. Polly beschloss, den Gutschein für sich selbst zu nutzen und auf Tuchfühlung mit den Vögeln zu gehen. Sie begegnete einer Reihe schöner Tiere, aber der Uhu mit seinem auffallend schweren Gewicht und seiner kalten Ausstrahlung löste etwas Besonderes in ihre aus: »Die Schwere des Vogels brachte mich in die Realität zurück«, sagte sie. Der Kontakt mit der Eule hatte sie mit ihren eigenen Gefühlen in Verbindung gebracht und ihr beim Trauerprozess geholfen.

Leider haben nicht alle Geschichten über das Zusammentreffen von Eulen und Menschen ein solches Happy End – insbesondere nicht für die Eulen. Falkner haben versucht, Eulen darauf zu trainieren, Hochzeitszeremonien mit ihrem geflügelten Auftreten einen Hauch von Drama zu verleihen. Um ein trendiges *Harry Potter*-Flair zu schaffen, werden hin und wieder Eulen bestellt, die im richtigen Moment ganz romantisch mit den Eheringen angeflogen kommen sollen. Allerdings haben die Vögel oft ihre eigenen Ideen und ziehen die Prozedur in die Länge, indem sie sich auf einen Dachbalken zurückziehen, um dort ein Nickerchen zu machen, oder im schlimmsten Fall vor lauter Verwirrung in ein Glasfenster fliegen, womit sie nicht nur sich selbst, sondern oft auch den Kirchen irreparable Schäden zufügen.

Man muss kein Raketenwissenschaftler sein, um zu verstehen, dass Uhus in Gefangenschaft nachts gern lautstarke Arien anstimmen. Ihre streng riechenden, unappetitlichen Ausscheidungen und ihre extrem speziellen Bedürfnisse machen sie zu außergewöhnlich anspruchsvollen Haustieren. Wenn sie die Pubertät erreichen und geschlechtsreif werden, verwandeln sich die einst so pflegeleichten Eulenbabys in laute und reizbare Zeitgenossen. Uhus verfügen zwar über jede Menge Charisma, sie sind allerdings nicht besonders anschmiegsam und lassen sich nicht gern anfassen oder festhalten. Häufig verhalten diese nächtlichen Störenfriede sich aggressiv oder machen sich heimlich davon. Manchmal werden sie von ihren Besitzern wiedergefunden, jedoch ist es nicht immer einfach, eine Eule auf der Flucht zu lokalisieren, anzulocken und einzufangen. Viele dieser »gescheiterten« Haustiere enden in Auffangstationen oder werden – noch schlimmer – illegalerweise in der Natur freigelassen, wo sie sich eventuell nicht selbst ernähren oder unter Umständen sogar die örtliche Fauna ins Ungleichgewicht bringen können.

Meine Freundin Anita, die nicht nur Psychologin, sondern auch Uhubesitzerin ist und mit gefangenen Eulen arbeitet, hatte etwas Spannendes zum Rätsel um die Exeter-Eule beizutragen. Sie hatte von der örtlichen Polizei gehört, dass Uhus in einigen Gegenden in und um Liverpool von Drogendealern adoptiert wurden, um sie anstelle von scharfen Hunden einzusetzen. Da eine aggressive Eule in der Vogelwelt wahrscheinlich das geflügelte Äquivalent zu einem Pitbull darstellt, scheint sie in einer Situation, in der man Menschen einschüchtern möchte, eine gute Wahl zu sein. Hatte ein unverantwortlicher Eulenhalter, der in dubiose Geschäfte verwickelt war, sein Haustier als zu schwierig empfunden und es in der Nähe von Exeter ausgesetzt?

Im *Express & Echo* wurde ein Artikel über einen mutigen Jungen veröffentlicht, der es geschafft hatte, nahe genug an den Uhu heranzukommen, um ein Foto von ihm zu schießen. Der junge Fotograf blieb unversehrt; er hatte einen dichten Schopf Haare auf dem Kopf und war klein genug, um auf die Eule nicht bedrohlich zu wirken. Das Bild zeigte das gefürchtete Tier, wie es in den oberen Ästen eines Nadelbaums saß, die Ohrbüschel aufgerichtet, der weiße Fleck auf seiner Kehle deutlich sichtbar. Als die Eule ihren Schrei ausgestoßen hatte, habe der Kehlfleck sich aufgebläht, berichtete der Junge. Rief der Uhu nach einem Partner oder einer Partnerin oder vielleicht sogar nach seinem Besitzer?

Untersuchungen haben gezeigt, dass der männliche Uhu während der Brutzeit durchschnittlich sechshundertmal pro Nacht seine Stimme erhebt. Und die ist verdammt laut. Die Lungenflügel des Vogels sind enorm groß, und sein dröhnender Schrei kann aus eineinhalb Kilometern Entfernung gehört werden, in Ausnahmefällen sind es sogar bis zu vier Kilometer. Inmitten einer Stadt war es unmöglich, ihn nachts zu überhören, selbst wenn man sich die Bettdecke um die Ohren wickelte. In weiser Voraussicht hatte der Exeter-Uhu sich einen Schlafplatz hinter dem Odeon-Kino, in einer Straße mit vielen Studentenwohnheimen, ausgesucht. Da Studenten dafür berüchtigt sind, sich gern die Nächte um die Ohren zu schlagen, lag es nahe, dass die Berichterstattung über die neusten Aktivitäten der Eule nie abbrach. Der Uhu wurde aus Schlafzimmern und von Dachböden aus fotografiert; es gab Bilder, die zeigten, wie er bedrohlich durch das Fensterglas spähte, seine spitzen Ohrbüschel wie Hörner in den neonbeleuchteten Nachthimmel gereckt.

Die Eule schien weder beringt zu sein, noch deuteten irgendwelche Anzeichen darauf hin, dass sie aus der Gefangenschaft entflohen war. Sie stürzte sich weiterhin auf Personen, die sich nachts in ihr Revier wagten, darunter Menschen mit Hüten, Glatzen und anderen gut sichtbaren hellen Stellen am Kopf – jeder konnte einer ihrer grausamen Launen zum Opfer fallen. Meistens schlug der Vogel von hinten zu, so als ob er versuchte, die

Halswirbel seiner Opfer zu durchtrennen, wie er es auch bei seiner normalen Beute tun würde. Eine meiner Studentinnen, Rebecca, die groß und gertenschlank war und lange blonde Haare hatte, berichtete, dass sie auf dem Heimweg von der Spätschicht ihrer Arbeit regelrecht von dem Tier überwältigt wurde. Sie konnte einer Verletzung nur dadurch entgehen, dass sie sich im letzten Moment, als sie den bedrohlichen Schrei vernahm, der Länge nach auf den Boden warf.

Nach einer Weile verebbten die Geschichten über den Uhu aus Exeter in den Nachrichten – der Uhu war vom Dach des Odeon-Kinos verschwunden. Er hinterließ eine Leerstelle; in der kollektiven Erinnerung hatte er sich als Schatten festgesetzt, als ein riesiges Fragezeichen. Wo war die Eule abgeblieben? Vielleicht war sie weitergezogen. Vielleicht befand sie sich jetzt wieder in ihrem natürlichen Lebensraum, so wie es sein sollte. Vielleicht würden wir es nie erfahren.

Ganz davon abhängig, wen man fragt, wird die Anwesenheit des Uhus in Großbritannien entweder als Bedrohung wahrgenommen oder als episches Comeback gefeiert. Als die BBC in den 1990er-Jahren bestätigte, dass die Eule im Peak-District-Nationalpark nistete, war die Reaktion darauf eine Mischung aus Aufregung und Entsetzen. Vogelexperten waren sich nicht einig, was sie von dieser Neuigkeit halten sollten. Welchen Einfluss würden diese mächtigen Vögel auf das empfindliche Ökosystem nehmen, insbesondere auf die Populationen anderer Raubvögel? Spitzenräuber dulden häufig keine anderen erfolgreichen Raubtiere neben sich in ihrem Revier, und dies war der Lebensraum der seltenen Kornweihe (von der nur noch extrem wenige Paare existierten) sowie des Waldkauzes, der Waldohreule und der Sumpfohreule. Alle Raubtiere, die dämmerungs- oder nachtaktiv waren und im

Nistgebiet des Uhus auf die Jagd gingen, waren durch seine Anwesenheit möglicherweise gefährdet. Diese Befürchtung wurde durch eine Risikoabschätzung bestätigt: Die im Wachsen begriffene Uhupopulation könnte tatsächlich eine Bedrohung für andere Arten darstellen, die unter Naturschutz standen. Die Royal Society for the Protection of Birds wies jedoch zusätzlich darauf hin, dass der Uhu nicht der Grund für das Verschwinden von Vögeln wie der Kornweihe aus weiten Teilen des britischen Hochlands sei – dieser Umstand sei eher auf die anhaltende Verfolgung der Tiere durch Wildhüter in Moorgebieten zurückzuführen, die auch zur Jagd genutzt wurden.

Auch der World Owl Trust verteidigte den Uhu und betonte, dass er einst ein natürlicher Teil des britischen Ökosystems gewesen sei, bevor er bis zur Ausrottung gejagt wurde. Der Vogel solle daher unter Schutz gestellt werden. Am Ende lief es darauf hinaus, dass die Uhupopulation aus Sorge um die anderen Greifvögel weiterhin vorsichtig beobachtet wurde. In den zehn Jahren von 1996 bis 2006 ergab die Überwachung, dass die Eulen etwa 23 Küken ausgebrütet hatten.

2006 sorgte im Forest of Bowland in Lancashire ein brütendes Uhupaar für Schlagzeilen, als es – ungewöhnlich für diese Art, die Menschen normalerweise lieber meidet – begann, Spaziergänger mit ihren Hunden anzugreifen, wenn diese einen Weg nah an ihrem Nest vorbei nahmen. Schließlich nahm ein Anwohner das Gesetz selbst in die Hand und erschoss das Uhuweibchen. In der tierliebenden Öffentlichkeit sorgte dies für einen Aufschrei, jedoch wurde der anonyme Täter nie gefunden. Offensichtlich erregt das plötzliche Auftauchen eines großen Raubtiers auf einer kleinen, dicht besiedelten Insel die Gemüter, und während viele Menschen die Artenvielfalt in ihrer Umgebung unterstützen, sind nicht alle dieser Meinung.

Die Diskussionen um das Aufenthaltsrecht des Uhus gingen weiter, und die Tiere pflanzten sich währenddessen im Stillen fort. Sorgfältige Beobachtungen hatten ergeben, dass die Eulenart hierzulande manchmal bis zu drei Eier pro Jahr legte und viele dieser jungen Eulen erfolgreich aufzog.

Die Geschichte der Uhus wirft tiefgehende Fragen zur Beziehung des Menschen zur wilden Natur auf: Welche Entscheidungen treffen wir im Umgang mit der begrenzten Fauna, die nach dem Verschwinden der meisten großen Raubtiere hierzulande noch übrig ist? Befürworter des »Rewilding« vertreten die Meinung, dass uns ohne diese Kreaturen etwas fehlt, aber was folgern wir daraus für diese Tiere? Sollte ihr Lebensraum auf unsere Fantasie, auf Bilderbücher, Tierdokumentationen, fiktive Geschichten und Zoos beschränkt werden, oder sollten wir Versuche unternehmen, sie wieder in unserem gemeinsamen Lebensraum willkommen zu heißen?

Für mich war der kuriose Vorfall mit der Exeter-Eule ein Beispiel für das Versagen von uns Menschen. In solchen Momenten kann großer Schaden entstehen – für uns, aber auch für die armen Tiere. Wenn der Uhu tatsächlich entkommen war, warum wurde er dann nicht wieder eingefangen? Diese Vögel sind wertvoll, aber auch sehr verletzlich. Dass die Eule in eine Außenseiterposition gedrängt wurde, allein zwischen Menschen mitten in einer großen Stadt – ein Kampf, den sie nicht gewinnen konnte –, versetzte mir einen Stich ins Herz.

Noch mehr als die anderen Eulen, die mir auf meiner Reise begegnet waren, schien der Uhu sich nicht besonders mit uns Menschen zu vertragen. Er widersetzte sich unserem Einfluss auf die Natur und passte sich unserem Tun nur an, wenn er dazu gezwungen wurde. Diese Tatsche lässt sich auch durch seine Biologie erklären: Erstens zielt das Aussehen des Vogels auf ein heimliches Dasein in der abgeschiedenen Natur ab; die gelbbraune Sprenkelung seines

Gefieders und seine Angewohnheit, lange Zeit unbeweglich an einer Stelle zu verharren, helfen ihm dabei, für andere Tiere unsichtbar zu bleiben. Zweitens stellt der Uhu als Spitzenräuber eine Gefahr für den Menschen dar – genauso wie auch wir eine deutliche Bedrohung für ihn sind. Für beide Arten ist es daher besser, Abstand voneinander zu halten, denn insbesondere jetzt wo wir Menschen unsere eigenen hochwirksamen Waffen haben (Autos, Gewehre, Gift, elektrische Drähte), nimmt die Kontaktaufnahme oder im schlimmsten Fall sogar ein Konflikt zwischen uns mit hoher Wahrscheinlichkeit ein schlechtes Ende für die Eule.

Nach einer gemeinsamen Reise mit Benji nach Exeter, auf der wir erfolglos versucht hatten, den Exeter-Uhu zu finden, war ich entschlossener denn je, einen dieser großartigen Vögel in freier Wildbahn zu beobachten. Der Vogelexperte Vincenzo Penteriani aus Andalusien in Südspanien bot mir an, mich mit auf sein Land in den spanischen Bergen zu nehmen, wo ein Uhupaar zu Hause war. Das Territorium lag an der südlichen Grenze des Verbreitungsgebiets der Eule in Europa. Als ich zwischen all meiner Arbeit endlich die Zeit fand, auf sein verlockendes Angebot einzugehen, war Vincenzo jedoch bereits an einem anderen Ort in Spanien mit der Erforschung von Bären beschäftigt. »Du musst zu meinen Freunden nach Helsinki fahren«, sagte er zu mir. Helsinki? Mein Verstand machte einen kleinen Salto, als er vom warmen und trockenen Andalusien, das direkt ans Mittelmeer grenzt, in die verschneite Wildnis der äußeren Ausläufer Skandinaviens katapultiert wurde.

Doch Vincenzo machte mir das Vorhaben schmackhaft, indem er mir aufgeregt von den tollen Jungs erzählte, die momentan in seinem alten Forschungsgebiet in Finnland stationiert waren: Jari Valkama, der Leiter des Vogelbeobachtungsteams am Naturhistorischen Museum in Helsinki, und Jere Toivola, ein brillanter junger Vogelbeobachter, der mir sofort versprach, mich in die finnische Wildnis mitzunehmen. Zwar würde diese Reise so ungefähr genau das Gegenteil von dem sein, was ich mir im sonnigen Spanien vorgestellt hatte, aber sie begann trotzdem, sehr verlockend in meinen Ohren zu klingen. Das Verbreitungsgebiet des Uhus umfasst die Wälder der finnischen Taiga, die sich bis nach Lappland erstrecken und in der Tundra des Polarkreises auslaufen. Darüber hinaus beherbergt dieses Gebiet einige der geheimnisvollsten Eulen Europas, darunter die wenigen verbliebenen Arten, die ich noch nicht gesehen hatte: die Sperbereule, den Bartkauz, den Habichtskauz und möglicherweise sogar die Schnee-Eule. Eine Reise nach Finnland könnte all diese faszinierenden Tiere in direkte Reichweite bringen.

In einer E-Mail am nächsten Tag erzählte mir Jere in hervorragendem Englisch, dass er seinem eulenbesessenen Vater von klein auf dabei geholfen habe, Uhus zu beringen, und genaustens mit dem Brutzyklus dieser wilden Tiere vertraut sei. Er versprach mir, dass ich die seltene Eule unter seiner Führung garantiert zu Gesicht bekommen würde. Was ich zu diesem Zeitpunkt noch nicht wusste, war, dass Jere kein stereotyper zurückhaltender und vorsichtiger Finne war. Er war ein aufgeschlossener und enthusiastischer Guerilla-Eulenaufspürer, den ich einige Wochen später dabei beobachten würde, wie er eine schwindelerregend hohe, von Gletschern abgeschliffene Granitklippe hinunterkletterte, ohne Gurt oder Helm, um sich von dort aus flink zu einem schmalen Felsvorsprung, auf dem sich ein Uhunest befand, entlangzuhangeln. Als er sein Ziel erreicht hatte, mühelos und elfengleich wie Legolas in *Herr der Ringe,* schaute er erwartungsvoll zu mir hoch und wartete darauf, dass ich ihm folgte. Jere konnte ohne Probleme ein Paar feindlich gesinnter und alles andere als zahmer junger Uhus einfangen und ihnen Ringe anlegen. Und nicht nur das: Irgendwie schaffte er es auch noch, sie an einer Hand hinunterbaumeln zu lassen, während er die Klippe wieder hinaufkletterte – das alles unter den Augen der wütenden Euleneltern, die ihn rücksichtslos attackierten. Auf mich wartete *owl watching extreme*. Zusammen mit Jaris Erfahrung und seinem Fachwissen (ganz zu schweigen von seiner Großzügigkeit) waren die beiden Männer mein finnisches Eulentraumteam, das noch durch Jyri, meinen hilfsbereiten Gastgeber, ergänzt werden sollte. Alles, was ich jetzt noch zu tun hatte, war, meine Tasche zu packen.

Anfang Juni beginnt ein Zeitfenster von etwa zwei bis drei Wochen, in dem der Uhu die empfindlichste Phase seines Brutzyklus – das Ausbrüten der Eier und die Aufzucht der winzigen Küken – abschließt und zum nächsten Teil des Nistprozesses übergeht: Die Küken werden in diesen Tagen langsam flügge und sind ein wenig schwerer zu entdecken, als sie es davor waren, erklärte mir Jere. Alles an dieser Reise fühlte sich wie eine Herausforderung an, und das schon bevor sie überhaupt begonnen hatte, dachte ich, als das Flugzeug über die Startbahn rollte. Zu Hause war Jenny mit ihren Abschlussprüfungen beschäftigt, und Benji wurde in seinen neuen Job in einer Bäckerei in der Stadt eingearbeitet. Ich hatte das Gefühl, dass meine Kinder mich beide brauchten; andererseits schien es, als kämen sie auch ganz gut ohne mich zurecht. Benji befand sich bereits in seiner zweiten Woche als Bäcker – es war sein erster Job in den 18 langen Monaten, die seine Krankheit bereits andauerte. Er hatte einen extrem verständnisvollen Chef namens Jonathan, der ihn sehr mochte, und genoss die Herausforderung, in einem ruhigen Café zu Beginn der Sommersaison zu arbeiten. Alles lief gut – wäre da nur nicht dieser Anruf gewesen: Am Tag vor meiner Abreise klingelte plötzlich das Telefon. Benji hatte sich einige Minuten zuvor zu Fuß auf den Weg zur Arbeit gemacht, aber jetzt drang seine Stimme durch den Telefonhörer: »Mama, ich bin im

Park. Kannst du mich abholen kommen?« Er klang geschwächt. Erschöpft von der grellen Sonne und dem heißen Wetter war er auf dem Weg zur Arbeit zusammengebrochen.

Ich schnappte mir eine Decke, sprang ins Auto und fuhr die zwei Blocks bis zum Park. Benji saß zusammengesackt auf einer Schaukel, der nächstbesten Stütze, die er hatte finden können. Der einzige Spaziergänger, der vorbeigekommen war, hatte nicht bemerkt, dass etwas mit ihm nicht stimmte. Warum sollte er auch? Ein erwachsener Mann, bewusstlos und zuckend – da kamen nur drei Dinge infrage: ein psychischer Notfall, Drogen oder Alkohol. Die traurige Wahrheit war, dass die Leute extrem misstrauisch waren und einen großen Bogen um solche Szenen machten. Ich versuchte, gelassen zu bleiben, und eilte Benji zu Hilfe.

»Okay, denkst du, du schaffst es bis zum Auto? Stütz dich auf mich.«

Ich positionierte seinen schlaffen Arm über meiner Schulter und stützte ihn, so gut ich konnte, obwohl er fast das Doppelte von mir wog. Irgendwie schaffte ich es, ihn auf den Beifahrersitz zu setzen, und wir fuhren nach Hause, wo er im Flur zusammenbrach.

Was wäre passiert, wenn ich an diesem Tag schon in Finnland gewesen wäre? Aber so etwas durfte ich nicht denken. Stattdessen schob ich meinem Sohn ein Kissen unter den Kopf, damit er es bequem hatte, wischte ihm den Schweiß vom Gesicht und stellte sicher, dass nirgendwo in seinem Körper die Blutzirkulation unterbrochen war. Ich wickelte ihn in eine leichte Decke und gab ihm Zeit, sich auf dem Teppich im Flur zu erholen, während ich eine Kanne heißen Tee für uns beide machte und mir ein paar Witze überlegte, mit denen ich ihn später aufheitern könnte.

Trotz dieses beunruhigenden Vorfalls hatte ich mich auf den Weg nach Finnland gemacht. Ich versuchte, fest daran zu glauben, dass alles gut gehen würde. Außer mir gab es noch andere Menschen, die Benji zur Seite standen, und so langsam gewöhnte ich mich daran, mich auf ihre Unterstützung zu verlassen. Während dieser Zeit lernte ich viel über die Herzlichkeit von Menschen. Um genauer zu sein, war es in diesem Moment die Großzügigkeit der Finnen, die mich beeindruckte. Man musste sich nur mal Jari Valkama anschauen: Ohne mich jemals getroffen zu haben, bot er mir an, mich am Flughafen abzuholen und mich während meines Besuchs zu beherbergen. Selbst als mein Flug sechs Stunden Verspätung hatte, weil die Handbremse des Flugzeugs klemmte (ich wusste nicht mal, dass Flugzeuge überhaupt Handbremsen haben!), und ich mich ausführlich per SMS entschuldigte, nahm er es gelassen.

Als wir uns viele Stunden später im Mittsommerlicht Helsinkis schließlich zum Frühstück trafen, war ich mehr als bereit für das üppige Büfett, das mich erwartete. Wie sich herausstellte, liebten die Finnen warmen Haferbrei, gespickt mit frisch gepflückten Beeren. Der sehr große und sehr blonde Jari in seinem karierten Hemd und den schwarzen Jeans versicherte mir, dass es kein Kind in Finnland gab, das nicht mit Brei und Beeren großgeworden war.

Wir machten einen kurzen Spaziergang durch die urbanen baumlosen Straßen dieser extrem aufgeräumt wirkenden Stadt und kamen schließlich an Jaris Arbeitsplatz, dem Naturhistorischen Museum, an. Ganz entgegen meinen Erwartungen war die Temperatur in Helsinki ein wahres Geschenk: Die Hochsommersonne (die von Mitternacht bis etwa zwei Uhr morgens leicht in Richtung Horizont absank) brannte uns auf die Schultern; die Menschen auf der Straße lächelten einander zu und waren sichtlich entspannt. Ich setzte meine Sonnenbrille auf, um meine von der langen Reise geschwollenen Augen zu bedecken.

»Ich sage Vincenzo immer wieder, dass finnische Uhus größer sind als spanische«, erzählte mir Jari schmunzelnd, als wir in seinem mit Büchern und ausgestopften Eulen bestückten Büro im obersten Stockwerk des Naturhistorischen Museums saßen. Es stimmt: Je weiter man sich im europäischen Verbreitungsgebiet des Uhus nach Norden bewegt, desto stattlicher sind die Eulen; aufgrund der rauen klimatischen Bedingungen hier in Finnland müssen die Vögel größer und robuster sein als ihre spanischen Verwandten, damit sie die langen Winter unbeschadet überleben. Tatsächlich war die Nominalart *Bubo bubo* laut Jari von hier bis in die südlichen Pyrenäen zu finden, noch weiter im Süden gab es dann die Unterart *Bubo bubo hispanus,* die kleiner, blasser und grauer war als der finnische Uhu. Diese Vögel waren es auch, die Vincenzo in seiner Heimat in der Nähe von Sevilla studierte. Neben diesen zwei Arten kommen in Europa außerdem bis zu zehn weitere Unterarten des Raubvogels vor: Die Subspezies *Bubo bubo bubo* ist in dem weiten Gebiet von Skandinavien über Nordrussland bis hinab in die Pyrenäen zu Hause, und neben *Bubo bubo hispanus,* der spanischen Art von Vincenzo, gibt es außerdem noch *Bubo bubo ruthenspaler,* dessen Federkleid gräulich-weiß ist und der überwiegend in Nordwestrussland vorkommt, sowie den prächtigen *Bubo bubo sibiricus,* eine leuchtend weiße Unterart dieser Eule, die deutlich größer ist als der normale Durchschnittsuhu. Bei dieser letzten Subspezies kann ein großes Weibchen fast doppelt so groß sein wie ein kleines Männchen.

Es gibt noch viele weitere Unterarten, die in Kleinasien angesiedelt sind, und im Irak, in Syrien, im Libanon und in Israel existieren außerdem einige Mischformen, die sich miteinander gekreuzt haben. Bei den Wüstenuhus in Ägypten und Nordafrika handelt es sich um verwirrende Grenzfälle zwischen den Arten und Unterarten der Wüsten- und Halbwüstenrassen. Diese Eulen können sich in Bezug auf ihre Färbung und äußeren Merkmale unterscheiden (bei einigen sind auch die Füße und Zehen unterschiedlich befiedert), aber alle brüten nachweislich in Gebieten, die miteinander verbunden sind oder sich überschneiden. Bevor hier eindeutige Bestimmungen vorgenommen werden können, muss noch weiter geforscht werden.

Dank der Fülle an Informationen, die Jari mir präsentiert hatte, breitete sich vor meinem geistigen Auge ein gewaltiges Spektrum an Uhus aus, von schokoladenbraun bis silbern, alle mit einer leicht unterschiedlichen Färbung, Größe und verschiedenen Merkmalen. Eines hatten alle Vertreter der Spezies jedoch gemeinsam: In Finnland genauso wie in weiten Teilen Europas und der übrigen Welt wurde der Uhu im Laufe der Geschichte vom Menschen verfolgt.

Womöglich war die Eule von den Britischen Inseln verschwunden, weil sie erbarmungslos gejagt und absichtlich ausgerottet wurde, jedoch können wir darüber nur spekulieren, denn auch der Klimawandel könnte ein entscheidender Faktor gewesen sein. Mehr als jede andere Eulenart wurde der Uhu von Jägern und Landwirten verfolgt, die in ihm eine Bedrohung für ihr Vieh sahen, und in einigen Gebieten Skandinaviens war sein Bestand in den letzten Jahren mit beunruhigender Geschwindigkeit zurückgegangen. Jari erklärte mir, dass man für das allmähliche Verschwinden der Eule noch andere Gründe erwägen müsste: versehentliche (oder absichtliche) Vergiftungen, Kollisionen im Straßenverkehr, Tod durch das Sichverfangen in Stromleitungen und hohen Zäunen. Unglücklicherweise ist der Uhu nämlich so groß, dass er Gefahren nicht leicht ausweichen kann.

»In Finnland nistet der Uhu auf dem Boden«, erklärte mir Jari. »Das wirst du morgen auch mit Jere sehen. Das Problem ist, dass die jungen Uhus zwar mit vier oder fünf Wochen das Nest verlassen, aber erst im Alter von neun oder zehn Wochen mit dem Fliegen anfangen … In der Zwischenzeit leben sie auf dem Boden und sind vielen Raubtieren hilflos ausgeliefert. Am schlimmsten sind Marderhunde.«

Jari erzählte mir, dass die Russen zwischen 1928 und 1967 achttausend dieser buschigen, dachsähnlichen Waldbewohner freigelassen hatten, um den Bestand für die Jagd zu vergrößern. Der gewitzte Marderhund war so erfolgreich, dass er sich mittlerweile bis an die Grenzen Frankreichs verbreitet hat. Wenn die hilflosen Eulenküken in der Dämmerung und bis in die Nacht hinein nach ihren Eltern rufen, stellen sie leichte Beute für das Raubtier dar. Zwar sind auch andere Räuber wie Füchse, Luchse, Wölfe und Bären alles andere als schwerhörig, aber die Marderhunde scheinen einen siebten Sinn für die jungen Eulen zu haben.

Das war neu für mich: Ich hatte nicht gewusst, dass Uhus so oft am Boden nisteten. Ich kannte lediglich Bilder aus Frankreich, auf denen sie weit oben auf Klippen hockten, auf geschützten Felsvorsprüngen, weit weg von den Menschenmassen und viel befahrenen Straßen der Städte; oder aber sie ließen sich ganz oben in der Krone von hohen Bäumen nieder. Auch von Marderhunden hatte ich noch nie gehört. Sie klangen wie der schlimmste Albtraum der Eule. Trotz ihres Namens handelt es sich bei dieser fremden Spezies nicht um einen Marder, sondern um einen Caniden, ein primitives Mitglied der Hundefamilie, das sich von russischen Pelzfarmen aus seinen Weg durch Europa gebahnt hat. Der Marderhund ist in China, Japan (wo er als *tanuki* bekannt ist und alten Legenden zufolge seine Gestalt wandeln kann) und Sibirien heimisch und jagt in der Nacht – sein lateinischer Name *Nyctereutes procyonoides* bedeutet wörtlich übersetzt »Nachtwanderer«. Zum Unglück der Eulen verfügt er über einen ausgezeichneten Geruchssinn und ein hervorragendes Gehör. Bewaffnet mit überragenden Jagdfähigkeiten, hat sich dieser tödliche Aasfresser in Finnland so schnell und erfolgreich ausgebreitet, dass seine Population ihr »Maximum« erreicht hat.

An diesem Abend las ich im Bett die Forschungsergebnisse, die Jari mir mitgegeben hatte, und erfuhr, dass der Bestand des Uhus in einigen Gebieten der Taiga um bis zu sechzig Prozent zurückgegangen war. Die Gesamtpopulation des Vogels nahm in Finnland jedes Jahr mehr ab und lag derzeit schätzungsweise bei nur noch 1.200 bis 1.400 Exemplaren. Die Existenz des Uhus wurde durch den Bergbau und den vermehrten Bau von Wasserkraftwerken bedroht, und im Süden bestand durch den zunehmenden Straßenverkehr eine erhöhte Kollisionsgefahr. Jaris Forschungspapiere machten deutlich, welchen Gefahren große Greifvögel ausgesetzt waren. Es war gerade ihre Größe, die sie verwundbar machte, denn ihr Körperumfang machte es leichter, sie zu schießen; außerdem wurden sie von vielen Menschen aufgrund ihres respekteinflößenden Äußeren immer noch als Bedrohung oder Konkurrenz angesehen.

Vielleicht war es unmöglich, den Reflex des Menschen, andere Raubtiere in seiner Umgebung eliminieren zu wollen, endgültig auszuschalten. Aufgrund des uralten Wettbewerbs um Beute zwischen uns Menschen und anderen Prädatoren löst das Vorkommen von Raubtieren einer gewissen Größe in uns nach wie vor ein gewisses Unbehagen aus. Vor den 1980er-Jahren, als der Uhu in Finnland unter Schutz gestellt wurde, war jede zweite Eule, die gefunden wurde, erschossen worden. Mittlerweile hatte die Jagd auf den Uhu nachgelassen, aber die Tiere hatten auch ihre Scheuheit vor Menschen abgelegt. In letzter Zeit brachten sie sich zunehmend in Gefahr, indem sie in Gebiete mit einer hohen menschlichen Bevölkerungsdichte vordrangen. Eine der Haupttodesursachen des Uhus sind mittlerweile Stromschläge durch Hochspannungsleitungen. Und nicht nur Uhus ereilt dieses Schicksal: Habichtskäuze und Seeadler finden oft einen ähnlichen Tod.

Nach Stromschlägen stellen Kollisionen im Straßenverkehr die zweithäufigste Todesursache des Uhus dar. Jaris Forschungsergebnisse zeigten, dass die Eulen in dicht von Menschen besiedelten Gebieten besonders oft in den Abend- und Morgenstunden auf diese Weise zu Tode kamen, da ihre präferierten Jagdzeiten sich mit einem hohen Verkehrsaufkommen auf den Straßen deckten.

Die Prognosen für den Uhu sahen nicht gut aus. Da die Winter in Finnland immer milder wurden (wodurch auch der schützende Schnee ausblieb) und die landwirtschaftlichen Praktiken im Süden und Westen, wo der Uhu sein Zuhause hatte, zunehmend industrialisiert wurden, wurden auch die Lebensräume für Kleinsäuger knapp. Die traditionellen Fortpflanzungszyklen der Wühlmaus, die ihre Population normalerweise alle drei bis vier Jahre sprunghaft vergrößert, waren mittlerweile in Finnland fast nicht mehr nachweisbar. Die schwer vorhersehbaren Bedingungen, die für Eulen in der finnischen Wildnis herrschen, erklären vielleicht auch, warum sich vor einigen Jahren ein Uhupaar auf dem Dach eines modernen Einkaufszentrums in Helsinki niederließ und dort drei Küken zur Welt brachte. Ich hielt das für ein gutes Zeichen, als Jari mir die Geschichte erzählte. Das konnte doch nur bedeuten, dass die Eulen sich an ein Leben mit uns Menschen angepasst hatten, oder?

Nein, stellte er schnell klar: »Es war eine Katastrophe! Die Menschen liebten die Uhus, und sie wurden zu so etwas wie einem lokalen Maskottchen. Aber es gab auf dem Gebäude, das ganz aus Stahl und Glas gebaut war, so viele Gefahren für sie. Ein so großer Greifvogel wird in der Nähe einer Stadt nicht glücklich, viel zu viel kann ihm passieren. Da sind die Stromleitungen und der Verkehr, aber auch jede Menge Krankheiten. Das Männchen starb am Ende an einem Herpesvirus, und um ehrlich zu sein, bin ich froh, dass die Eulen nicht mehr dort sind. Es war nicht gut für sie.«

»Wovon haben sie sich mitten in der Stadt ernährt?«, fragte ich und dachte an den Exeter-Uhu.

»Sie hatten reichlich zu fressen – wahrscheinlich haben sie die örtlichen Kaninchen gejagt. Außerdem werden sie relativ schnell resistent gegen Rattengift: Es gibt Uhus in Finnland, die in der Nähe von Müllhalden leben und sich dort von Ratten ernähren.«

»Beeinflusst es sie nicht trotzdem? Sterben sie vielleicht auch an dem Gift?«, gab ich zu bedenken.

»Tatsächlich nicht – toxikologische Tests haben ergeben, dass die Gifte kaum einen Einfluss auf die Eulen haben. Wahrscheinlich wohnt auf jeder Mülldeponie ein Uhupaar. Für sie gibt es dort einen grenzenlosen Vorrat an Wanderratten. Doch offene Mülldeponien werden immer seltener: Während es in den 1990er-Jahren noch mehr als tausend Stück davon gab, sind es heute weniger als hundert. EU-Richtlinien schreiben uns vor, wie wir unsere Abfälle zu entsorgen haben, aber wie sich das auf die an unseren Lebensstil angepasste und von unserem Müll abhängige Tierwelt auswirkt, haben wir dabei nicht auf dem Schirm. Jetzt wo es immer weniger organischen Abfall gibt, sind die Müllhalden sauberer als früher, und parallel dazu kommen auch immer weniger Ungezieferarten vor, was dann wiederum die Möwen- und die Eulenpopulation negativ beeinflusst.« Als Konsequenz hiervon hatten sich Uhus in den letzten Jahren noch näher an menschliche Siedlungen und Städte herangewagt.

Draußen in den finnischen Wäldern, wo ich morgen Jere treffen würde, waren abgeholzte Waldgebiete der ideale Lebensraum für die Eulen, da die geringe Anzahl an Bäumen und die vielen offenen Flächen ihnen die Jagd erleichterten. Allerdings konnten erstere schnell wieder nachwachsen und die Uhus so vertreiben. Die Tiere waren standorttreu, jedoch auch sehr empfindlich – könnten Veränderungen in ihrem Lebensraum also negative Auswirkungen auf ihre Brutverhalten haben? Jaris Studien deuteten darauf hin, dass die Uhus, deren Revier normalerweise um die 14 Quadratkilometer groß war, in solch einem Fall wahrscheinlich einfach ein paar

Kilometer weiter zogen, um an einem anderen Ort zu nisten, beweisen ließ sich das allerdings nur schwer. »Wir müssen mehr Tiere beringen und brauchen mehr Daten. Aber die Eulen sind schlau und erinnern sich daran, wenn sie gefangen wurden. Wenn man es einmal geschafft hat, einen Uhu einzufangen, bekommt man ihn nie wieder zu fassen«, lachte Jari. »Sie erinnern sich an alles. Wenn das Weibchen auf seinen Eiern sitzt, ist es überwachsam und bekommt alles mit, was in seiner unmittelbaren Umgebung vor sich geht. Das kann bei der Suche nach Jungvögeln allerdings auch von Vorteil sein: Die Eltern veranstalten einen Riesenrabatz, wenn man ihnen zu nahe kommt, und verraten so gern mal den Neststandort.«

Am nächsten Tag nahm Jari mich mit hinunter in die Gewölbe des Museums, damit wir uns die Eulensammlung genauer ansehen konnten. Er zeigte mir, wie der Uhu sich mauserte und wie man anhand verschiedener Phasen der Mauser das Alter des Vogels einschätzen konnte (bei Uhus gibt es vier oder fünf verschiedene Altersklassen, vom Nestling bis zum Senior). Ältere Vögel konnte man normalerweise daran erkennen, dass ihre Schwungfedern entweder ganz fehlten oder nachgewachsen waren und dadurch etwas anders aussahen. Jari breitete einen komplett erhaltenen Flügel vor mir aus und fuhr mit den Fingern die 14 oder 15 Schwungfedern entlang; einige der Federn sahen etwas dunkler aus, sie waren weniger blass und wirkten neuer.

»Schwer zu sagen, wie alt dieser hier war«, sagte er. »Schon etwas älter, ja, definitiv ausgewachsen, aber das genaue Alter? Das lässt sich bei diesem Exemplar nicht genau bestimmen.«

Auf dem Rückweg kamen wir an der Säugetiersammlung vorbei, und Jari beobachtete mich dabei, wie ich vor einem Schild stehen blieb: *Gulo gulo*. Der Vielfraß! Den hatte ich mir schon immer anschauen wollen.

Meine Aufregung blieb meiner Begleitung nicht verborgen, und ehe ich mich versah, hatte Jari lächelnd die Tür für mich geöffnet. Schon beim Eintreten strichen ein paar enorm lange, gefleckte Tierschwänze über meine Schuhe. Die waren garantiert nicht aus Finnland! Langsam fuhr ich mit meinen Händen über die an den Wänden aufgehängten Schneeleopardenfelle. Sie kamen aus hohen Berglandschaften weit weg von hier: Sibirien, Afghanistan, Tibet und Bhutan. Wie die Uhus sind auch diese großen Raubtiere heutzutage vielen Bedrohungen ausgesetzt: Konflikte mit uns Menschen, Wilderei, zunehmender Schwund der Beutetiere und Klimaveränderungen. Vor meinem geistigen Auge taten sich Bilder von den hohen, verschneiten Bergen des Himalajas auf; Männer, die in Tweed gekleidet und mit Gewehren bewaffnet waren und sich langsam an die große, wunderschöne Katze anschlichen.

Leise öffnete Jari die nächste Schiebetür: Reihen über Reihen von Wolfsfellen. Bei dem Anblick wurde mein Herz ganz schwer. Gemeinsam betrachteten wir die dunklen Felle, die meisten waren grau und silbern, einige sogar weiß. Nach den Schneeleoparden und den Wölfen war es im nächsten Raum der Glanz der Vielfraßfelle, der mir den Atem raubte; sie hatten eine solche Farbbrillanz, als wären sie erst gestern gefangen worden, ein tiefes, schimmerndes Mahagonibraun mit schokoladenfarbenen und schwarzen Wirbeln. Ich streckte die Hand aus, um das berühmte kälteabweisende Fell des Raubtieres zu berühren. Als Nächstes fiel mein Blick auf den Pelz eines Luchses, der die Farbe von Haferflocken hatte; die dicken Pfoten, mit denen das Tier einst wie in Schneeschuhen verstohlen durch die mittlerweile längst geschmolzene Winterwüste gewandert war, baumelten fast bis auf den Boden hinab.

Jari war so freundlich und großzügig zu mir gewesen, dass mir die Worte fehlten. Zurück im Hotel wusch ich mir den staubigen Formaldehydfilm von der Haut und zog mich mit meinen Notizen über den Uhu ins Bett zurück. Die Stille um mich herum war einfach himmlisch. Ein wässriges Quadrat aus Licht fiel durch das Fenster in mein Zimmer hinein und wärmte mich, die leise, glühende Helligkeit der unbezwingbaren Mitternachtssonne.

Den Zug in einem Land zu nehmen, in dem man nur drei Wörter und zwei Sätze der Landessprache beherrschte, barg immer ein gewisses Risiko in sich. (Ich stand eine halbe Stunde lang in einer Schlange, um mein Ticket zu kaufen, nur um dann von einem verwirrten Beamten darauf hingewiesen zu werden, dass dies eine Bank sei und die Zugtickets dort drüben auf der anderen Seite verkauft würden.) Um Jere zu treffen, musste ich aber nun mal irgendwie in den Norden des Landes kommen. Mein Begleiter der nächsten Tage hatte mir versprochen, mich am Bahnhof abzuholen und mich direkt zu den Uhus zu bringen.

Hauptberuflich war Jere Holzfäller. Als Jari mir das erzählte, fühlte ich mich sofort sicher: Ich würde mich nicht einfach mit *irgendjemandem* in die Wildnis stürzen. Jere kannte den Weg, und er war sich der Gefahren bewusst. Als wir uns schließlich persönlich gegenüberstanden, war mir in Sekundenschnelle klar, dass er so fit und furchtlos wie eine junge Bergziege war – und dass er von mir erwarten würde, dass ich in der kochenden Hochsommerhitze Schritt mit ihm halten würde, keine Ausreden erlaubt. Als wir schließlich in Jeres klapprigem Auto losfuhren, war es brütend heiß, und die Mittagssonne war unerbittlich. Wir hatten die Fenster heruntergekurbelt und bogen schon bald von der in der Hitze flirrenden Hauptstraße in einen holprigen Schotterweg ab. War das ein Feldweg, fragte ich mich, oder waren in diesem Teil Finnlands alle Straßen mit Kies bestreut?

»Alle Straßen sind hier so«, sagte Jere, überrascht über meine Frage. Wir hielten am Straßenrand an und stiegen aus dem Auto aus. »Die Straßen sind so, weil sie im Winter den Schnee überstehen müssen.«

Ich versuchte, mir vorzustellen, wie diese grüne, schwüle, von Vogelgesang erfüllte Lichtung wohl mitten im Winter aussehen würde. Den ganzen Tag über wäre es dunkel, das Wasser wäre gefroren, die Tannen mit Eis überzogen. Für die Eulen war die Jagd auch an diesen Tagen, an denen es zwanzig Stunden lang dunkel war, kein Problem – sie benötigten lediglich ein klein wenig Dämmerlicht. Den Rest erledigte ihr scharfes Gehör, mit dem sie die Wühlmäuse auch bei schlechten Lichtverhältnissen in ihren Tunneln unter dem Schnee herumkrabbeln und vor sich hin knabbern hören konnten.

Der erste Nistplatz, den wir ansteuerten, befand sich auf einer hellen Lichtung inmitten eines mit Farnen und Brombeersträuchern bewachsenen Gebiets mit vielen Baumstümpfen. Das hier war ein kahl geschlagener Teil des Waldes, den die Eulen mochten, erklärte mir Jere mit leiser Stimme, um die Vögel nicht zu stören. »Zieh dir besser die langen Hosen an, die du mitgebracht hast«, fügte er hinzu, während er selbst die Beine seiner Holzfällerhose tief in die Schäfte seiner hohen Schnürstiefel stopfte; wenn es irgendwo in Finnland blutrünstige Insekten gab, dann mit Sicherheit hier.

Es führte kein Weg in den Wald hinein: Jere stapfte mitten durch die von Felsen durchsetzte Wildnis. Ich trat in seine Fußstapfen und hatte Mühe, mit ihm Schritt zu halten. Während wir uns durch den Dschungel aus Farnen, Blaubeeren und Weidenröschen kämpften, huschten Spinnen, Ameisen und Fliegen über unsere Füße, Mücken flirrten in der Luft. Ich blieb stehen und sprühte mir eine frische Schicht Insektenschutzmittel auf Gesicht und Arme. Wir erreichten eine platt gedrückte Grasfläche, von der ein starker Geruch aufstieg, so als hätte sich dort ein Tier gewälzt. Ich hatte solche Stellen schon zu Hause gesehen; es waren die Schlafplätze von Rehen. Diese hier allerdings war viel, viel größer.

»Ein Elch«, sagte Jere und starrte mit seinen grauen Augen ins dunkle Zwielicht der Bäume. »Wir haben ihn wahrscheinlich verscheucht. Sie mögen keine Menschen, wenn sie Junge haben.«

Der Grund, wo der Elch gelegen hatte, war noch warm. Ich folgte Jeres Blick in Richtung der Bäume und stellte mir die unglaubliche Masse eines weiblichen Elches vor; mit einer stattlichen Größe von zwei Metern und einem Gewicht von vierhundert Kilogramm sind die Tiere die größten Vertreter der Familie der Hirsche und zählen zu den größten Säugetieren Europas. Ich hatte keine Lust, einer aufgebrachten Elchmutter von Angesicht zu Angesicht zu begegnen.

Jere führte mich zu einem Felsblock, unter dem einige Federn verstreut lagen. Daneben entdeckten wir ein einsames weißes Ei, etwa so groß wie das einer Gans – meine erste Begegnung mit einem Uhuei. Jere durchsuchte die Brombeersträucher und Kiefernnadeln in der Nähe, er sah besorgt aus. »Ich glaube, das Nest wurde verlassen. Keine Sorge, die Küken sind bestimmt irgendwo anders in Sicherheit.«

Er setzte seinen drahtigen Körper in Bewegung und trabte leichtfüßig weiter. Um zum nächsten Nistplatz zu gelangen, mussten wir ein weites Feld durchqueren, wo wir einen jungen Rehbock mit einem samtenen Geweih aufschreckten. Als wir so leise wie möglich tiefer in den Wald vordrangen, ließ uns eine Bewegung auf einem Baumstamm innehalten: Es war ein prächtiger Schwarzspecht (der erste für mich!), dessen rote Zeichnung sich wie eine leuchtend rubinrote Kappe von seinem pechschwarzen Gefieder und der dunklen Rinde einer hohen Kiefer abhob.

Einige Schritte weiter durch den Wald, und wir hangelten uns an der Seite einer Klippe entlang, die steil zu einem dreißig Meter in der Tiefe liegenden schlammbraunen See abfiel. Zum Glück war der fast senkrechte Abhang mit knorrigen Bäumen und Felsen übersät, an denen wir uns festhalten konnten. Schließlich erreichten wir einen Felsvorsprung, der mit Eulenfedern bedeckt war – eine Waldohreule hatte hier ihren Kampf gegen den viel größeren Uhu verloren. In einigen Speiballen fanden wir sogar die Überreste eines Igels. Der mächtige Raubvogel hatte einfach das ganze Ding aufgefressen, mit Stacheln und allem! Respekt.

Jeres Energiereserven waren noch lange nicht erschöpft, und so kletterten wir als Nächstes einen Steinbruch hinauf. »Ich habe dir ein paar schöne Orte gezeigt«, sagte er. »Dieser hier ist nicht so schön ...« Er hangelte sich an einer Klippe hinauf, die gefährlich große Risse aufwies. Sie erinnerte mich an die Innenwand im Haus meiner Mutter, als dieses kernsaniert werden musste. Riesige lose Felsbrocken bröckelten vor sich hin, so als könnten sie jeden Moment wegbrechen und in die Tiefe stürzen.

»Ich nehme einen anderen Weg hoch! Das sieht nicht sicher aus«, rief ich Jere zu. Als ich endlich den Gipfel erreicht hatte, hielt er bereits lächelnd zwei beringte Eulenküken in den Armen, eines auf jeder Seite. Während ich mich näherte, riss sich einer der jungen Uhus los und hüpfte davon. Mit seinen acht Wochen noch nicht ganz flügge, rannte er unbeholfen und mit hochgezogenen Flügeln den Abhang hinunter, bis er schließlich in einem flachen See am Fuß der Klippe landete.

»Halt ihn fest!«, sagte Jere und schaltete in den Notfallmodus. Er drückte mir das übrig gebliebene Eulenkind in die Hand und jagte davon. Ich blieb mit dem wildesten und unkooperativsten Baby zurück, dem ich je begegnet war, und gab mir Mühe, Ruhe und Autorität auszustrahlen, während ich ganz still stand und die Eule fest in meine Armbeuge klemmte. Sie war warm, verschwitzt und schwer, etwa so groß wie ein Jack Russell Terrier, wahrscheinlich genauso stark und definitiv viel angsteinflößender. Solang ich ihre

Flügel sicher unter meinem Arm zusammengefaltet hatte, konnte sie nicht entwischen. Wir schauten uns gegenseitig in die Augen, und obwohl ich mein Bestes tat, mütterlich und wohlwollend auszusehen, klapperte der kleine Uhu bedrohlich mit dem Schnabel und zischte wie eine Viper. Ich versuchte, nicht zusammenzuzucken, und hielt die dicken Knöchel des Vogels fest umklammert, so wie ich es bei den Schleiereulen zu Hause gelernt hatte, aber dieses Küken schien einfallsreicher zu sein als die Eulen, die ich in der Vergangenheit kennengelernt hatte. Alles, was es wollte, war, ein Teil aus seinem tödlichen Werkzeugkasten irgendwo in meinem Fleisch zu versenken. Trotz ihrer rabiaten Art war die junge Eule unglaublich flaumig, ihr luftig beiges Federkleid fühlte sich weich und klamm in meinen Händen an, wie Mohair. Winzige Daunenfedern lösten sich von ihrem Körper und schwebten in mein Gesicht, wo sie meine Nase und meine Augen kitzelten, und da ich keine Hand frei hatte, konnte ich nichts dagegen tun. Mit nur vereinzelten Schwungfedern an den Flügelspitzen konnte der junge Uhu noch nicht fliegen, was ihn sichtlich verärgerte. Er starrte mich wütend aus seinen orangefarbenen Augen an, wie ein Kobold, dessen Kräfte noch nicht ganz ausgebildet sind, der aber weiß, dass es nicht mehr lange dauern kann.

Von weiter unten konnte ich hören, wie Jere das entwischte Küken aus dem Wasser fischte und wieder zu uns zurückkletterte. Aber oje – nun hatten wir die Aufmerksamkeit der Eltern auf uns gezogen. Es gibt da dieses Zitat aus dem Film *Jurassic Park:* Wo ein Baby ist, ist die Mutter nicht weit weg. Und diese Mutter hätte nicht urzeitlicher sein können. Mit ausgebreiteten Flügeln stürzte sie in voller Geschwindigkeit bedrohlich über uns hinweg; ihre Ohrbüschel waren flach angelegt, die Schwungfedern gespreizt, der Schnabel klapperte. Der laute Schrei der aufgebrachten Uhumutter hallte durch den Steinbruch; während sie bellend über unseren Köpfen kreiste, fiel das Licht in warmen Goldtönen durch ihr Gefieder. Sie kam noch tiefer zu uns hinab, ein letzter warnender Sinkflug über Jeres Hut hinweg, und wir setzten die beringten Küken schnell zurück auf den Boden. Die Eulenmutter glitt davon und landete ein paar Meter entfernt in einer hohen Kiefer. Von dort, wo wir standen, konnte ich ihre gesprenkelte Brust und ihre gestreiften Schwanzfedern sehen. Unruhig hockte sie auf ihrem Ast, die Ohrbüschel alarmiert in die Höhe gerichtet, und wartete darauf, dass wir verschwanden.

Leicht nervös fragte ich Jere, ob er jemals von einer Eule verletzt worden sei.

»Ja, ein- oder zweimal«, gab er zurück.

Einmal, so erzählte er mir, war er nachts allein losgegangen, um einige Uhus mit einem Peilsender zu versehen. Das schien waghalsig, aber nicht untypisch für ihn. Jere war extrem erfahren und wusste, was er tat, aber selbst die Besten unter uns können sich mal irren. Er wartete, bis die Dämmerung eingesetzt hatte, montierte das Vogelnetz und wartete auf die Eule, ein großes Weibchen. Als sie ihm in die Falle ging, flatterte sie wütend umher – das war der Punkt, wo Jere einen Fehler machte. Um sie aus dem Netz zu entwirren, hielt er sie an ihrem freien Flügel fest, und sofort versanken ihre Krallen in seinem Fleisch; eine steckte tief in seinem Arm, die andere in seinem Oberschenkel.

»Es war ein richtiges Blutbad! Man kann einen Vogel nicht zwingen, von seiner Beute abzulassen. Alles, was ich tun konnte, war, ihren Flügel loszulassen und zu warten. Es war unglaublich schmerzhaft.«

»War das das einzige Mal?«

»Ein anderes Mal habe ich ein paar Küken beringt, und ein wütendes einäugiges Männchen, das riesig war, attackierte mich von hinten. Es erwischte mich mit so viel Schwung, dass ich einfach umfiel.«

Unser letztes Eulenjunges an diesem Tag war schwieriger zu finden. Aber ich war mittlerweile im Klaren darüber, dass Jere, wenn er einmal etwas angefangen hatte, nicht so leicht aufgab. Wir liefen ein gutes Stück in den Wald hinein; die Flechten und Pilze knirschten und knackten unter unseren Füßen wie trockene Biskuits. Jere suchte nach Spuren: Fäkalien und gerupfte Federn, die uns schließlich zu unserem Ziel führen würden. Es gab keinen Pfad, also schlängelten wir uns zwischen den Bäumen hindurch. Ich war mir sicher, dass Jere den Wald wie seine Westentasche kannte. Trotzdem war es schwer, an diesem Ort nicht die Orientierung zu verlieren. Die Landschaft war hüglig und durchzogen von tiefen Schluchten mit vielen Bäumen; am Boden stellten Brombeer-, Heidelbeer- und Ginstersträucher Hindernisse dar, die nur schwer zu durchqueren waren.

Jere trippelte erneut eine Klippe hinunter, während ich auf einer Lichtung auf ihn wartete. Einerseits hatte ich Angst, mich vom Fleck zu bewegen, weil ich mich sicher verirren würde, andererseits hatte ich von meinem idyllischen Warteplatz aus einen perfekten Blick auf alle Tiere, die diesen friedlichen Ort kreuzten. Mindestens eine halbe Stunde stand ich allein im Sonnenlicht der Lichtung, inmitten der heißen Stille, und ließ die Pracht des Waldes auf mich wirken. Jere hatte sich so weit entfernt, dass ich ihn nicht mehr sehen konnte, und selbst als ich in die Schlucht hinabspähte, in die er verschwunden war, entdeckte ich keine Spur von ihm. Mit einem Mal wirkte der trockene Wald um mich herum weniger freundlich: Überall drängten sich junge Bäume dem Himmel entgegen, Heidelbeerblätter zogen sich in dicken Schichten über niedrige Büsche, und die Sonne tauchte alles in ihr erbarmungslos grelles Licht. Es gab keinen einzigen Windhauch, der Wald war staubtrocken, und aus der Hitze stieg der Geruch von Kiefern empor. Meine Wasserflasche war leer, und ich hatte auf dem Weg weder auf eine Wasserquelle geachtet, noch wusste ich, wie ich zurück zur Straße kam. Ich war allein und völlig ahnungslos, und eine Mischung aus Angst und Staunen machte sich in mir breit. Meine Vorfahren hätten gewusst, wie man hier überlebt; ich hatte keinen Schimmer. Ohne jegliche Orientierung hatte ich keine Chance. Gerade als mein Herzschlag begann, sich zu beschleunigen, sprang Jere elfengleich vom Rand einer Klippe, auf dem Gesicht ein stolzes Grinsen und im Arm ein bissiges junges Eulenweibchen von beachtlicher Größe. Diese riesigen Augen! Sie brannten wie Fackeln. Und dann die erstaunlich hellen, schuppigen Füße. Sie waren riesig, und an ihrer Spitze liefen sie in säbelartige Krallen aus. Die junge Eule streckte sie von ihrem Körper weg und fauchte.

»Willst du sie mal halten?«, fragte Jere leicht kichernd, während wir beide das wilde Wunderküken bestaunten. Mit seinen acht Wochen war es noch ein Jungtier, aber es konnte bereits ernsthaften Schaden anrichten. Ich griff so fest ich konnte nach seinen Knöcheln und drückte den Uhu in meine Armbeuge, wo er vor Wut und Kraft zitterte. In ein oder zwei Wochen würde diese junge Eule in ihr neues Leben fliegen und Wühlmäusen, Kaninchen, anderen Eulen, Krähen und Igeln das Leben schwer machen.

Plötzlich erklang der Ruf eines Spechtes – ein Zeichen, dass die Eltern zurückkehrten. Ein Aufschrei bahnte sich flatternd seinen Weg durch die Äste um uns herum, und ich spürte ein Kribbeln in meinem Rücken. Würden sie uns attackieren? Vielleicht nicht mitten am Tag. Trotzdem konnten wir sie in diesem dichten Wald nicht kommen sehen.

Als ich aufblickte und die Äste über uns absuchte, starrte eine gefleckte Kreatur, deren Ohrbüschel sich deutlich sichtbar abzeichneten, misstrauisch auf uns herab. Es war das Männchen, etwas kleiner als das Weibchen, aber nicht weniger gefährlich. Mit seinen riesigen Krallen umklammerte es den Ast. Ich konnte von hier unten sogar seine weichen, hellen Augenlider erkennen. Es klapperte mit dem Schnabel, und ich dachte an die gebrochenen Knochen von Kaninchen, Füchsen und anderen Raubvögeln – keiner hatte eine Chance gegen dieses geschulte Raubtier und seine scharfen Krallen.

»Dieses Paar nistet hier schon seit 15 oder vielleicht sogar zwanzig Jahren«, sagte Jere. »Es sind großartige Eltern. Der Uhu kann, obwohl er sehr verletzlich ist, lange leben. In freier Wildbahn können die Eulen zwanzig Jahre alt werden oder sogar noch älter, und in Gefangenschaft vielleicht doppelt so alt.« In all diesen Jahren sammeln die Tiere einen großen Schatz an Erfahrungen; sie werden weise, aber nicht so wie wir Menschen. Es ist Eulenwissen: wie man jagt und sich ernährt, wie man eine Partnerin oder einen Partner anlockt und für immer zusammenbleibt, wie man wachsam ist, wie man sein Territorium verteidigt und seine Familie beschützt. Ich verstand nach dieser Reise besser, warum die Eule für uns Menschen zwei so unterschiedliche Ideen wie die Weisheit und das Böse verkörperte.

Jere nahm mir den jungen Uhu wieder ab und setzte die kostbare Fracht behutsam in einer moosbewachsenen Mulde im Schatten von einigen Kiefernschösslingen ab. Er entfernte sich schnell, bevor das aufgebrachte Eulenküken sich auf seine Lederstiefel stürzen konnte. Der Eulenvater über uns sah nicht weniger wütend aus. Als wir uns von der Lichtung zurückzogen, schwebten winzige Staubpartikel und Eulendaunen durch die warme Luft und hefteten sich an unsere Fersen, als wir durch den dicht bewachsenen Wald zurück zu Jeres Auto gingen.

Ein »Buuu-huuh« schallte hinter uns her. War es der Eulenvater, der sicherstellte, dass seinem Kind nichts passiert war?

Am Ende war es nicht die Größe der Uhus, die mich verblüfft hatte, sondern ihre Verletzlichkeit und ihre Fürsorge. So weit weg von zu Hause hatte ich realisiert, dass diese furchterregenden Kreaturen etwas brauchten, auf das keiner von uns wirklich verzichten konnte: Familie. Obwohl die Eulen die meiste Zeit ihres Lebens allein verbrachten, hatten sie das mit uns Menschen gemeinsam. Wir alle sind nichts ohne unsere Familie.

Glaucidium passerinum

DER SPERLINGSKAUZ

Die Maße meiner nächsten Eule muteten etwas seltsam an in Anbetracht der Tatsache, dass ich gerade die größte Eule der Welt studiert hatte, aber manchmal waren es die kleinen Dinge, die das Herz zum Schmelzen brachten.

Die kleinste Eule der Welt (nach dem Gewicht gemessen) ist der Elfenkauz. Leider konnte ich nicht nach Texas oder Mexiko reisen, um in seine neckisch blitzenden gelben Augen zu schauen, die aus dem wohl besten Nistplatz der Welt hinausleuchteten: einem winzigen Loch hoch oben in einem riesigen Kaktus. Aber es gab eine Eulenart, die fast an diesen winzigen Kauz heranreichte, und wie so viele der Wunder, auf die ich bei meiner Eulensuche gestoßen war, war auch dieser besondere kleine Vogel nicht in meinem ursprünglichen Plan vorgesehen gewesen. Die ganze Zeit über war ich davon überzeugt gewesen, dass *Athene noctua*, der Steinkauz, die kleinste Eule wäre, die ich je sehen würde. Bis ich eines Besseren belehrt wurde. Die Sache ist nämlich so: Wenn man den Leuten erzählt, dass man sich für Eulen interessiert, dauert es nicht lange, bis sie anfangen, einen mit interessanten Dingen zu bombardieren.

Das geheimnisvolle Paket stammte von meiner eulenversessenen Freundin Christine aus Frankreich. Wann immer sie mir etwas schickte, öffnete ich es mit großer Vorfreude, denn ich wusste, dass sie einen guten Geschmack hatte. Ich musste zugeben, dass mein Arbeitszimmer langsam vor Eulendeko überquoll: Kerzen, Tassen, Karten, Bilder, Weihnachtsschmuck, Fliesen, Untersetzer, Ornamente, Figuren usw. Eigentlich waren mir die wilden Eulen ja genug, zumal die meisten Eulengeschenke auf lange Sicht keinen großen Nutzen haben, außer dass sie eine nette Geschenkidee für den Moment waren. Es war mir fast schon unangenehm, wie sich die von Menschen gemachten Eulenartikel in meinem Büro stapelten. Es fühlte sich so an, als versuchte die ganze Welt, aus einer wilden

Kreatur Gewinn zu schlagen, die sich der Kommerzialisierung aus der Tiefe ihres Wesens entzog.

Dieses Eulengeschenk war jedoch aufmerksamer als die meisten, die ich erhielt. Es war ein Dankeschön für den handgeschnitzten finnischen »Fächervogel«, den ich Christine und Marianne zur Hochzeit geschenkt hatte: Das kleine Holzmobile, das man ins Fenster hängen konnte, zeigte zwei Vögel im Flug, die an den Schnäbeln miteinander verbunden waren. Manchmal waren es die kleinen Gesten im Leben, die ganz große Wellen schlugen, und dieses kleine Geschenk hatte eine wahrhaft große Bugwelle ausgelöst. Ursprünglich hatte ich Christine gesagt, dass die britischen Eulen völlig für meine Recherche ausreichen würden und ich kein Interesse an zusätzlichen französischen Arten hätte – aber da es mich auf meiner Reise bereits nach Serbien und Finnland verschlagen hatte, konnte meine Freundin diesen Einwand nicht ganz ernst nehmen. Und so fand ein stetiger Strom von Eulenkarten, Büchern und anderen Informationen den Weg in mein Zuhause, der mich dazu überreden sollte, meiner französischen Freundin einen Besuch abzustatten. Sie wollte unbedingt, dass ich auch Eulenarten sah, die es in England nicht gab. Kannte ich schon die Zwergohreule? Oder den Raufußkauz? Alte Freunde wissen eben genau, welche Knöpfe sie drücken müssen.

Nun packte ich also das neuste Geschenk aus; ich kämpfte mich durch die straffe Zellophanverpackung und förderte eine DVD-Hülle zutage. Ohne zu zögern, schob ich die runde Scheibe in meinen Computer. Es war eine Eulendoku, komplett auf Französisch erzählt. Ich drückte Pause und machte mir eine Tasse Tee, bevor ich mit meinem alten Französischwörterbuch zu meinem Bildschirm zurückkehrte. Zwar hatte ich mein Grundstudium in Französisch absolviert, aber um all die ornithologischen Fachbegriffe zu verstehen, musste ich mich wirklich konzentrieren. Ich betrachtete das Cover der DVD. Es zeigte eine Eule, die wie ein Steinkauz, *une chevêche,* aussah, aber es war keiner. Dieses Exemplar hier war viel kleiner. Und wirkte wütender. Sie hatte sogar noch buschigere und furchterregendere Augenbrauen als *Athene noctua.* Ich rannte los, um die Eule in Heimo Mikkolas großartigem *Handbuch Eulen der Welt* nachzuschlagen. Nein, das hier war ein gänzlich anderer Vogel als *la chevêche* – es war *la chevêchette.* Das klang wie eine extrakleine Version eines Steinkauzes. Uns ist er allerdings unter dem Namen *Glaucidium passerinum,* Sperlingskauz, bekannt.

Ein Sperlingskauz? Ich hatte nicht gewusst, dass so etwas existierte. Ich blätterte mich durch Mikkolas Handbuch, und eine ganze Welt dieser mysteriösen Eulenart tat sich auf. Anscheinend gab es zwanzig Unterarten dieses winzigen Tieres; vom Perl-Sperlingskauz bis zum Brasilzwergkauz war dieser drosselgroße Winzling von Europa über Kuba bis nach Südamerika verbreitet. Und alle hatten sie eins gemeinsam: unglaublich wütende gelbe Augen. Ich drückte auf Play und versank im Universum dieser winzigen Eule.

Die Doku war in der Hochebene des Vercors gedreht worden, der im Südosten Frankreichs an die Alpen grenzt, und begann mit einigen Luftaufnahmen eines Wildreservats, von dem ich noch nie gehört hatte. Zum Klang der hymnischen Titelmelodie zoomte die Kamera näher an den Kiefernwald heran, immer weiter, bis ein winziger Sperlingskauz sichtbar wurde, der auf einem Zweig hockte. Eingerahmt von den weichen Nadeln einer Fichte, glänzten seine zitronengelben Augen in der Sonne. Während die Kamera geduldig auf der winzigen Eule verweilte, spreizte sie einen kleinen, stumpfen Flügel ab, um mit ihren gescheckten Schwungfedern einen perfekten Fächer zu bilden. Für einen Moment fiel das Sonnenlicht durch ihr Gefieder, dann zog die Eule ihren kurzen Schwanz ein und bauschte ihr seidiges Gefieder zu der betörenden Form einer kleinen Birne auf. Die Kamera zoomte weiter heran und offenbarte einen gelben hakenförmigen Schnabel, der so scharf und tödlich war wie der jedes anderen, größeren Raubvogels. Diese Eule war kein Mauerblümchen. Sie war ein kompakter, sperlingsgroßer Raufbold. Ein Gesichtsschleier war um ihre durchdringenden gelben Augen nicht erkennbar, aber ihr Schnabel war von winzigen Gesichtsfedern umgeben, die in weiße Augenbrauen übergingen. Die Kamera fuhr nach oben auf die gesprenkelte Stirn, die wie eine Art flach gedrücktes, glitzerndes Toupet aussah, und als die Eule ihren Kopf drehte, konnte ich auf ihrer Rückseite eine erfinderische Zeichnung, bestehend aus dunklen Augenflecken mit einer weißen Umrandung, erkennen – das Occipitalgesicht, ein evolutionärer Trick, der Raubtiere abschrecken soll. Die weiß durchsetzte Vorderseite der Eule ließ den Eindruck entstehen, als sei die kleine Gestalt in einen Mantel gehüllt.

Der nur sechzig bis achtzig Gramm schwere Sperlingskauz, *Glaucidium passerinum,* fliegt schneller als jede andere Eule und hat die furchteinflößendsten Augenbrauen von allen. Der jähzornige Gesichtsausdruck, der von einem graubraunen, blass gesprenkelten Gefieder umrahmt wird, hat sich so entwickelt, damit er perfekt mit der bergigen Fichtenlandschaft mit ihren nach Harz duftenden Ästen und von Eis überzogenen Lichtungen, in denen die Eule zu Hause ist, verschmilzt. Dieser Vogel ist ein Relikt aus der Eiszeit. Während der Gletscherschmelze, als das Eis verschwand und die Berge langsam von Bäumen überzogen wurden, profitierte der sich im Hochland heimisch fühlende Sperlingskauz von der Vielfalt, die sich in dieser Waldlandschaft auftat. Er ernährte sich von kleinen Beutetieren und besetzte die Nisthöhlen der Buntspechte zum Brüten. Bei dieser possierlichen Eule handelte es sich um einen winzigen Raubvogel mit allen Fähigkeiten eines Spitzenräubers.

Der Film ging weiter. Auf dem Bildschirm war jetzt eine Karte zu sehen, auf der die genaue Lage des Territoriums dieser kleinen

Eule am Rande der Alpen angezeigt wurde – jetzt wusste ich also genau, wo sie zu Hause war. Dann schwenkte die Kamera über eine Wand mächtiger Kalksteinfelsen, eine riesige, vierzig Kilometer lange Formation, die am Rand des Naturschutzgebiets – dem größten von Frankreich – entlanglief und es schützend von der Außenwelt abschirmte. Für die Wissenschaftler stellte das Vorkommen des Sperlingskauzes in dieser Region einen Indikator für die Gesundheit des Bergwaldes dar. Wie die Eule ihr Territorium auswählte, wie sie lebte und sich ernährte – all diese Fragen und mehr waren von einem einzigen Mann im Auftrag der LPO (Ligue pour la Protection des Oiseaux, das französische Pendant zu unserer RSPB) untersucht worden. Bei dem Sperlingskauzexperten handelte es sich um Gilles Trochard, einen fachkundigen Naturforscher mit mehr als dreißig Jahren Erfahrung. Er war ein absoluter Profi, der Jahre seines Lebens damit verbracht hatte, dieser winzigen Eulen im Schnee sowie bei brütender Hitze hinterherzustapfen.

Gilles' Ziel in dem Dokumentarfilm war, ein nistendes Sperlingskauzpärchen zu studieren. Die Kamera zeigte, wie er an einer von Schnee und Eis umgebenen Hütte ankam, dem Ort, an dem er während der nächsten Monate stationiert sein würde. Während er sich den Weg ins Innere der Behausung freischaufelte, erklärte er uns Zuschauern, dass die Temperaturen in diesem Winter auf bis zu minus 35 Grad Celsius abfallen würden.

In meinem Bauch flatterten kleine geflügelte Wesen herum. Diese zurückhaltende, verstohlene Eule und ihre wilde Waldlandschaft in den Bergen Südfrankreichs – all das schien plötzlich zum Greifen nah. Christine wusste ganz genau, dass ich keine Wahl hatte. Ich musste dorthin! Ich musste diese Eule sehen. Ich musste diesen Menschen treffen. Diesen charismatischen französischen Eulenexperten, der jetzt mit funkelnden Augen Witze darüber machte, was passieren würde, wenn ein Uhu mit seiner gewaltigen Größe auf einen Sperlingskauz treffen würde: »*Il pourrait l'écraser comme une compote de pomme!* – Er könnte ihn zerquetschen wie Apfelmus!«

Das war keine Übertreibung: Wie der Name schon sagt, ist der Sperlingskauz die kleinste aller europäischen Eulen. Sie hat einen winzigen Kopf (was ihre Birnenform erklärt) und keine Ohrbüschel, außerdem ist ihr Gesichtsschleier sehr viel weniger ausgeprägt als der vieler anderer Eulen. Das mag daran liegen, dass es sich bei dem Kauz um eine tag- und dämmerungsaktive Eule handelt, die nicht ganz so gut hören muss wie andere Eulen; sie kann sich statt auf ihr Gehör vermehrt auf ihr Sehvermögen verlassen. Der Sperlingskauz fliegt in schnellen Stößen, und bei der Landung wirft er seinen relativ langen Schwanz in die Höhe, wie ein Zaunkönig. Wenn der kleine Vogel irgendwo länger sitzt, schlägt er seine Schwanzfedern von einer Seite zur anderen, so als wäre er dem Nervenzusammenbruch nahe.

Nein, da war nichts zu machen: Ich wollte diese winzige Eule finden und von ihrem leidenschaftlichen Fürsprecher mehr über das seltsame und geheimnisvolle Leben dieses neuen, mir bis dahin komplett unbekannten Raubvogels erfahren. Ich war mir sicher, dass der Sperlingskauzexperte Gilles mir helfen würde.

Lange Zeit war ich mit den Eulen, die ich auf meiner bisherigen Reise gefunden hatte, zufrieden gewesen – bis ich diesen kleinen Filmstar erblickt hatte: *La Discrète Chevêchette,* wie der Titel der Doku lautete. Es handelte sich hier um eine Eule, die ihre Kopffedern anlegen und einen Habicht nachahmen konnte, und das alles, während sie in einem Körper steckte, der nur etwa ein Zehntel dieses viel größeren Raubvogels ausmachte. *La chevêchette* – »der kleine Steinkauz«, wie er in Frankreich genannt wird – kann Vögel jagen und töten, die viel größer sind als er selbst. Er ist ein Raubtier, das in eine Kaffeetasse passt, aber die Wucht eines doppelten Espressos mitbringt, wenn er Spechte aus ihren Nestern boxt.

Während ich in meinem Kopf einen Plan ausheckte, betrat Jenny mein Arbeitszimmer.

»Alles in Ordnung mit dir, Mama? Du schaust dir diesen Film jetzt schon zum dritten Mal an.«

»Oh, ja, alles in Ordnung. Schau dir das an!« Ich überredete sie, sich zu mir zu setzen und sich gemeinsam mit mir einen Teil der Doku anzusehen. Sie wippte geduldig auf der Kante des Sofas hin und her und merkte an, dass das Vercors-Gebirge zwar ganz schön aussehe, das ständige Pfeifen der Eule sie aber ganz schön nerve. Nach einer Weile hatte sie genug und ließ mich mit meinem neuen Schwarm allein.

»Am einfachsten kommt man der Eule im Frühling auf die Schliche«, sagte Gilles. »Man muss einfach nur ihrem Ruf folgen, um ihren Nistplatz zu finden.« Um den Sperlingskauz anzulocken, bediente Gilles sich einer Geheimwaffe, einer speziellen Pfeife namens Okarina, die jedoch nur zu wissenschaftlichen Zwecken verwendet werden durfte. Die einzige Möglichkeit für mich, diese Eule zu sehen, war, Gilles auf einem seiner Streifzüge zu begleiten.

Ich tippte Gilles' Namen in eine Suchmaschine ein und stieß zu meiner großen Freude schnell auf einen Anbieter von Wildnistouren, der mit dem Franzosen zusammenarbeitete. Es stellte sich heraus, dass Gilles einwöchige Touren zu genau dem Ort anbot, den er auch in der Doku gezeigt hatte! Ein Schwall Adrenalin durchflutete mich. Ich konnte mein Glück nicht fassen und sah mir sofort den Preis an. Es war ziemlich teuer. Aber das war mir egal. Manche Dinge sollen einfach so sein, und außerdem hatte ich eine Kreditkarte. Ich gönnte mir noch eine Wiederholung der DVD und ging im Kopf einige der ornithologischen Fachvokabeln durch, die ich auf Französisch kannte.

Tatsächlich hatte ich jetzt einen guten Grund, mir den Film immer wieder anzuschauen; immerhin musste ich lernen, wie man *pelotes de rejection* (»Speiballen«), *nichoir* (»Nistkasten«) und *logeoscope* (es gibt keine direkte Übersetzung für diese Erfindung, aber es ist so etwas wie ein »Nestbetrachtungsgerät«) richtig aussprach. Ich hoffte, dass ich die Wörter richtig betonte, denn schon bald würde ich mich in einer Gruppe französischer Vogelbeobachter behaupten müssen. Sie würden einen hohen Standard haben, und ich wollte nicht dahinter zurückbleiben. Das *logeoscope* war tatsächlich Gilles' eigene Erfindung: Es bestand aus einer getarnten Kamera, die an einer langen, auf bis zu 9,5 Meter ausziehbaren Stange befestigt war und mit einem Laptop verkabelt wurde. Damit konnte man jedes Nest von innen betrachten, ohne seine Bewohner groß zu stören. Gilles hatte auf diese Weise auch herausgefunden, dass Sperlingskäuze in der Regel zwischen vier und sechs Eier legten, gelegentlich aber auch bis zu sieben, obwohl nicht alle Küken daraus flügge wurden.

Das Bild, das die Tierdoku von Gilles in meinem Kopf kreiert hatte, lag irgendwo zwischen obsessiv-engagiertem Einzelgänger und ernsthaftem Naturforscher. Der Franzose war beim Skilanglaufen durch die Berge gefilmt worden; mit seiner Sonnenbrille, der Outdoortarnkleidung und seiner Spezialausrüstung sah er aus wie ein ornithologischer James Bond. Während ich mir eine weitere Wiederholung dieses kleinen Meisterwerks ansah, klickte ich in meinem Browser auf »Senden«, und meine mehr als sperlingsgroße Anzahlung für die Eulentour wurde auf den Weg geschickt. Bald würde auch ich anmutig auf Langlaufskiern durch die verschneite Berglandschaft gleiten und Gilles mit seinem *logeoscope* helfen.

Gespannt wartete ich auf eine Antwort auf meine Mail. In der Zwischenzeit bestellte ich mir eine französische Ausgabe des *Collins Bird Guide* und versuchte, so viele französische Vogelnamen zu lernen, wie ich konnte. Tatsächlich musste ich aber nicht lange auf eine Rückmeldung warten – ein gutes Zeichen! Gilles' Kollege und Geschäftspartner Pierre Boutonnet, der das Reiseunternehmen gegründet und bald darauf seinen erfahrenen Naturforscherfreund mit ins Boot geholt hatte, schrieb mir eine E-Mail und erzählte mir zu meiner großen Freude, dass er das Otterbuch besaß, das ich vor einigen Jahren geschrieben hatte. Was für ein großartiger Start! Pierre schickte mir das *fiche technique,* das alle wichtigen Details über den Trip enthielt. Uns wurde die Sichtung von acht Eulenarten versprochen, die alle in der Region des Vercors vorkamen: die Schleiereule, der Waldkauz, die Waldohreule, der Steinkauz, der Raufußkauz, die Zwergohreule, der Sperlingskauz und der Uhu.

Warmer Mairegen fiel vom Himmel, als ich in Genf ankam. Guy und Sandra, die ebenfalls an der Reise teilnehmen würden, hatten mir großzügigerweise eine Mitfahrgelegenheit angeboten und verstauten mich sorgfältig in ihrem Auto zwischen den langen Kameraobjektiven, den Tarnklamotten und dem Rest ihrer Ausrüstung. Als wir auf die Autobahn fuhren und die französische Grenze überquerten, ging mein Herz auf angesichts der Landschaft, die sich vor uns auftat: mit Mohnblumen übersäte Wiesen und von Kiefernwäldern bedeckte Berge, deren Gipfel im Nebel verschwanden. Gemütlich eingekuschelt auf dem Rücksitz des Autos, erspähte ich durchs Fenster einige Schwarzmilane. »Die sind hier recht häufig«, erklärte Guy, ein gebürtiger Schweizer, während wir die Vögel dabei beobachteten, wie sie über den Feldern ihre Kreise zogen.

Als wir an unserem Treffpunkt in Valence ankamen, blinzelte die Sonne hinter den Wolken hervor und die Luft flirrte über der warmen Erde. Guy parkte das Auto, und wir warteten neben den Bahngleisen auf Gilles und die anderen Gruppenteilnehmer. Über uns kreisten Feldlerchen, und von den sonnengebleichten Feldern wehte der aromatische Duft von Kamille, Geißblatt und wildem Thymian zu uns herüber. Alle gleichzeitig vernahmen wir das vertraute »Ki-ki-ki-ki« eines Raubvogels und griffen zu unseren Ferngläsern. »*Un faucon crécerelle!*«, sagte Guy und zog blitzschnell sein Fernrohr aus. Ich hatte es Christine zu verdanken, dass ich all diese Vogelnamen auf Französisch kannte. Als wir beide in unseren frühen Zwanzigern waren, hatten wir gemeinsam im Loiretal gelebt und dort zusammen viele Spaziergänge unternommen. Christine interessierte sich genauso wie ich für die Natur und die in ihr heimischen Vögel und brachte mir deren Namen auf Französisch bei. *Rouge-gorge, mésange bleue, pic vert, corbeau, héron cendré, chouette hulotte:* Ich hatte sie mir alle gemerkt. Wir sahen dem Turmfalkenpaar dabei zu, wie es seine beiden Jungen fütterte und dabei über die Wege und Felder rund um den Bahnhof hinwegflog.

Dann endlich fuhr Gilles in seinem silbernen Dacia Duster vor. Er lehnte sich aus dem Fenster und warf uns ein professionelles *bonjour* zu. Genau wie im Film trug er eine Sonnenbrille und praktische Outdoorbekleidung.

An diesem Abend gingen wir gemeinsam essen und lernten uns kennen. Thierry, Evelyne und Valérie waren ein fantastisches Dreiergespann und kamen aus drei komplett unterschiedlichen Teilen Frankreichs: dem weit entfernten Norden, den Vogesen und einer winzigen Insel vor der Bretagne. Evelyne erzählte mir, dass sie sich jedes Jahr zu dritt eine große Birdwatching-Reise weit weg von ihren Familien gönnten. Schon bald wurde ich in ihren Klub aufgenommen: Nächstes Jahr könnte ich mich ihnen doch einfach anschließen? Während ich das hier schreibe, sind die drei auf dem Weg zu mir nach England, und danach machen wir uns auf zu einer Vogelbeobachtungsreise nach Sizilien. Neben Thierry Nummer eins gab es noch einen weiteren Thierry aus dem Norden, der am Stock ging und es trotzdem schaffte, einen Haufen fotografischer Geräte und ein spezielles Tonaufnahmegerät mit sich herumzutragen. Er wurde von seiner liebevollen jungen Frau Sophie begleitet. Aus der

Schweiz waren Guy und Sandra mit ihrem schwer beladenen Mercedes mit dabei. Und schließlich gab es dann noch Danielle, die einzige andere Alleinreisende, die wie ich ihren Mann zu Hause gelassen hatte, irgendwo in der Nähe der belgischen Grenze bei Arras.

Unsere Gruppe würde sich in einem schnittigen Konvoi, bestehend aus drei Autos im Safaristil, fortbewegen. Am zweiten Tag packte mich Evelyne an der Schulter und befahl mir, bei ihnen mitzufahren. Sie sagte, Thierry, der am Steuer saß, müsse dringend sein Englisch verbessern. Abwechselnd setzten wir uns zu ihm nach vorn. Zu meiner Freude schien die Regel der Franzosen, neue Bekannte mit der höflichen Anredeform *vous* anzusprechen, hier nicht zu gelten; wir alle verwendeten von Anfang an das informellere *tu*. Ich erklärte mir das dadurch, dass wir alle Vogelbeobachter waren und somit im gleichen Boot saßen.

Nachdem wir unser Drei-Gänge-Menü verspeist hatten, juckte es Gilles in den Fingern, uns endlich in die Wildnis zu führen. Er versuchte, uns vom Nachtisch abzulenken, aber die anderen setzten sich zur Wehr – für Franzosen war es undenkbar, das Dessert auszulassen, und so war Gilles dazu gezwungen, wie der Rest der Gruppe eine Schale frischer Erdbeeren zu verputzen. Danach machten wir uns schließlich auf den Weg und durchquerten in unserem Konvoi die Ebene des Rhonetals, um inmitten einiger Bauernhöfe nach der ersten Eule auf unserer Liste zu suchen – noch nicht der Sperlingskauz, sondern *Athene noctua*, der Steinkauz.

Am Himmel hingen graue Wolken, schwer mit Regen. Gilles sah mürrisch aus; kritisch schaute er nach oben. »So kurz vorm Sommer regnet es normalerweise nie«, sagte er. Ringsum begannen dicke Tropfen auf den Boden zu fallen. Nebel stieg zwischen den Hügeln auf, und noch mehr dunkelgraue Wolken am Horizont kündigten weitere Regengüsse an. »Das ist ein sehr schlechter Start für die Jungvögel dieses Jahr«, erklärte Gilles. Der für die Jahreszeit untypische Regen erwischte die gerade flügge gewordenen Eulen genau in dem Moment, in dem sie gerade ihr Nest verlassen hatten. Das war alles andere als optimal.

Steinkäuze können jedoch auch bei Regen jagen, im Gegensatz zu vielen anderen Eulenarten wie zum Beispiel der Schleiereule, die schnell durchnässt ist und dann nicht mehr fliegen kann. Im schlimmsten Fall kann sie bei schlechtem Wetter an der Kälte sterben. »Schleiereulen gibt es in dieser Gegend fast keine mehr«, sagte Gilles. »Wir haben zwar Nistkästen für sie aufgehängt, aber sie haben dieses Jahr nicht mal gebrütet. Ich weiß nur von ein oder zwei Paaren, die sich hier in der Nähe aufhalten. Es gibt zu viele Straßen hier unten im Tal, das ist zu gefährlich für die Schleiereule: Sie fliegt niedrig, und die Leute fahren schnell. Außerdem mögen es viele Bauern nicht, wenn man Nistkästen auf ihrem Land anbringen will.«

Schon bald hatte Gilles einen Steinkauz für uns ausfindig gemacht: Er wusste genau, wo die kleinen, mürrisch schauenden Eulen sich aufhielten, und spielte mit seiner Eulen-App den melancholischen Ruf des Raubvogels ab. Wir warteten geduldig, und da war er auch schon da, wie aufs Stichwort! Wie eine kleine gefiederte Birne saß der Kauz auf der Spitze eines Daches und begutachtete uns streitlustig. Die Stimmung war sofort spürbar besser, und auch Gilles' Laune besserte sich. Eulenart Nummer eins: gesichtet.

Rund um uns herum schwirrten Schwalben durch die Luft; sie zischten an den mit Rosen und Weinreben verzierten Häusern vorbei und jagten nach Fliegen und Mücken. Diese ländliche Umgebung war der perfekte Lebensraum für Steinkäuze: In den alten Gebäuden und Holzhaufen ließen sich gut Nester bauen, und die Hecken und Wiesen boten mit ihren vielen Insekten und kleinen Säugetieren reichlich Nahrung. Die Sonne ging gerade unter, als Thierry eine kleine Silhouette auf einem Ast entdeckte – noch ein

Steinkauz! Zehn Minuten lang beobachteten wir die kleine Eule dabei, wie sie vom niedrigen Ast einer Zierkiefer aus einen der umliegenden Gärten nach Beutetieren absuchte. Der Steinkauz starrte uns einen Moment lang an, und durch das Fernrohr konnte ich sehen, wie seine mit Federn besetzten Lider sich über den blassgelben Augen schlossen und wieder öffneten. Dann widmete er sich wieder der genauen Musterung des Bodens und stürzte sich wiederholt in die Tiefe, so als ob er ein kleines Insekt zu fangen versuchte.

»Die meisten Leute wissen nicht, dass Eulen in ihren Gärten jagen«, sagte Gilles. »Das hier ist nicht England. Die Royal Society for the Protection of Birds ist riesig und hat Unmengen an Mitgliedern. Sie alle setzen sich für die Vögel und ihre Lebensräume ein und nehmen an Petitionen und Kampagnen teil. So etwas haben wir hier nicht.«

In mir machte sich eine Mischung aus Stolz und Betroffenheit breit.

»Ihr habt in Großbritannien eine Million Mitglieder«, fuhr Gilles fort. »In der Ligue pour la Protection des Oiseaux sind es nur ein paar Tausend.« Die französische Vogelschutzorganisation wurde 1912 aus Protest gegen die regelmäßigen Massaker an Papageientauchern an der Nordküste der Bretagne gegründet. Es war eine Tradition der örtlichen Eisenbahngesellschaft, jedes Jahr Safaris zu organisieren, um Jagd auf die Tiere zu machen. Irgendwann hatte der Vogelenthusiast Lieutenant Hémery genug von dieser Untat und begann, sich für die Vögel einzusetzen. Er gründete einen Verein zu ihrem Schutz; ein Papageientaucherpaar ziert auch heute noch das Logo der LPO.

»Wir hängen den Briten Jahrzehnte hinterher«, erklärte Gilles weiter. »In der Provinz gehört das Schießen von Vögeln dazu. Für die Menschen hier ist die Jagd auf Wildtiere extrem wichtig, und ›*les ornithos*‹ sind eine Rarität.«

»Wir schießen in Großbritannien auch Vögel«, warf ich ein und dachte dabei an die Moorhuhnjagd.

»Aber hier ist es anders. Es wird immer schlimmer – mehr Menschen machen mit, die Jagd gewinnt an Popularität«, seufzte Gilles. »Wir schießen wirklich *jeden* Vogel, wild oder nicht, und sogar die geschützten Arten.«

Ich wollte den Fall der Kornweihe ansprechen, ein geschützter Vogel, der in Großbritannien oft verfolgt wird, aber wurde durch die Ankunft eines vom Regen durchnässten Steinkauzes abgelenkt. Der Vogel ließ sich auf einem Kiefernzweig nieder und verfolgte mit seinen Augen zielstrebig etwas auf dem Grund zwischen den Bäumen. Während wir ihm unsere volle Aufmerksamkeit schenkten, ließ er sich wie ein schwerer Stein von seinem Ast fallen, stürzte hinunter ins lange Gras und tauchte dann mit seiner Beute im Schnabel wieder auf. Es stellte sich heraus, dass die Eulen sich von Regenwürmern ernährten, die während des Regens aus der Erde gekrochen gekommen waren. Als Nächstes flog der Steinkauz in Richtung einer Scheune und glitt geschickt durch das zerbrochene Fenster eines kleineren Nebengebäudes. Kaum hatte er seine zapplige Fracht an seinem Nistplatz abgeliefert, tauchte er wieder auf und wiederholte den Vorgang. »Steinkäuze haben sich an Wetterbedingungen wie diese angepasst. Sie haben kurze Flügel, und außerdem ist ihr Gefieder wasserdicht«, erklärte Gilles. »Sie jagen auch bei schlechtem Wetter, ganz anders als Schleiereulen. Aber trotzdem muss es anstrengend sein bei Regen. Schaut, er ist ganz durchnässt.« Der Raubvogel musste seine Jungen füttern, er konnte sich nicht von schlechtem Wetter abhalten lassen. Wir hakten den Steinkauz auf unserer Liste ab und zogen weiter.

Ich konnte nicht glauben, dass die Menschen in Frankreich keine Vögel mochten. Und anscheinend waren auch Vogelbeobachter wie wir nicht besonders beliebt.

»Ich kann auf dem Land mein Vogellexikon nicht auf meinem Autositz liegen lassen – die Leute würden mir die Reifen aufschlitzen«, sagte Thierry. Wow!

»Stimmt. Meinen Freunden wurde ihr Auto zerkratzt, und die Fenster wurden eingeschlagen«, pflichtete Evelyne ihm bei.

Gilles nickte grimmig.

Wir fuhren durch violette Wickenbüsche, die wie Berge am Straßenrand thronten; zwischen stachligen Distelzweigen und hohen Grasbüscheln leuchtete Armenischer Mohn hervor. Ringsherum duftete es nach Heu und Geißblatt, die Grillen gaben ihr unablässiges Zirpkonzert zum Besten, und über uns zogen die Feldlerchen ihre Kreise. Plötzlich trat Gilles mit dem Fuß auf die Bremse.

»*Pie-grièche écorcheur!*«

Aufregung kam auf – jetzt nur keine Zeit verschwenden! Wir hielten an, holten unsere Ausrüstung hervor und richteten Objektive und Augen auf drei Uhr. Der Vogelname, den Gilles genannt hatte, sagte mir nur vage etwas. *Grièche* – das war ein Würger, oder? Ich hatte noch nie einen dieser Vögel in Großbritannien gesehen, was nicht verwunderlich war, da diese Art auf den Britischen Inseln in dramatischem Ausmaß zurückgegangen war und dort mittlerweile praktisch nicht mehr existierte. Der französische Name fasste den Charakter dieses Raubvogels gut zusammen: *Ecorcher* heißt übersetzt so viel wie »am lebendigen Leib häuten«. In England wird der Würger auch *butcher bird* (»Metzgervogel«) genannt, und auch sein taxonomischer Name, *Lanius collurio,* beinhaltet mit *lanius* das lateinische Wort für »Metzger«. Es handelt sich bei dieser Art um einen blutrünstigen Raubvogel, der seine Opfer an Dornenästen aufspießt, um sie für einen späteren Zeitpunkt aufzubewahren. Als ich durch das Teleskop blickte, wusste ich sofort, dass es tatsächlich ein Würger war: Er sah ein wenig aus wie ein Steinschmätzer, war aber definitiv keiner. Ich hatte nicht damit gerechnet, auf dieser Reise ein Exemplar dieser Art zu sehen – warum auch? Immerhin war ich wegen der Eulen hier. Jetzt wo der kleine Vogel vor uns durchs Gras huschte und nach Insekten jagte, konnte ich meine Augen jedoch nur schwer von ihm abwenden.

Auch meine Vogelfreunde klebten fasziniert an ihren Ferngläsern. Blitzschnell stellte Valérie ihr Fernrohr ein und fokussierte den Vogel mit dem langen Objektiv, während Thierry und Sophie ihn auf Film festhielten. Ich nutzte die Zeit, um die Zeichnung des Vogels genau zu betrachten: der leuchtend kastanienbraune Rücken, der graue Kopf und die schwarze Maske, die an einen Banditen erinnerte. Besonders einprägsam waren der dicke, hakenförmige Schnabel des Würgers und seine scharfen Greifklauen; seine Brust war rosa gefärbt wie ein Sonnenuntergang im Sommer, und der runde Bauch war glatt und blass wie Zuckerwatte. Ich war hin und weg.

Auch am nächsten Abend unternahmen wir nach einem ausgedehnten *diner* einen Ausflug in die Natur, um weitere Eulen von unserer Liste abzuhaken. Wir wischten unsere Teller mit Brot sauber, schlangen den Nachtisch herunter und düsten los. Aufmerksam hielten wir die Augen nach Schleiereulen offen und lauschten dem kehligen Schrei der Waldohreule. Am Ende nahm jedoch ein ganz anderes Tier unsere Aufmerksamkeit gefangen: *Bufo calamita* – die Kreuzkröte! Zuerst vernahmen wir nur den bezirzenden Gesang der Kröten oder, wie sie auf Französisch genannt werden: *les crapauds calamites.* Der Regen in dieser Nacht verbreitete eine unheilvolle Stimmung, und die bebenden Krötenrufe, die vom Rand eines Feldes aufstiegen, schienen diesen Eindruck nur zu verstärken. »Unser Gehör funktioniert im Dunkeln so viel besser«, sagte Gilles, »weil wir dann nicht abgelenkt sind.« Immer mehr Stimmen ertönten aus der Tiefe des Feldes; sie breiteten sich aus, dissonant, eindringlich, wie eine schäumende Welle, die an Fahrt aufnahm, bis sie sich in unseren Ohren brach.

Bufo calamita: Ich schlug die Übersetzung dieses Namens später nach und war überrascht zu erfahren, dass er nicht so etwas wie »Kröte des Unheils« bedeutete, sondern auf das griechische Wort *kalamos* zurückging – »Schilf«. Der lateinische Name bezog sich also auf den Lebensraum der Kreatur: die Kröte des Schilfes. In Großbritannien sind diese Amphibien sehr selten und kommen nur manchmal in Pfützen auf schilfbewachsenen Dünen und in Heidelandschaften vor, aber hier in Frankreich stolperten wir gleich über Hunderte, wenn nicht gar Tausende der Tiere. Die Rufe der jungen Waldohreulen, wegen denen wir eigentlich gekommen waren, rückten neben dem dröhnenden Krötenchor in den Hintergrund, und nachdem wir eine Weile lang zwischen den dichten Blättern und Zweigen einiger Lindenbäume nach den Vögeln Ausschau gehalten hatten (es war unmöglich, sie zu sehen, obwohl sie sich in unmittelbarer Nähe befinden mussten), traten wir den Rückzug an, unsere Laune durch den zunehmenden Regen mittlerweile deutlich getrübt. Aber auch wenn das schlechte Wetter die Eulen in ihrem Versteck hielt, lockte es zu meiner Freude doch die Kröten nach draußen. Als wir in Richtung unseres Hotels fuhren, überquerten sie im gelben Licht der Autoscheinwerfer die Straße und sahen dabei auf dem nassen Asphalt aus wie schimmernde Goldnuggets. Gilles drosselte das Tempo und fuhr langsam um die Tiere herum, bis ich schließlich lauthals protestierte und er aus dem Wagen sprang, um die Kröten mit den Händen von der Straße zu schieben. Direkt vor dem Vorderrad saß ein besonders großes Exemplar, das er aufhob und durch das Autofenster schob, direkt unter meine Nase. Der Rücken des Tieres war smaragdgrün genoppt und erinnerte an einen Edelstein, und seine Augen waren wie aus Bronze gegossen. Die Kröte strömte einen Geruch nach Regen, Moos und Algen aus; der frische, feuchte Duft setzte sich so eindrücklich in meiner Nase fest, dass er die ganze Nacht bei mir blieb.

Am nächsten Tag war es der betörende Gesang von Nachtigallen, der durch das offene Autofenster zu uns ins Innere des Wagens drang. Ich streckte meinen Kopf hinaus in den Fahrtwind und lauschte. Die Vögel sangen so laut, dass ihr Lied die Motorengeräusche unserer Autos, den Wind und sogar unsere Unterhaltungen übertönte.

»Willst du anhalten?«, fragte Gilles, der meine Faszination bemerkt hatte. »Wir können eine Pause machen und ihnen zuhören.«

Unser Konvoi kam zum Stehen, und wir stiegen aus und stellten uns in das Eschen- und Haselnussdickicht am Straßenrand, unsere Ohren erfüllt von den herrlichen Melodien der Nachtigallen. Ich spürte, wie mein Magen vor lauter Entzücken zu kribbeln begann. Der schwindelerregend schöne Gesang dieses schlichten braunen Vogels erhob sich aus dem dichten Blattwerk der Bäume, sodass wir keinen Blick auf ihn erhaschen konnten, aber sein Lied war so kraftvoll, dass das auch überhaupt nicht nötig war. Wissenschaftler haben nachgewiesen, dass die komplexen Melodien der Nachtigall so angelegt sind, dass sie einen nachhaltigen Effekt auf das Gehirn des weiblichen Vogels haben. Das beeindruckende Repertoire des Männchens umfasst bis zu 1.160 Silben (im Vergleich zu 341 Silben bei der Feldlerche), und die Weibchen lassen sich nicht übertölpeln – der Gesang vermittelt einen sehr ehrlichen Eindruck von den Fähigkeiten des Sängers, und je talentierter dieser ist und je ausgefeilter seine Lieder sind, desto wahrscheinlicher ist es, dass er damit beim Weibchen Erfolg hat. Mich hatten die Vögel auf jeden Fall in ihren Bann gezogen. Bewegungslos standen wir da und lauschten der wundervollen Musik, die alle unsere Sinne betörte.

Nachdem wir uns von den Nachtigallen losgelöst hatten, fuhren wir eine kurvenreiche, einspurige Straße ins Vercors-Gebirge hinauf und ließen uns von Gilles tief in den Moorwald führen. Heute würden wir endlich Sperlingskäuze sehen! Es war Frühling, und die meisten Vögel waren damit beschäftigt, ihre Jungen zu füttern, was bedeutete, dass es leichter war, einen Blick auf die erwachsenen Eulen zu erhaschen, wie sie emsig auf den immer gleichen Routen Ladungen von geköpften Wühlmäusen und erlegten Singvögeln zu ihren Nestern brachten.

Ich erkannte den Ort, an dem wir uns befanden, aus der Doku wieder, in der ich die Sperlingskäuze zum ersten Mal gesehen hatte. Gilles musste diese Gegend in- und auswendig kennen, da war ich mir sicher. Er hielt nur selten inne, um dem Gesang der Grasmücken zu lauschen oder um uns auf einen Schwarzspecht oder einen Gimpel aufmerksam zu machen. Während er strammen Schrittes vorwärtsmarschierte, erzählte er uns mehr über das komplexe Ökosystem dieses geschützten Gebiets. Eingriffe jeglicher Art waren hier verboten, es durfte keine Landwirtschaft betrieben und kein Holz gefällt werden. Bäume, die auf natürliche Weise umfielen, wurden auf dem Waldboden liegen gelassen, damit die Natur sich ihren eigenen Weg bahnen konnte. Es gab keine Straßen – nur schmale Wanderwege, die sich durch Teile des Naturschutzgebiets schlängelten, aber sie wurden selten benutzt, und Fahrzeuge waren überhaupt nicht erlaubt. Im Winter konnte man die Gegend nur zu Fuß und auf Langlaufskiern erreichen. Und auch im Sommer wurde das spärliche Netz von Pfaden, die sich durch den Wald zogen, hauptsächlich von Tieren genutzt. Die einzige menschliche Behausung in dieser Gegend waren ein oder zwei Schäferhütten. Das ganze Gebiet war so ursprünglich, wie es nur ging, und genau aus diesem Grund so unglaublich wertvoll.

Wir achteten auf jeden unserer Schritte, die wir in diesem empfindlichen Lebensraum taten, und versuchten, nur die leichtesten Fußabdrücke zu hinterlassen. An bestimmten Stellen blies Gilles in seine spezielle Eulenflöte, um die Sperlingskäuze anzulocken. Das Instrument wurde Okarina genannt und war uralt; ursprünglich wurde es aus Holz, Ton oder sogar aus Gamshorn gefertigt. Die Note, die Gilles auf der kleinen Flöte spielte, war ein hohes F, das den einzigartigen Revierruf des männlichen Sperlingskauzes nachahmte.

Wir hielten auf einer moosbewachsenen Lichtung an und ließen uns von dem grünen Farbenspiel der Blätter und Flechten gefangen nehmen. Die Bäume raschelten leise im Wind. Warum fühlte man sich an einem so wilden Ort so unglaublich ruhig? Die Art und Weise, wie das Licht und die Farben das Waldes auf unsere menschlichen Sinne wirkten, hatte etwas Magisches. Inmitten der grünen Schatten der Kiefernzweige, des Knisterns der Waldameisen auf dem Grund und des Geräusches flatternder Vogelflügel verlangsamte sich unser Atem, und wir fielen in eine Art Trance. Gilles führte seine Lippen an die Okarina und pfiff. Wir warteten.

Dann plötzlich: ein Rascheln auf einem Ast, das Geräusch winzigen Krallen auf weicher Rinde – und da war es! Das Sperlingskauzmännchen war Gilles' Ruf gefolgt. Ich wollte vor Freude quietschen, so wunderschön und unwirklich war diese winzige Eule. Mit einem Ausdruck fokussierter Entrüstung saß der Vogel auf einem Ast über unseren Köpfen und schenkte uns keinerlei Beachtung, während er die Quelle des fremden Eulenrufs ausfindig zu machen versuchte. Suchend drehte er seinen Kopf herum und offenbarte uns dabei einen umfassenden Blick auf seine winzige Birnenstatur mit dem gesprenkelten Gefieder. Sein langer, dunkelbraun durchsetzter Schwanz zuckte vor Wut, und sein Kopf drehte sich scheinbar um 360 Grad, während er wütend die Umgebung scannte und versuchte, den Eindringling zu entdecken. Als der Sperlingskauz sich umdrehte, erhaschten wir einen Blick auf das angedeutete Gesicht auf seinem Hinterkopf, die weiß umrandeten Flecken auf seinem Gefieder, die den beunruhigenden Eindruck erweckten, dass der Vogel uns selbst dann beobachtete, wenn er den Kopf abgewendet hatte.

Sperlingskäuze sind sehr stimmgewaltig, und wenn ein Männchen sich bedroht fühlt, erhöht es die Lautstärke seines Rufes – so wie es dieses Exemplar nun tat, als es ein lautes »Piuuu-piuuu-piuuu« ausstieß, ein grelles, stakkatoartiges Pfeifen, das den unerwünschten Eindringling einschüchtern sollte. Mir fiel auf, dass dieser Revierruf den monotonen Lauten des Dompfaffs ähnelte, wobei die Stimme des Weibchens noch etwas weicher und höher klang. Wie wir gesehen hatten, ließ sich das Männchen leicht anlocken und scheute keine Konfrontation. »Manchmal kann man ihn sogar dazu anstiften, einen Menschen anzugreifen«, sagte Gilles. »Aber das probieren wir jetzt lieber nicht.« Wenn er von Konkurrenten bedroht wird, antwortet der Sperlingskauz mit aggressiven Rufen, aber er setzt auch sein Gefieder zur Kommunikation ein; indem er sich aufplustert wie ein kleiner Pompon, versucht er, andere Eulen, die in sein Revier eindringen, einzuschüchtern. Und auch wenn der Kauz döst oder ein Sonnenbad nimmt, bauschen sich seine Federn auf diese Weise auf.

Vor Gilles' Studie war nur sehr wenig über den Sperlingskauz bekannt gewesen. Selbst Wanderer, die sein seltsames, monotones Pfeifen vernahmen und stehen blieben, um ihn im Blattwerk der Bäume auszumachen, hatten nur selten Glück, so schnell und geheimnisvoll war diese Eule. Oft saß der Kauz, der so groß war wie ein Kiefernzapfen, ganz oben auf einer Fichte und genoss die Aussicht. Man musste seinem Ruf folgen und dann durch ein Fernglas oder Teleskop schauen, um ihn zu entdecken. Als der Sperlingskauz sich schließlich von seinem Ast erhob, fiel mir auf, dass er sich im Flug ähnlich wie ein Specht bewegte. Und genau wie dieser nistet auch diese kleine Eule in Baumlöchern. Der Sperlingskauz benötigt einen sehr speziellen Lebensraum – weite Fichtenwälder, die von Lichtungen durchsetzt sind und wo es viel totes Holz gibt, in dem Buntspechte ihr Nisthöhlen hinterlassen haben, sodass die Eule sie besetzen kann. Besonders wichtig ist für sie dabei der Durchmesser des Loches, das zu dem Nistplatz führt: Es sollte kreisrund sein und nicht mehr als etwa 4,5 Zentimeter messen, sodass größere Raubtiere wie Baummarder und andere Greifvögel nicht in das Nest vordringen können. Ohne die Hilfe von Bunt- und Grünspechten könnte sich der Sperlingskauz nicht fortpflanzen.

Während wir alle unsere Augen auf es richteten, flog das Eulenmännchen davon, um nach Nahrung für seine ans Nest gebundene Gefährtin zu suchen. Wir standen still und machten keinen Mucks, und als der Kauz einige Minuten später mit einer geköpften Wühlmaus zwischen seinen Krallen zurückkehrte, verschlug es uns fast den Atem. Er hockte sich wieder auf seinen Ast und rief mit einem sanften Pfiff nach seiner Partnerin, so als wollte er sie überreden, aus ihrem Versteck herauszukommen. Das Weibchen antwortete mit einer leisen, etwas höheren Stimme; leicht gedämpft drang ihr Ruf aus der Nisthöhle, die sich in unmittelbarer Nähe befinden musste. Würde die Eulenmutter sich zeigen? Wir warteten gespannt, und schließlich machte unser Herz einen Sprung, als wir sahen, wie ein gefiedertes Gesicht aus einem Baumloch lugte. Da war sie, erwartungsvoll und hungrig, bereit, ihre Essenslieferung zu empfangen. Sie sah ein wenig schmuddlig aus, müde und zerzaust. Nicht verwunderlich, wenn man bedachte, dass sie den ganzen Tag auf ein paar Eiern saß, während ihr Partner sie mit Futterpaketen versorgte. Sie schlängelte sich erst mit dem Kopf, dann mit den Flügeln und Füßen durch das enge Loch ins Freie, flog zu einem nahe gelegenen Zweig und plusterte sich vor unserer aller Augen auf. Das Männchen glitt zu ihr hinüber und überreichte ihr seine Beute, die das Eulenweibchen überraschenderweise, statt sie selbst zu verzehren, mit ihrem Schnabel packte und mit zurück ins Nest nahm. Ein aufgeregtes Piepen aus dem Inneren des Baumlochs bestätigte die naheliegende Vermutung: Die Küken waren bereits geschlüpft! Das Männchen huschte erneut davon, um noch mehr Nahrung zu suchen. Oh, wie gern hätte ich die Eulenkinder gesehen! Jedoch blieben sie sicher in ihrer Baumhöhle versteckt, vor unseren neugierigen Blicken geschützt.

Ich war erstaunt, wie nah wir an das Nest des Sperlingskauzpaares herangekommen waren, ohne dass die Eulen uns viel Beachtung geschenkt hätten. Es schien, als sei unsere Anwesenheit für diesen kleinen Vogel komplett irrelevant; im Gegensatz zu vielen anderen Eulen sah er in uns keine Bedrohung. Eventuell wussten die Sperlingskäuze nicht einmal, was wir waren – vielleicht hielten sie uns für harmlose Säugetiere wie Rehe oder Wildschweine, die regelmäßig auf dem Waldboden herumstöberten und die Eulen dabei nicht weiter störten. Ohne dass die fleißigen Euleneltern weiter Notiz von uns nahmen, zogen wir uns schließlich zurück und hinterließen nur unsere Fußspuren auf der Lichtung.

Wie weit entfernte das Männchen sich vom Nest, um nach Nahrung zu suchen? Gilles erklärte mir, dass Sperlingskauzpaare ein Revier von einem bis zu knapp eineinhalb Quadratkilometern für sich beanspruchen konnten; mit seinem gellenden Ruf markierte das Männchen die Grenzen dieses Territoriums, das in Schlafplatz, Nistplatz und Jagdgebiet unterteilt war. Die Größe des Reviers erklärte auch, warum der männliche Sperlingskauz vorhin so schnell aufgetaucht war: Er hatte keinerlei Probleme gehabt, Gilles' Pfiff zu hören, und war dem Signal sofort gefolgt.

Während wir uns aufmachten, um dem Raufußkauz auf die Schliche zu kommen, erklärte Gilles mehr über seine Untersuchungen rund um die Avifauna des Vercors-Gebirges. Die Nadelwälder auf dem Plateau lagen auf 1.300 bis 1.500 Metern Höhe und stellten damit ein isoliertes Stück Wildnis dar, das noch aus der letzten Eiszeit stammte. Der Sperlingskauz galt ebenfalls als ein Relikt dieser Zeit. Während die Temperaturen damals stetig fielen, passten sich viele Arten an die neuen Bedingungen in ihrem Umfeld an; sie gediehen in diesem Teil Frankreichs und bevölkerten die Nadelwälder auf dem kalten Gebirgsplateau. Als die Gletscher schließlich zu schmelzen begannen, gingen viele dieser Arten verloren, außer in einigen isolierten Gebieten wie diesem hier, wo die kalten, von der Berglandschaft geprägten Lebensräume bestehen blieben. Auf der Hochebene des Vercors waren die Sperlingskäuze plötzlich vom Rest ihres früheren Territoriums abgeschnitten, aber da sie so gut an die Verhältnisse in diesem Gebiet angepasst waren, vermehrten sie sich ohne Probleme weiter. Sie waren tagaktiver als die anderen Eulen, mit denen sie sich ihren Lebensraum teilten. Der eher nachtaktive Waldkauz, der Raufußkauz und die Waldohreule waren ebenfalls in diesen Bergen zu Hause, und alle Eulenarten ernährten sich von den gleichen Beutetieren, sie hätten also gut Erzkonkurrenten sein können. Da der Sperlingskauz jedoch tagaktiv war, konnte er seinen Feinden leicht ausweichen. Die kleine Eule war perfekt dafür ausgerüstet, im Schnee zu jagen; sie hatte ein extrem wetterfestes Gefieder und fand Schutz in den alten Kiefern.

Der Sperlingskauz war also im wahrsten Sinne des Wortes ein »wilder« Raubvogel, interessanterweise wurde ihm aufgrund seines isolierten Lebensraums hier in Frankreich jedoch nur sehr wenig Aufmerksamkeit geschenkt. Erst als man Gilles im Jahr 2009 mit seiner dreijährigen Studie beauftragte, wurde überhaupt festgestellt, dass die Eule im Vercors-Gebirge heimisch war. Mittlerweile wurden 13 Nistplätze gezählt, die alle mithilfe der Okarina geortet worden waren. Gilles hatte festgestellt, dass man mit der Flöte lediglich den Paarungsruf des männlichen Sperlingskauzes wirklich gut nachahmen konnte, was ihm bei seiner Forschung zugutekam: Schnell lockte er einige streitlustige Männchen an, die mit aufgeplustertem Gefieder nach dem vermeintlichen Eindringling suchten. Er befestigte Peilsender an den winzigen Greifvögeln (keine leichte Aufgabe!) und fand dadurch heraus, wie groß ihre Reviere waren und welche Brut- und Nistgewohnheiten sie hatten.

Während der Brutzeit waren die meisten Paarungsrufe in der Morgen- und Abenddämmerung der Monate März und April zu hören. Die Bebrütung der Eier fand im Mai statt; Gilles beobachtete die Nistplätze während dieser Zeit genau und konnte so schließlich die letzten Ergebnisse für seine Studie sammeln. Er stellte fest, dass die Weibchen dieser Art – was für Eulen extrem ungewöhnlich ist – ihre Nester etwa alle fünf Tage sorgfältig säuberten, da sich sonst so viel Fell und andere Beutereste sowie Ausscheidungen der Eulen darin ansammelten, dass die Gefahr bestand, durch den Geruch Parasiten anzulocken. Oder es konnte sogar passieren, dass die Nisthöhle verstopfte. Die Rückstände dieser Säuberungsaktionen machten es leicht, die Nester der Sperlingskäuze vom Boden aus zu lokalisieren. Nachdem die Eulenküken flügge geworden waren, teilte sich das Paar noch eine Weile die Verantwortung für ihre Jungen, aber nach 15 Tagen kümmerte sich in der Regel nur noch das Männchen um die Fütterung des Nachwuchses.

Das Vorkommen der Sperlingskäuze war ein wichtiger Bioindikator, der zeigte, wie erfolgreich Eulen sich in der unberührten Wildnis fortpflanzen konnten. Es lag an uns Menschen, Gebiete wie diese weiterhin zu schützen und mit der Natur zusammen-, statt gegen sie zu arbeiten. Die einzigartige kleine Eulenpopulation auf diesem Plateau bewies, dass das reich vernetzte Ökosystem dieses Waldes – von den in der Erde sprießenden Pilzen über die in den toten Kiefernnadeln nistenden Waldameisen bis hin zu den Spechten – zumindest vorerst noch bei bester Gesundheit war.

Zurück in meinem gemütlichen Zimmer in der *auberge* betrachtete ich an diesem Abend die Funde, die ich in den letzten Tagen in dieser ursprünglichen, wilden Landschaft gesammelt hatte: Tannenzapfen, Speiballen von Sperlingskäuzen, die Feder eines Spechtes. Ich verpackte die empfindlichen Objekte so sorgfältig wie einen Schatz und verstaute sie sicher in meinem Koffer, um sie mit nach Hause zu nehmen.

Schon bald würde ich an einen Ort zurückkehren, der für mich in diesem Moment noch ganz weit weg schien, fast am Ende der Welt. Aber es war mein Ende der Welt, und ein Teil von mir konnte kaum erwarten, dorthin zurückzukehren. Im Gepäck hatte ich einige neue Freundschaften, die ich niemand anderem als dem bezaubernden kleinen Sperlingskauz zu verdanken hatte. Mehr als alle anderen Eulen war er für mich nach dieser Reise zu einem herzerwärmenden Symbol der Verbundenheit geworden. Meine Liebe zu den Eulen hatte mich nicht nur diesen mysteriösen Raubvögeln und mir selbst ein Stück näher gebracht, sondern mein Leben um viele verwandte Seelen bereichert. Wir alle hatten eins gemeinsam: die Leidenschaft für diese geflügelten Wesen und die Wildnis, die uns ganz tief in unserem Inneren mit ihnen verband.

Bubo scandiacus

DIE SCHNEE-EULE

Im Frühjahr 2017 zog eine Schnee-Eule über die Orkneyinseln. Es war ein Weibchen, und ich erfuhr zu spät von ihrem Besuch. Bis ich die über tausend Kilometer lange Reise mit Zug und Boot hinter mich gebracht hätte, wäre der Vogel wahrscheinlich schon längst weitergezogen, vielleicht zurück nach Norwegen oder an einen anderen Ort. Tatsächlich war die Eule schon bald verschwunden, aber nicht bevor ein paar enthusiastische Orkadier einige schöne Fotos von ihr gemacht hatten, die sie dabei zeigten, wie sie gemütlich auf einer alten, bröckeligen Steinmauer hockte und im Licht der Abendsonne tief über die schottischen Grasfelder flog, um sie nach Lemmingen abzusuchen. Sie fand keine – Lemminge waren auf den Orkneyinseln nicht heimisch –, und so zog sie schließlich weiter.

Das Brutgebiet der Schnee-Eule erstreckt sich über die nördlichen Bereiche der arktischen Tundra, also könnte sie sich auf diesen windumtosten schottischen Inseln im Nordatlantik durchaus zu Hause gefühlt haben. Schnee-Eulen leben meist nördlich der polaren Waldgrenze in baumlosen Einöden: In Europa kommen sie in den Gebirgsregionen Norwegens und Schwedisch-Lapplands sowie manchmal auch in Nordfinnland vor. Ein Paar hatte sich einst bis auf die Insel Fetlar vor Schottland verirrt und dort gebrütet. Hin und wieder werden die Raubvögel auch heute noch auf den Nordinseln gesichtet, sie sind dann aber nur zu Besuch und bleiben nie lange genug, um zu brüten.

Ich sehnte mich so sehr danach, eine dieser majestätischen Eulen zu sehen! In die grimmigen goldenen Augen der Schnee-Eule zu blicken, musste sich so anfühlen, als würde man der Arktis selbst gegenüberstehen. Je mehr ich über diese Eulenart herausfand, desto größer wurde meine Sehnsucht. Die Schnee-Eule und der Bartkauz waren für mich wie der Heilige Eulengral, sie waren so gut wie unerreichbar; zusammen mit der Sperbereule in Finnland bildeten sie ein in der Tundra heimisches Dreiergespann, das sich mir auf meiner

Suche komplett entzogen hatte. Vielleicht würde ich sie in der Zukunft von meiner Liste abhaken können – aber erst einmal machte Jenny jetzt ihr Abitur, und Rick spielte mit dem Gedanken, einen neuen Job zu suchen. Dann gab es auch noch schlimme Nachrichten: Wendy, Ricks Mutter, war schwer erkrankt. Mein Leben würde sich ab sofort eine Weile lang zu Hause abspielen; ich würde mich um meine Liebsten kümmern, sie trösten und versorgen. Mich selbst vertröstete ich damit, dass ich die auf meiner Liste verbliebenen Eulen bestimmt eines Tages noch zu Gesicht bekommen würde. Sie waren ein helles Leuchten an meinem Horizont, etwas, worauf ich im nächsten Jahr hoffen konnte. Gilles hatte mir angeboten, mit ihm gemeinsam eine Reise zu den Eulen und anderen Vögeln im Norden Finnlands zu organisieren, und die Aussicht, dieses Vorhaben vielleicht schon im nächsten Jahr in die Tat umzusetzen, funkelte wie ein heller Stern an meinem dunklen Himmel. Ich könnte als englischer Guide mitkommen, eine Rolle, die mir durchaus gefallen würde – aber angesichts der vielen anderen Herausforderungen in meinem Leben musste ich die Idee erst mal auf später verschieben.

Die Schnee-Eule unterschied sich in vielerlei Hinsicht von allen anderen Eulen, die mir auf dieser Reise begegnet waren. Sie hatte ihr Verbreitungsgebiet in den nördlichen Breitengraden, nahe des Polarkreises, zog extrem viel umher und war außerhalb der Brutsaison nur schwer zu lokalisieren. Da ich im Moment keine Möglichkeit hatte, diesem geheimnisvollen Raubvogel hinterherzureisen, machte ich mich auf in die Bibliothek, um mehr über *Bubo scandiacus* zu erfahren. Auf diese Weise wäre ich immerhin gut informiert, wenn mir doch mal ein Exemplar über den Weg laufen sollte.

Ältere Studien, die in den 1990er-Jahren im arktischen Russland durchgeführt worden waren, hatten es Wissenschaftlern ermöglicht, Schätzungen über die Weltpopulation der Schnee-Eule anzustellen. Ganz einfach war das jedoch nicht, da die Zahl der Raubvögel extrem schwankte und sie außerdem aufgrund ihres nomadischen Lebensstils nicht leicht zu zählen waren. Man musste die Brutzeit abwarten, denn erst dann wurden die Eulen vorübergehend sesshaft und wählten, basierend auf der Nagetierdichte, ein Brutrevier aus. Man ging davon aus, dass dieser Eulenart in der Region der Tundra mehrere mögliche Brutgebiete zur Verfügung standen, in denen sich jedes Jahr, abhängig vom Populationszyklus und von der Verfügbarkeit ihrer Hauptnahrungsquelle – Lemminge –, neue Paare niederließen und ein Brutrevier von etwa 25 Quadratkilometern für sich beanspruchten. Eine grobe Schätzung ging davon aus, dass weltweit durchschnittlich 13.000 Paare der Schnee-Eule existierten; diese Zahl konnte sich jedoch verdoppeln, wenn die Lemmingpopulation einige Jahre in Folge im Wachsen begriffen war, und genauso schnell konnte sie wieder abfallen, wenn es weniger Lemminge als sonst gab. Aufgrund der variierenden Lemmingzyklen bewegte sich die Schnee-Eule oft über weite, dünn besiedelte Gebiete hinweg, was einzelne Sichtungen und das Zählen der Gesamtpopulation extrem erschwerte.

Als ich mir all diese Details durchlas, beschlich mich das Gefühl, dass diese Eule in ihrem tiefsten Wesen der Wildnis noch näher sein musste als alle anderen Eulen, die ich kannte. Mit einer Größe von etwa siebzig Zentimetern ist der dicht befiederte, kompakt gebaute Greifvogel perfekt für das Überleben in extremer Kälte ausgerüstet. Sein gut isolierendes Federkleid – das weiche Gefieder erstrahlt im reinsten Weiß – ist für langes Stehen im Schnee ausgelegt. Von allen Eulen sind die Füße und Zehen der Schnee-Eule am dichtesten befiedert – sogar zwischen ihren Zehen hat sie Federn, was aus der Nähe den Eindruck erweckt, als trüge sie ein elegantes Paar flauschiger Skistiefel. Das schneeweiße Federkleid dient allerdings nicht nur zur Tarnung und als Kälteschutz. Es kann durch seine dunkle Zeichnung auch das Geschlecht der Eule signalisieren; die

Weibchen weisen im Regelfall ein dunkleres Muster auf, bei dem die Federspitzen aussehen wie in schwarze Asche getunkt. Beide Geschlechter verfügen über einen nur schwer sichtbaren Gesichtsschleier, auf dem gräuliche, meist angelegte Ohrbüschel thronen und aus dessen Mitte ein spitzer Schnabel hervorragt, auf dem ein extravaganter weißer Schnurrbart sitzt. Ich nahm an, dass sich diese empfindlichen Daunen als isolierender Kälteschutz entwickelt hatten, der verhinderte, dass die Nasenlöcher des Vogels im kalten arktischen Winter zufroren – tatsächlich werden sie jedoch dazu eingesetzt, gerade erlegte Beutetiere zu »beschnuppern« und so mehr über sie herauszufinden. Wie bei vielen anderen Eulenarten ist auch das Sehvermögen der Schnee-Eule für den Nahbereich nur sehr schlecht entwickelt, da sich ihre Augen daran angepasst haben, in der weiten Tundra in die Ferne zu sehen, um zum Beispiel Feinde wie den Polarfuchs oder Beutetiere wie das Alpenschneehuhn zu erspähen.

Trotz der schicken pelzigen Skistiefel der Schnee-Eule hatten Ornithologen herausgefunden, dass die Art, sobald der Winter einbrach, nach Süden zog. Ein Flughafen schien nicht gerade ein ideales Überwinterungsquartier für Raubvögel oder irgendwelche anderen Tiere zu sein, aber tatsächlich hatten über mehrere Jahre hinweg einige Schnee-Eulen den Logan International Airport in Boston, Massachusetts, zu ihrer Winterresidenz erklärt. Trotz der Düsentriebwerke, der vielen Menschen und der verschmutzten Luft versammelten sich die Eulen auf den Rasenflächen des Flughafens und bewiesen, dass selbst so empfindliche Kreaturen wie sie sich an einiges gewöhnen können. Es waren das niedrige Gras, das der Landschaft in der Tundra ähnelte, und die Vielfalt an anderen Vögeln und Nagetieren, die den Eulen hier so attraktiv erschienen.

Zwischen 1981 und 1993 fing man einige der Raubvögel vorsichtig ein und markierte sie farblich, um herauszufinden, welchen

Routen sie folgten und ob sie eventuell eine Gefahr für den Flugverkehr darstellten. Die Schnee-Eulen wurden am Kopf mit einer Tinte markiert, die drei Monate lang hielt, sodass die Tiere aus der Entfernung identifiziert werden konnten. Außerdem wurden die Vögel beringt, bevor man sie wieder freiließ. Nun konnte man die Eulen genau dabei beobachten, wie sie von Norden nach Süden zogen. Sie kamen meist im November in Boston an und blieben oft bis ins späte Frühjahr; eine Eule kehrte ein volles Jahrzehnt lang jedes Jahr zu dem Flughafen zurück, und eine andere überwinterte sogar ganze 16-mal an diesem unwirtlichen Ort. Über die Jahre hinweg fing man insgesamt 385 Eulen ein und beringte sie, dabei stellte man fest, dass das Gefieder jeder Eule unterschiedlich war. Man fand heraus, dass jedes Tier eine individuelle Persönlichkeit hatte, sie alle hatten jedoch gemein, dass sie sich tagsüber auf der Wiese jenseits des Flugfelds aufhielten und erst in der Dämmerung aktiv wurden, um über den Flugplatz hinwegzujagen und dort nach Nahrung zu suchen. Ihr Jagdverhalten erinnerte an das eines Falken:

Die Schnee-Eulen saßen gern auf einem erhöhten Aussichtspunkt und fingen aus dem Flug heraus andere Vögel. Untersuchungen ihrer Gewölle zeigten, dass die Tiere einen sehr breit gefächerten Geschmack hatten – von Fischen über Singvögel bis hin zu anderen Raubvögeln inklusive anderer Eulen verleibten sie sich alles ein, was sie in die Krallen bekamen. Angesichts der rasanten Düsenjets und der grellen Lichter auf dem Flughafen war es nicht verwunderlich, dass sich schließlich eine Eule in einer Triebwerksturbine verhedderte und beinahe einen Unfall verursachte. Man beschloss, dass die Schnee-Eulen eingefangen und an einem sichereren Ort wieder freigelassen werden sollten, um Schlimmeres zu verhindern, allerdings hatte man zu diesem Zeitpunkt dank dieser ungewöhnlichen Population bereits eine Menge über die Tiere gelernt.

Die Schnee-Eule ist meist in den nördlicheren Gefilden dieser Erde wie Kanada, Alaska und Nordrussland anzutreffen und schafft es nur selten weiter hinab in den Süden. Allerdings ist sie auch ein Zugvogel, und bei meiner Recherche fand ich heraus, dass ihre Wanderungen sie in der Vergangenheit bereits bis nach Hawaii geführt hatten. Auch dort ließ sich eins der Tiere auf einem Flughafen nieder und musste aus Sicherheitsgründen eingefangen werden. Ich wusste also, dass Schnee-Eulen hin und wieder durchaus spektakuläre Reisen in den Süden unternahmen und problemlos weite Strecken über den Ozean fliegen konnten. Die Vögel waren jedoch nicht in Großbritannien heimisch, und ich bezweifelte, dass ich hierzulande jemals ein Exemplar zu Gesicht bekommen würde, und wenn dann sicher nur ganz hoch oben im Norden auf den stürmischen Inseln Schottlands. Verständlich, dass mein Herz einen riesigen Hüpfer machte, als bald darauf eine Schnee-Eule in West Penwith in Cornwall gesichtet wurde, nur ein paar Meilen von dem Ort entfernt, an dem Ricks Mutter Wendy lebte. Konnte das wirklich wahr sein? Wendy räumte meine Zweifel aus: »Ich erinnere mich daran, dass uns einmal, als ich noch ganz klein war, in der Schule gesagt wurde, eine Schnee-Eule sei auf dem Dach gelandet«, erzählte sie mir. »Wir alle durften dann mitten im Unterricht rausgehen, ganz leise, und sie uns ansehen.«

Das musste während des Zweiten Weltkriegs gewesen sein, als Wendy noch in die Grundschule ging. Wahnsinn! Eine Schnee-Eule hatte sich also schon mal bis nach Cornwall verirrt, was bedeutete, dass es auch jetzt wieder passiert sein könnte. Eine schnelle Recherche ergab, dass es im Laufe der Jahre noch andere, ebenso erstaunliche Sichtungen dieses arktischen Vogels in unmittelbarer Nähe gegeben hatte. Im Jahr 2008 beispielsweise war eine wilde Schnee-Eule in der Gegend von St Just aufgetaucht und hatte dort jede Menge Aufregung verbreitet, indem sie dafür gesorgt hatte, dass sofort Hunderte von Vogelbeobachtern aus ganz Großbritannien herbeiströmten. Zwei Jahre später wurde wieder ein Exemplar gesichtet, und erneut eines im Jahr 2011. Die letzte Sichtung hatte sich 2013 ereignet, ebenfalls in demselben Gebiet im Westen Cornwalls. Ich musste das erst mal verarbeiten. Vielleicht war doch nicht alle Hoffnung verloren.

Einen dieser arktischen Vögel zu sehen, würde für mich einer Begegnung mit einer Gottheit gleichkommen. Was hatte die Schnee-Eule dazu gebracht, sich hierher zu verirren? Ich hatte angenommen, diese Vögel kämen normalerweise nicht so weit in den Süden, und schon gar nicht um die Osterzeit herum. Ein Anruf bei meiner Cousine Lisa aus Cornwall, einer begeisterten Vogelbeobachterin, bestätigte jedoch schnell, dass sich tatsächlich eine Schnee-Eule in West Penwith befand. »Ein wunderschönes Männchen, komplett schneeweiß«, erzählte sie mir am Telefon. »Ich habe es bei meinem Spaziergang mit den Hunden gesehen.« Ich erinnerte mich, dass die Weibchen schwarz gesprenkelt waren, aber die Männchen nur ein paar aschgraue Flecken hatten, die im Alter oft verblassten.

Laut meiner Recherche wurden in den letzten hundert Jahren im Vereinigten Königreich und in Irland nur 29 Schnee-Eulen beringt, allerdings gab es über vierhundert bestätigte Sichtungen. Ich konsultierte Twitter. Die Schnee-Eule in Cornwall war bis jetzt noch von keiner der lokalen Vogelgruppen erwähnt worden, was ungewöhnlich war, da Sichtungen wie diese normalerweise einen regelrechten Sturm an Meldungen verursachten. Komischerweise tat sich aber noch nichts.

Erst am nächsten Morgen entdeckte einer der in der digitalen Welt beheimateten Vogelenthusiasten die Schnee-Eule, machte ein Foto von ihr und alarmierte Twitter. Rick und ich stürzten uns sofort ins Auto und fuhren zwei Stunden lang, ohne vorher zu frühstücken, zu dem Ort, an dem der Vogel gesichtet worden war. Anscheinend hielt die Eule sich in der unmittelbaren Umgebung von St Just auf, ganz am Ende von Cornwall, in der Nähe von Land's End. Bestimmt würde sie nicht lange an diesem exponierten Ort an der Spitze der Halbinsel bleiben.

In St Just stürmten Rick und ich aufgeregt in eine Bäckerei, um uns an einem Frühstück, bestehend aus frisch gebackenen, heißen Pasteten zu stärken. Die Einheimischen hier wussten genau, was in dieser Gegend vor sich ging, also fragten wir die Bäckerin nach der Eule. Ja, es sei tatsächlich eine wilde Schnee-Eule am Rande des Dorfes gesehen worden, erzählte sie uns. Wir traten auf den verschlafenen Rathausplatz und fragten uns weiter durch. Alle Einwohner bestätigten die Sichtung des ungewöhnlichen Besuchers. Die Fotos auf Twitter hatten die Eule dabei gezeigt, wie sie zusammengekauert an einer Granitmauer Schutz gesucht hatte. Sie sah erschöpft aus, und ihr goldener Blick, der aus dem elfenbeinfarbenen Gesicht strahlte, wirkte müde. Ihr perfektes weißes Gefieder mit nur ein paar vereinzelten grauen Flecken auf Rücken und Flügeln ließ vermuten, dass es sich tatsächlich um ein Männchen handelte.

Wir bogen an der Turmuhr links ab, eilten an einem Fabrikgebäude vorbei und kamen an der Stelle an, die der Twitter-User zusammen mit seinem Foto geteilt hatte. Keine Eule. Vielleicht hatte sie die Nase voll von den lästigen Paparazzi gehabt, oder aber sie hatte ihren Fehler erkannt und war weitergezogen. Das war nicht ungewöhnlich für Schnee-Eulen. Sie legten spontan lange Wege zurück, normalerweise nur eben nicht in diesen Breitengraden. Später an diesem Tag jedoch wurde die Eule erneut gesichtet; dieses Mal posierte sie neben einem beliebten Wahrzeichen Cornwalls, dem Mên-an-Tol, einem alten Lochstein aus der Bronzezeit. (Die Legende besagte, dass man von seiner Rachitis geheilt werde, wenn man neunmal durch das Loch ging, und als Benji noch ein Kleinkind war, probierten wir es mit ihm aus, um seinen Milchschorf loszuwerden.) Dem Stein wurde nachgesagt, dass er eine mythische Gestalt, einen sogenannten Pixie, beherberge und Mütter von Wechselbälgern befreien könne. Jetzt wurde ihm der majestätische Besuch einer Schnee-Eule zuteil. Das konnte kein Zufall sein, nicht an einem Ort wie diesem, der von Geheimnissen nur so durchdrungen zu sein schien.

Von der nebligen Klippenspitze am Kap Cornwall aus sahen wir, wie Tölpel in den blauen Abgrund hinabspähten und nach Fischen suchten. Eissturmvögel schwirrten um ihre riskant platzierten Nistplätze herum. Aber wo war das wilde Wesen aus der Arktis? Am Ende des Tages hatten Rick und ich beide einen »Eulennacken« entwickelt, weil wir unsere Köpfe auf der Suche nach der Schnee-Eule so lang nach oben gereckt hatten. Wir hatten die Felder und Hügel im Umland durchkämmt, hatten Felsen, Gestrüppe und Stechginsterbüsche mit den Augen abgesucht und dabei im glitzernden Licht der Sonne in jedem hellen Stein und jeder weiße Möwe einen Moment lang die flackernde Form einer Eule zu erkennen geglaubt. Doch der echte nordische Besucher entzog sich unseren Blicken.

Die weiten Felder mit ihren fluffigen Weidenkätzchen, dem leuchtenden Ginster, den vom Wind zerzausten Haselsträuchern und den platt getretenen Narzissenbeeten brachten uns ebenfalls kein Glück, aber ich begann zu erkennen, warum dieses graue Moorland mit seinen felsigen Hügeln, das den Hochmooren und Sumpfgebieten der Tundra zumindest im Ansatz ähnlich war, für die Schnee-Eule interessant sein könnte. Während wir das Gelände durchkämmten, scheuchten wir einen Sperber von einem kleinen Trampelpfad auf, und ich sah außerdem meine erste Schwalbe in diesem Jahr. Ich war mir nicht sicher, ob es der beißende Wind oder die Müdigkeit war, aber bei dieser kurzen Begegnung rollte eine Träne meine Wange hinab. Ich dachte an die riesigen Entfernungen, die Zugvögel wie dieser Jahr für Jahr zurücklegten, ihr einsames, isoliertes Dasein. Wenn wir sie hier in Europa in freier Wildbahn beobachteten, erhaschten wir nur einen flüchtigen und unvollständigen Blick auf ihr geheimnisvolles Leben.

Ich folgte der Wegbeschreibung meiner Cousine Lisa und erklomm die Spitze des Hügels, auf der sich die Towednack Church befand; hier hatte sie die Eule über die Felder jagen sehen. Von den Felsen aus ließ ich meinen Blick über die Landschaft von West Penwith gleiten, die der Tundra in fast nichts nachstand und einem arktischen Vogel alles bot, was er sich nur wünschen konnte: hügliges, dünn besiedeltes Moorland, vereinzelte Granitfelsen, eine große Anzahl an Nagetieren und jede Menge Seevögel, die um die Klippen streiften. Wäre ich eine Schnee-Eule, würde ich mich wohl einen kurzen Moment wundern, wo die Lemminge abgeblieben waren und warum der ganze Schnee geschmolzen war, aber dann würde ich mir eins der unvorsichtigen Kaninchen schnappen, die im weichen Torf ihre Höhlen buddelten, und das Festmahl genießen. So zumindest die Theorie. In der Praxis hatten die einheimischen Silbermöwen, die immer zu einer Schlägerei aufgelegt waren, der Eule jedoch wohl einen eher unangenehmen Empfang bereitet. Dem mächtigen Raubvogel musste das zu blöd gewesen sein, denn das Nächste, was wir von der Eule hörten, war, dass sie sich vom Acker gemacht hatte und 45 Kilometer weit gen Westen übers offene Meer geflogen war, hinüber zu den Isles of Scilly, wo sie auf den winzigen Inseln Tresco und Bryher gesichtet wurde. So viel also zu meinem Versuch, eine Schnee-Eule in Großbritannien anzutreffen.

Jetzt blieb mir nur noch, weiter die Vogelforen im Internet zu verfolgen und auf neue Nachrichten und Fotos des Vogels zu warten. Online diskutierte man mittlerweile immer noch angeregt darüber, wie die Schnee-Eule wohl so weit in den Süden gekommen war. Eine Theorie hielt ich dabei für besonders erstaunlich, und je länger ich darüber nachdachte, desto plausibler schien sie mir. Ein amerikanischer Vogelbeobachter schrieb: »Es ist nicht ungewöhnlich, dass

Schnee-Eulen in der Nähe der kanadischen Küste auf Schiffen landen, und auf diesem Weg können sie dann weite Strecken zurücklegen.« Wow, dachte ich. Das erklärte eine Menge. Vielleicht war die Eule also doch nicht den ganzen weiten Weg von Norwegen oder Schweden über die Nordsee hierher geflogen. Auch andere Vogelkenner vermuteten, dass die wenigen Schnee-Eulen, die sich so weit in den Süden verirrten, auf Schiffen reisten – vielleicht auf Holzfrachtern, die aus Quebec nach Europa kamen. Obwohl wir im Fall der Cornwall-Eule nur spekulieren konnten, schien das die wahrscheinlichste Erklärung zu sein. Vielleicht hatte der Vogel nach Eisschollen Ausschau gehalten, aber keine gefunden, weshalb er sich auf einem Schiff niedergelassen hatte, um sich auszuruhen. Sollte das wirklich der Fall gewesen sein, war die Eule viel weiter südlich gelandet, als sie eigentlich beabsichtigt hatte. Ohne konkrete Augenzeugenberichte konnte am Ende aber nur die Schnee-Eule selbst dieses Rätsel beantworten.

Als es Zeit für den mysteriösen Raubvogel war, die Britischen Inseln wieder zu verlassen, begann er seine lange Reise wohl am Watch Hill, dem höchsten Punkt von Bryher – zumindest war er hier das letzte Mal gesichtet worden. Man vermutete, dass die Schnee-Eule über die hohen Felsen des Shipman Head hinaus aufs offene Meer in Richtung Nordnordwest geflogen war. Während sie die Gischt und den Schaum der Hell Bay hinter sich ließ und in die unendliche Landschaft des Atlantiks hinüberglitt, erinnerte sie die Weite des Meeres unter ihr vielleicht an die ausgedehnten Flächen der vereisten Tundra, ihrer Heimat, die irgendwo weit weg im Norden lag. Auf dem Weg dorthin musste die Eule riesige Flächen an Wasser überqueren; sie ließ sich von ihrer Erinnerung und dem Magnetfeld der Erde leiten, vielleicht folgte sie auch dem Geruch des arktischen Eises. Am Ende könnte sie es geschafft haben. Es war möglich, dass sie unbeschadet in ihrer Heimat angekommen war. Oder aber sie hatte den Rand des arktischen Eises nie erreicht und war in den Wellen versunken. Manche Vögel schafften den Weg nach Hause, andere nicht. Im Fall der Schnee-Eule von Cornwall würden wir die Antwort nie erfahren.

Einst waren Schnee-Eulen in ganz Europa verbreitet gewesen. Ihre Überreste wurden an archäologischen Stätten so weit südlich wie Gibraltar gefunden, was darauf hindeutet, dass die verschneiten Landschaften der Tundra und Taiga während der Eiszeiten bis in den Mittelmeerraum hineinreichten. Die schneeweiße Eule hat bereits in prähistorischen Zeiten die Aufmerksamkeit von uns Menschen auf sich gezogen. In der Trois-Frères-Höhle in Ariège in Frankreich fand man das in eine Wand geritzte, gut erhaltene Bild zweier Schnee-Eulen mit ihren flügge gewordenen Küken. An anderen Ausgrabungsstätten im Südwesten des Landes wurden Ansammlungen von Eulenknochen entdeckt, die mit Feuersteinwerkzeugen bearbeitet worden waren. Die Flügelknochen der Vögel waren abgeschliffen und zu röhrenförmigen Stücken geformt worden, sodass sie anschließend als Pfeifen, Flöten oder Zeichenwerkzeuge verwendet werden konnten.

Es wird vermutet, dass die Schnee-Eulen während der Eiszeit ihr Territorium in den Bergen verließen, um Schutz vor den kalten Temperaturen zu suchen. Sie versammelten sich in den offenen Flusstälern und auf den weiten Ebenen, wo sie sich in Bodennähe aufhielten – so wie sie das auch heute noch tun – und damit eine leichte Beute für die Menschen der Steinzeit darstellten. An einem einzigen Fundort wurden die Knochen von mindestens 25 Männchen und 65 Weibchen gefunden – es gab an dieser Stelle mehr Überreste von Schnee-Eulen als von allen anderen Vogelarten. Die Art und Weise, in der die Knochen bearbeitet worden waren, lässt darauf schließen, dass die Eulen nicht nur als Nahrungsquelle verwendet wurden, sondern dass eventuell auch ihre Häute abgezogen und als wertvolle Ressource geschätzt wurden. Möglicherweise wurden sie für rituelle Darbietungen eingesetzt; dies legt auch eine bemerkenswerte Malerei in der Trois-Frères-Höhle, die auf etwa 13.000 v. Chr. datiert wird, nahe. Das berühmte Kunstwerk mit dem Namen *Der Zauberer* zeigt eine männliche Figur in einem schamanischen Tierkostüm, bestehend aus einem Wolfsschwanz, einem Geweih auf dem Kopf und einer Eulenmaske vor dem Gesicht. Vielleicht hatte der Zauber der Schnee-Eule schon die Steinzeitmenschen in seinen Bann gezogen. Die vielen Überreste von Schnee-Eulen, die nahe menschlicher Siedlungen im Südwesten Frankreichs gefunden wurden, lassen zumindest darauf schließen, dass schon damals eine anhaltende Faszination für diesen magischen Vogel bestand.

Da Schnee-Eulen nur selten in Großbritannien auftauchten, müsste ich wohl nach Utqiaġvik in Alaska fahren, wenn ich mehr über dieses mysteriöse Tier und seinen arktischen Lebensraum herausfinden wollte. Hier war die Eule zu Hause, und nicht nur stand sie in einer engen, viele Generationen überdauernden Beziehung zu den einheimischen Inuit, sondern sie wurde auch seit Kurzem intensiv in diesem Gebiet studiert.

Der Name Utqiaġvik kommt aus dem Inupiaq, dem Dialekt der Eingeborenen, und bedeutet übersetzt etwa so viel wie »der Ort, an dem Schnee-Eulen gejagt werden«. Während dieser seltene und extrem gefährdete Vogel in Europa mittlerweile unter Schutz steht und nur noch selten mit Menschen in Kontakt kommt, sieht die Lage in Alaska noch ganz anders aus. Hier wird jedes Jahr eine bestimmte Anzahl der Eulen zur Jagd freigegeben; ihre Federn werden anschließend zu Kleidungsstücken verarbeitet oder zur Herstellung traditioneller Haushaltsgegenstände wie Staubwedeln und Besen verwendet, oder aber die Einheimischen nutzen sie zu zeremoniellen oder dekorativen Zwecken und machen zum Beispiel Schmuck aus ihnen. In der nördlichsten Stadt der USA ranken sich außerdem viele lokale Mythen und Legenden um die Schnee-Eule. Eine Sage der Inuit beispielsweise erzählt von einem jungen Mädchen, das eines Tages in eine Eule mit einem langen, spitzen Schnabel verwandelt wurde. Voller Angst und Panik flog sie nach dieser Transformation geradewegs gegen eine hohe Klippe, wobei ihr Gesicht und der Schnabel platt gedrückt wurden. Der Legende zufolge ist der Eule dieses Aussehen bis heute geblieben.

Wenn die Schnee-Eule in Alaska sogar geschossen wurde, hieß das, dass sie weniger bedroht war als andere Eulenarten? Welchen Gefahren war sie in ihrem täglichen Leben ausgesetzt? Auf meiner Reise in die Welt der Eulen war mir keine einzige Art untergekommen, die nicht durch die Aktivitäten von uns Menschen und die Veränderungen des Klimas in Bedrängnis gebracht worden war. Die Schnee-Eule bildete da keine Ausnahme. Da ihr Lebensraum auf die Arktis beschränkt war, schien sie sogar noch gefährdeter zu sein als einige andere Arten. Sollte der Druck, dem die Eule durch die Veränderungen in ihrem Lebensraum ausgesetzt war, weiterhin anhalten, würde sie in der Wahl ihrer Territorien zunehmend eingeschränkt werden. Irgendwann wären nur noch Bruchstücke ihres ursprünglichen Lebensraums vorhanden. Der Schutzstatus einer Tierart wird von der International Union for Conservation of Nature (IUCN) bestimmt, und momentan wurde die Schnee-Eule von dieser Organisation als »ungefährdet« eingestuft. Das lag hauptsächlich daran, dass die Art ein so großes, unerschlossenes und weit abgelegenes Gebiet bewohnte und es nur wenige Informationen über langfristige Änderungen ihrer Populationszahl gab. Trotz ihres Status als »ungefährdet« war die Schnee-Eule laut den Vogelexperten Eugene Potapov und Richard Sale jedoch vielen Bedrohungen ausgesetzt; einige davon bestanden bereits in der Gegenwart, andere würde erst die Zukunft enthüllen. Die beiden Wissenschaftler verfolgten die Veränderungen in der Landwirtschaft und die Auswirkungen der Erdöl- und Gasgewinnung auf unserem Planeten bereits seit langer Zeit und wiesen auf ein wichtiges Problem hin: Würde sich das Klima um nur ein Grad Celsius weiter erwärmen, würde in der Konsequenz das Eis an den Polen beginnen zu schmelzen. Der Lebensraum der Schnee-Eulen wäre dann auf vereinzelte kleine Inseln beschränkt, deren Gestein über den Meeresspiegel hinausragte. Sollte es wirklich dazu kommen, würde den Tieren nur noch ein Drittel ihres ursprünglichen Brutgebiets zur Verfügung stehen. Natürlich war das ein Extremszenario, aber die Wissenschaftler warnten davor, dass es, sollte sich die globale Erwärmung weiter beschleunigen, schon in hundert Jahren so weit sein könnte.

Und das war nicht die einzige Bedrohung, der sich die Schnee-Eule ausgesetzt sah. In der Vergangenheit wurde festgestellt, dass die Jagd auf Polarfüchse und andere Raubtiere auch die ohnehin schon unberechenbaren Populationszyklen der Lemminge beeinflusste. Selbst jetzt, wo der Pelzhandel nicht mehr florierte, wurden immer noch viele der Tiere in Fallen gefangen. Und auch die Schnee-Eule selbst war in der Vergangenheit zum Ziel geworden: Tausende Eulen hatten in Russland ihr trauriges Ende gefunden. In Nordamerika wurde der Vogel als Trophäe gejagt, und in Kanada galt er als köstliche Speise. In Finnland hingegen hatte man es auf seine Eier abgesehen. In jüngster Vergangenheit hatten der zunehmende Abbau von fossilen Brennstoffen sowie der sehr gefährliche Uranbergbau die Schnee-Eule in ihren Brutgebieten außerdem neuen und tödlichen Gefahren ausgesetzt. Die Zukunft des Raubvogels war alles andere als gesichert. Es war nicht unwahrscheinlich, dass diese scheue, aber wertvolle Eule, die auf den hohen Felsvorsprüngen der Tundra zu Hause war, nicht mehr lange in Frieden in ihrem Lebensraum existieren konnte. Würden ihre Anpassungsfähigkeit und ihre

Fähigkeiten als Zugvogel sie retten können, oder würde sie zusammen mit der schmelzenden Eisdecke verschwinden?

Die Augen der Schnee-Eule sind hoch entwickelt, da sie in den dunklen Polarnächten und unter der tief stehenden Sonne des Frühjahrs von Weitem ihre Beute im arktischen Schnee erkennen muss. Außerhalb ihres natürlichen Lebensraums zeigt sich jedoch sofort die Verwundbarkeit des Tieres: Die Eule hat sich an die arktische Kälte, in der es kaum Mikroben gibt, angepasst, und in wärmeren Gefilden sind ihre Augen anfällig für Infektionen, die bis zur Erblindung führen können. Sowohl ihre extreme Spezialisierung als auch die Tatsache, dass sie sich von Lemmingen ernährt, könnten beide dazu beitragen, dass diese besondere Eule sich in der Zukunft vielen Gefahren ausgesetzt sehen und sogar ganz verschwinden könnte. Es ist ein beängstigender Gedanke: *Bubo scandiacus,* das Gespenst der Tundra, könnte schon bald nicht mehr hier sein.

Die Schnee-Eule – ein mythisches Wesen, vielleicht sogar noch geheimnisvoller als die anderen Eulen, die mir auf meiner Reise begegnet waren. Aber ging meine Faszination mit diesem Tier so weit, dass sie mich bis nach Alaska führen würde? Nein – meine aktuelle Lebenssituation ließ das nicht zu. Die Umstände meines Lebens gaben mir deutlich zu verstehen, dass ich eine Pause einlegen sollte; an eine Reise nach Alaska war momentan nicht zu denken. Ich sah diese Auszeit jedoch wirklich nur als das: eine Pause, keinen kompletten Stopp. Eines Tages, wenn meine Zeit gekommen war, würde ich gen Norden ziehen und der Schnee-Eule in der Tundra in ihre goldenen Augen blicken.

EPILOG DER DEUTSCHEN AUSGABE

Bücher wie dieses brauchen viele Jahre, um geschrieben zu werden, und sind daher Aufnahmen von Momenten, die unweigerlich vergehen werden. Viele der Eulen, die ich getroffen habe, werden nicht mehr auf der Welt sein, aber ihre Nachkommen werden es sein. Als ich dieses Buch schrieb, hatte ich keine Ahnung, wie anders die Welt nach der Veröffentlichung aussehen würde. Das ist auf vielen Ebenen der Fall. Auf einer persönlichen Ebene hat sich alles verändert. Parallel zu meiner Eulenreise wuchsen meine Kinder von unbequemen Teenagern zu jungen Erwachsenen heran, die ständig kritisch kommentierten, was ich tat, und die mich ständig vor Herausforderungen stellten. Meine Ehe veränderte sich und scheiterte an den vielen Belastungen, die wir durchgemacht hatten, und ließ zwei nicht mehr verheiratete, getrennte, aber nun unabhängige Menschen zurück, die geglaubt hatten, bis zum Tod aneinandergebunden zu sein. Mein Sohn Benji lernte, mit seiner Behinderung zurechtzukommen, zog aus und führt jetzt ein unabhängiges Leben. Freunde und Familienmitglieder gingen verloren, aber neue kamen hinzu und wurden willkommen geheißen. Dieses Buch war immer weit mehr als eine Suche nach Eulen, obwohl die Vögel sein Leitmotiv waren. Es wurde zu einer Suche nach Verwandtschaft, einer Verwandtschaft, die viel älter ist als eine einzige Generation, viel größer als ich und meine eigenen unbedeutenden Kämpfe. Es war ein Blick auf Muster, die in unserem täglichen Leben oft übersehen werden. Indem ich mir eine Spezies genau ansah, lernte ich, wieder zuzuhören, eine längst vergessene Angewohnheit. Ich achtete auf die nichtmenschliche Familie, die uns umgibt und unterstützt, wenn wir schwierige Zeiten durchleben. Ich lernte, immer neugierig und aufgeschlossen zu sein und mich überraschen zu lassen. In der Zwischenzeit schmolz das

Eis, die Temperaturen stiegen, extreme Wetterverhältnisse führten zu Chaos; Krankheiten verursachten Herzschmerz, Trauer, Verlust und kamen viele von uns teuer zu stehen. Wir fühlten uns hilflos angesichts der größten Veränderungen, die wir je erlebt haben. Wir passten uns an, wo wir uns anpassen konnten. Die Eulen saßen im selben Boot wie wir. Oder zumindest sind sie mit uns geflogen, während wir dem Vergessen entgegenflogen. Sie können sich nicht an extremes Wetter oder Klimachaos anpassen und werden wie wir zu Opfern werden.

Die Menschheit hat die Angewohnheit, die Zeichen und Orakel, die die Erde uns zeigt, zu übersehen oder etwas zu spät oder nicht auf die richtige Weise darauf zu reagieren. Das Schmelzen des arktischen Eises, plötzliche und verheerende Überschwemmungen und andere extreme Wetterereignisse – wir alle, Mensch und Tier, sind verwundbar. In der Gemeinschaft können wir uns selbst erlösen. Unsere Verwandtschaft zu Eulen ist wichtig und leicht zu erkennen. Sie ähneln uns sogar in ihrer aufrechten, aufmerksamen Haltung und ihrem ausgeprägten Jagdgeschick. Sie verkörpern das Beste und das Schlimmste, was wir erreichen können. Sie sind blutrünstige Killer, doch sie sind perfekt entwickelt, und ihre Vollkommenheit ist schön und vergänglich. Sie sind so sanft und so brutal wie wir. Sie kämpfen und leiden genauso wie wir, und sie machen weiter wie wir, in der Hoffnung und dem Glauben, dass es einen Weg voran gibt.

Miriam Darlington
2021

EPILOG DER ENGLISCHEN ORIGINALAUSGABE

Als wir von unserer erfolglosen Suche nach der Schnee-Eule in Cornwall nach Hause zurückkehrten, wurde mir erneut klar, wie sehr ich mich mit diesen gefiederten Kreaturen verbunden fühlte. Eulen, ganz besonders die Schnee-Eule, waren scharfsichtige und widerstandsfähige Geschöpfe. Nun, da ich in meinem eigenen Leben vor einige Herausforderungen gestellt wurde, musste auch ich vorausschauend, stark und unabhängig sein, genau wie eine Eule.

In jener Nacht legte sich ein für die Jahreszeit untypischer Raureif über die Landschaft, und als Rick und ich erwachten, strahlte uns durchs Fenster ein zerbrechlicher Teppich aus Weiß unter einem kristallklaren Himmel entgegen.

Als die Sonne aufging, waren Benji und ich schon auf den Beinen. Schnee kommt dort, wo wir in Devon leben, immer seltener vor, und das Dartmoor war von einer feinen Eisdecke überzogen. Wir packten uns also warm ein, sogen die kalte Luft in unsere Lungen und erklärten den Tag offiziell zum »Schneetag«. Mit dem Auto fuhren wir hinauf in die hüglige Landschaft mit ihren beißenden Winden und dem eisblauen Himmel.

Während sich viele Tiere den Winter über zurückziehen – Mäuse, Maulwürfe und Regenwürmer zum Beispiel graben sich tief in die Erde ein –, brauchen wir Menschen mit unseren kuschlig-warmen Häusern hin und wieder den Kontakt mit der rauen, kalten Jahreszeit. Schnee erinnert uns daran, wer wir sind; er birgt eine Gefahr in sich und erzählt vom Kampf ums Überleben. Außerdem ist er ein Meister der Verwandlung, der uns immer wieder mit Staunen erfüllt. Genauso wie die Schnee-Eule wurde auch der Schnee selbst, diese flüchtige weiße Substanz, vom Klimawandel bedroht; die stetig steigenden Temperaturen raubten uns etwas Schönes und Lebenswichtiges und machten unser Leben ärmer. Plötzlich fühlte sich alles ganz klar an: Die im Schwinden begriffene Schnee-Eule stellte ein Symbol für den Klimawandel dar, sie war ein Denkmal für den verlorenen Schnee.

Benji und ich schlitterten über die eisglatten Straßen, die am Rand des Moores entlang verliefen, holperten mit dem Auto über ein Viehgitter und kamen schließlich neben ein paar Buchen zum Stehen. Hier waren wir dem Wetter schutzlos ausgeliefert: Der Wind heulte durch die kahlen Zweige, und die Stämme der Bäume waren an der Seite, die nach Norden zeigte, schaumig weiß bespritzt. Mit knirschenden Schritten gingen wir über den magischen Teppich aus Eiskristallen in Richtung des Aussichtspunkts Buckland Beacon. Diese ausladende Granitformation ist einer der vielen großen Felsen, die aus diesem Teil des Moores herausragen, und ihre horizontalen Rillen eignen sich hervorragend zum Festhalten, wenn man gern klettert. Über uns krächzten die Krähen, und das raspelnde »Krau-krau« der Raben wurde vom Wind aus der Ferne zu uns herübergetragen. Eine einsame Silbermöwe, die sich von der Südküste hierher verirrt hatte, schien im eisigen Wirrwarr der Luft zu spielen.

Benji bemerkte sie zuerst: Die Spuren waren überall – die länglichen Abdrücke von Hasen, die großen Hinterpfoten vor die Vorderpfoten gesetzt. Einige menschliche Fußabdrücke führten zu einem Kranz, der hier in der Vollmondnacht auf dem Boden abgelegt worden war (so sind die Leute in Devon), und ein schelmischer Schneekünstler hatte uns das Beste für den Schluss übrig gelassen: keinen vollständigen Schneemann, aber einen gewissen Teil von ihm, der dreist in den Himmel zeigte.

Bevor wir uns versahen, war am Nachmittag alles wieder vorbei. Aus den dichten Weißdorn- und Buchenhecken rannen die Tropfen, und auf den Straßen flossen ganze Sturzbäche in Richtung Tal. Unser Körper kribbelte noch vor Entzücken über das Schneewunder, als sich uns schon eine neue Überraschung präsentierte: Vom Abhang her purzelte ein rostrotes Fellknäuel in unsere Richtung, faltete sich auf und schoss vor uns über die Straße. Das Wort formte sich in meinem Mund, bevor ich Zeit zum Nachdenken hatte: ein Hermelin! Der lange Körper schlängelte sich durchs nasse Gras wie eine kleine Flamme mit einer glimmenden Spitze – der charakteristisch schwarz gefärbte Schwanz des Hermelins. Dieses Merkmal sowie seine Größe, die jene des Wiesels um einige Zentimeter überragte, zeichneten es deutlich als eines der gefräßigsten Raubtiere Großbritanniens aus. Die Schneidezähne dieses kompakten und muskulösen Vertreters der Marderfamilie hatten sich so entwickelt, dass sie sich perfekt um die Halswirbel eines Kaninchens legen und dessen Genick mit einem schnellen Biss brechen konnten. Und damit nicht genug: Traf das Hermelin auf einen der kleinen Nager, führte es einen Capoeira-ähnlichen Tanz auf, der so faszinierend war, dass seine ahnungslose Beute vor lauter Staunen vergaß, sich aus dem Staub zu machen.

Nun flitzte das Tier vor uns über den Asphalt. Neben der cremefarbenen Kehle und dem hellen Unterbauch meinte ich, auch ein paar weiße Sprenkel auf seinem Fell entdeckt zu haben. Vielleicht der Rest seines Winterfells? Im Norden wuchs den kleinen Mardern in der kalten Jahreszeit regelmäßig ein schneeweißes Hermelinfell, damit sie sich in der winterlichen Landschaft besser tarnen konnten. Doch die Klimaerwärmung bereitete diesen Raubtieren die gleichen Probleme wie vielen anderen Arten, die im Schnee zu Hause waren, zum Beispiel Schneehasen: Blieb die Schneedecke aus, hoben sich die weißen Nagetiere eklatant von den grün-braunen Hängen ihrer Umgebung ab, was sie besser sichtbar für ihre Feinde machte. Für die Hermeline hieß das, dass sie nicht nur von anderen Raubtieren leichter erkannt werden konnten, sondern auch von ihrer Beute. Was würde aus uns allen, Mensch und Tier, werden, wenn die Klimaerwärmung den Schnee in Zukunft komplett aus der Wintersaison eliminieren würde?

Ein neues Schneegestöber kam auf, und Benji und ich neigten unsere Köpfe nach hinten, das Gesicht gen Himmel gereckt. Wir hielten unsere Augen geschlossen, und ich öffnete meinen Mund, um die pudrigen Flocken aufzufangen, die durch die Luft schwirrten. Die Eiskristalle schmolzen auf meiner Zunge; ich konnte sie kaum spüren.

Während ich dieses Buch fertigstellte, starb Ricks Mutter Wendy nachts in ihrem Schlaf. Im ehrwürdigen Alter von neunzig Jahren hatte ihr Herz einfach aufgehört zu schlagen und ihr einen langsamen und qualvollen Tod durch den sich ausbreitenden Krebs erspart. Während die Familie den Verlust verarbeitete und sich neu orientierte, kamen einige Dinge zur Ruhe, andere wurden neu aufgewirbelt. Auf Benjis und meiner Liste standen noch drei europäische Eulen: die Schnee-Eule, die Sperbereule und der Bartkauz. All diese Tiere könnten wir in Gefangenschaft in unserem örtlichen Zoo sehen, aber für mich gehörten diese majestätischen Raubtiere in die Wildnis, und ich wusste, dass ich nicht zufrieden sein würde, bis ich sie in ihrem natürlichen Lebensraum erblickt hatte. Als ich eine E-Mail von einem Eulenexperten in Nordfinnland bekam, der mich dazu einlud, mit ihm gemeinsam den Spuren der Eulen des Nordens nachzugehen – darunter auch diejenigen, die ich bislang auf meiner Odyssee verpasst hatte –, wusste ich, dass diese Reise noch nicht ganz zu Ende war. Im nächsten Jahr würde ich Benji in die Wildnis mitnehmen, damit wir gemeinsam die Eulen sehen konnten. Sperbereulen befanden sich aufgrund der sehr kalten Bedingungen im Norden momentan auf einer rekordverdächtigen Wanderung in südlichere Gefilde, wie mir mein Kontakt verriet, und *Strix nebulosa,* der Bartkauz, war regelmäßig beim Jagen zu sehen. Wenn man ihren geheimen Spuren zu folgen verstand, konnte man beide Eulenarten für gewöhnlich in den tiefen Wäldern Nordfinnlands antreffen. Gelegentlich wurde sogar eine Schnee-Eule in Nordlappland gesichtet. Mit einem Mal schienen diese extrem seltenen Eulen zum Greifen nah. Es war entschieden: Benji und ich würden eine Reise nach Lappland machen; wir würden uns ein Schlafabteil in einem Zug mieten und uns von dem finnischen Eulenexperten durch die Wildnis der Taiga führen lassen. Wir würden den Bartkauz und die Sperbereule in ihrem natürlichen Lebensraum beobachten, und vielleicht könnten wir auch einen Blick auf die Schnee-Eule erhaschen. Sobald es Benji besser ginge, würden wir unsere Koffer packen – diesmal würde ich nicht ohne ihn aufbrechen. Und tatsächlich schien sich in letzter Zeit etwas an seinem Zustand zu verändern. Er hatte einen neuen Spezialisten aufgesucht, und auf einmal hatten wir alle wieder mehr Vertrauen in das, was die Zukunft bringen würde. Wie Emily Dickinson so schön sagt:

»Hoffnung« ist das Ding mit Federn –
Das lässt sich in der Seele nieder –
Und wortlos singt es Melodien –
Und nie verstummt es – jemals wieder –

(Ins Deutsche übertragen von Hans-Peter Kraus)

DANKSAGUNG

Es war Hoffnung, die mich auf die Spur der Eulen schickte, Hoffnung, dass Menschen, die meine Werte teilen, und auch einige, die ganz anders ticken als ich, dazu ermutigt werden, sich aufzumachen und die Wildnis wiederzuentdecken. Ich hoffe, dass meine Worte den Lesern etwas Positives bringen können, dass sie ihre Neugierde und ihr Verständnis wecken und Mitgefühl in ihnen auslösen. Denn genau das ist es, was wir in unserer Welt brauchen. In diesem Buch geht es nicht nur um Eulen, sondern es geht um unsere Beziehung zu diesen Tieren, unsere Beziehung zueinander und letztlich auch zu unserem Planeten. Es ist von drängender Wichtigkeit, dass wir Menschen zur Vernunft kommen. In dieser Zeit scheint das eine fast unüberwindbare Herausforderung zu sein.

Ohne die Unterstützung meiner Angehörigen, Freunde, Redakteure und Kollegen hätte diese Geschichte nicht annähernd so viel Sinn ergeben. Rebecca Solnit hat einmal gesagt, dass wir Geschichten brauchen, die all das Hässliche und Kaputte in unserer Welt nicht beschönigen, die aber auch nicht behaupten, dass es alles sei, was es da draußen gäbe. In einer Welt, in der es zu viel Schwarzmalerei gibt, gegen genau diese Schwarzmalerei anzuschreiben, bedeute, unseren innersten Kern zu berühren, so lauteten ihre Worte. Mit diesem Gedanken zog ich los, und meine Abenteuer und Entdeckungen wurden nicht nur von meinen eigenen Erlebnissen geprägt, sondern auch von dem, was ich las und hörte. Ein Buch wie dieses ist immer Teil eines langen Diskurses, und meine Dankbarkeit gilt all jenen Schriftstellern, Ornithologen, Wissenschaftlern, Dichtern und Kritikern, die zu meinem Verständnis beigetragen und mich intellektuell herausgefordert haben, die neue Ideen in mir geweckt und mir Inspiration und Hoffnung geschenkt haben; es sind zu viele, um sie hier zu nennen. Zu den Menschen, die mich am meisten beeinflusst haben und denen ich besonders danken möchte, gehören (in keiner besondere Reihenfolge): Laura Hassan, die von Anfang an an dieses Buch geglaubt hat, meine brillante und geduldige Lektorin Kat Ailes, meine wunderbare Agentin Clare Conville, alle meine Freunde und Kollegen an der Universität Plymouth, meine Familie – Rick, Benji und Jenny – und meine Hunde Barney und Dill, die mich daran erinnert haben, nach draußen zu gehen, wenn mein Schreibtisch mich wieder mal an sich gefesselt hatte. Für die konstante Ermutigung und Weisheit, für ihren Enthusiasmus, ihre Inspiration und Unterstützung danke ich: Laura Traister, Karine Polwart, David Lindo, Robert Macfarlane, Mark Cocker, John Lister-Kaye, Hugh Warwick, David und Frances Ramsden, Matthew Twiggs, Luke Sutton und allen Menschen vom Barn Owl Trust; Gilles Trochard, Christine Bettahar, Stephen Powles und Badger, Shirley Darlington, Oliver Darlington, Sue Fasquelle, Jonathan Darlington, Rick Mundy, Shaun Lambert, Paul Riddle, Milan Ruzic, Heimo Mikkola, Mike Toms, Emily Joachim, Jari Valkama, Jere Toivola, Vincenzo Penteriani, Eloise Malone und allen bei *Effervescent,* genauso wie meinen wunderbaren Lesern bei *The Times* sowie meinem Redakteur Mike Smith; Lisa Hosking, Jan Felmingham, Martin und Claudia Kelsey, Anita Morris und Murray; für ihren wunderbaren poetischen Beitrag: Vi Gale, auch wenn sie nicht mehr unter uns weilt, Caroline Carver, Kenneth Steven, Jennifer Hunt und Rosie Corlett. All die Eulen, die es ertragen haben, von mir belästigt, beringt, angefasst, vermessen oder angestarrt zu werden – ihr habt mir wirklich die Augen geöffnet. Und ein riesiger Dank geht nicht zuletzt an unsere Mutterhenne, Wendy Smaridge – du bist für immer in unseren Herzen.

Weiterführende Literatur

Brandt, Tanja, *Die Eulenflüsterin: Was ich von meinen Tieren über das Leben lernte,* 2. Auflage, Köln: Lübbe, 2019.

Kraus, Helmut, *Faszination Eulen,* 2. Auflage, Reutlingen: Oertel + Spörer, 2018.

Lohmann, Michael/Nill, Dietmar/Pröhl, Torsten, *Die magische Welt der Eulen,* München: BLV, 2018.

Mebs, Theodor/Scherzinger, Wolfgang, *Die Eulen Europas – Biologie, Kennzeichen, Bestände,* 3. Auflage, Stuttgart: KOSMOS Verlag, 2020.

Mikkola, Heimo, *Handbuch Eulen der Welt,* Stuttgart: KOSMOS Verlag, 2013.

Viering, Kerstin/Knauer, Roland, *Eulen und Greifvögel Europas: Faszinierende Jäger der Lüfte im Porträt,* Köln: Delphin, 2018.

Organisationen und Websites

In Deutschland:

Dachverband Deutscher Avifaunisten (DDA) e. V.: www.dda-web.de/

Deutsche Arbeitsgemeinschaft zum Schutz der Eulen (AG Eulen) e. V.: www.ageulen.de/

Deutsche Ornithologen-Gesellschaft (DO-G) e. V.: www.do-g.de/

Gesellschaft zur Erhaltung der Eulen e. V.: www.egeeulen.de/

Naturschutzbund Deutschland (NABU) e. V.: www.nabu.de/

International:

Royal Society for the Protection of Birds: www.rspb.org.uk/

British Trust for Ornithology: www.bto.org/

BirdLife International: www.birdlife.org/

The Barn Owl Trust: www.barnowltrust.org.uk/

The Barn Owl Centre of Gloucestershire: www.barnowl.co.uk/

Hungry Owl Project: www.hungryowls.org/

The Owl Foundation: www.theowlfoundation.ca/

National Audubon Society: www.audubon.org/

Ligue pour la Protection des Oiseaux: www.lpo.fr/

Bird Protection and Study Society of Serbia: www.birdlife.org/europe-and-central-asia/partners/serbia-bird-protection-and-study-society-serbia/

The Hawk and Owl Trust: www.hawkandowl.org/

UK Little Owl Project: www.littleowlproject.uk/

Naturführungen in Finnland: www.finnature.com/

Burrowing Owl Conservation Network: www.burrowingowlconservation.org/

International Owl Society: www.international-owl-society.com/

The Owl Pages: www.owlpages.com/

The Owls Trust: www.theowlstrust.org/

Wild Owl: www.wildowl.co.uk/

World Owl Trust: www.owls.org/

Miriam Darlington
Die Magie der Eulen
Auf Eulensuche in Europa
ISBN: 978-3-95910-341-1

Eden Books
Ein Verlag der Edel Verlagsgruppe

www.edenbooks.de | www.edel.com
1. Auflage 2021

Titel der Originalausgabe: Owl Sense, First published by Guardian Faber in 2018

Lektorat der deutschen Ausgabe: Tanja Bertele
Projektkoordination der deutschen Ausgabe: Nina Schumacher
Umschlaggestaltung: FAVORITBUERO, München
Illustrationen Innenteil: Talya Baldwin
Layout und Satz: Datagrafix GSP GmbH, Berlin | www.datagrafix.com
Druck und Bindung: GGP Media GmbH, Pößneck

Printed in Germany

Dieses Buch ist auch als E-Book erhältlich.